Introduction to Algebra

# 代数学入門

## 群・環・体の基礎とガロワ理論

永井保成＝著

森北出版

# はじめに

本書は早稲田大学基幹理工学部数学科 2 年の必修講義「代数学序論」で著者が用いてきた教材を増補改訂したものであり，数学科における代数学の「はじめの一歩」を踏み出すための教科書である．

数学科における専門教育の最初の段階は，代数・幾何・解析の別なく二つの使命を帯びている．一方でさまざまな数学を学ぶための基礎となる知識，作法を教えることが要請され，同時に，より「深い」数学への興味を喚起することが求められる．しかし，これらはある種，二律背反するところがある．基礎付けの形式論に終始すれば無味乾燥になり，より深い題材に踏み入ろうとすれば技術的な困難は急激に増大し，多大な時間と労力の投資を学生に求めることになる．

1930 年頃にファン・デル・ヴェルデンが Moderne Algebra の 2 巻本 [5] を著して以来，いわゆる抽象代数学の教科書が扱う内容はほとんど変わっていない．しかし，その記述のされ方には少なからぬ変転があった．20 世紀後半はブルバキに代表される，ある種類の形式主義・還元主義の時代であり，その傾向は 1970 年代に一つのピークを迎えた．当時の教科書のあるものなどを見ると，学部生向けの教科書であるのに，読み進める中で「わかる者はわかるはず，わからない者は能力か努力のいずれか，あるいは両方が足りない」と，非常に突き放した感じでいわれた気がしてしまうことがある．それは，あながちそう感じる著者の不足だけによるものではあるまい．いまでは理論構成から枝葉末節を徹底的にそぎ落とした，ミニマリズムの教科書は流行らないようであるが，それでも，今日の数学専門教育もいまだにブルバキ的形式主義の影響下にあるといって差し支えないと思う．

数学における形式と論述の洗練というのは，単なる表面上の問題にとどまらず，数学の実質的な発展に寄与するところがあるので侮るべからざるものであるが，こと，数学科における専門教育への入門段階となると，その扱いには注意が必要である．数学者が数学の営みの中で駆使する形式言語は，あまりにも生活の中の言語，あるいは高校までの数学で用いられてきた言語とは隔たりがあるからである．個人差はあるだろうが，少なくとも著者にとっては，非常に純粋なところまで蒸留された数学を初めからいきなり摂取するのは非常に困難なことだと思われる．数学には動機があり，その動機を支える素朴な問題がある．形式化された言語を理解するには，素朴な問題に取り組むためになぜ形式化が必要なのかを考え，理解しなければならない．

近年では，Artin [1] をはじめ，素朴な題材から出発して，抽象概念の意味と必要性を説得するような方法で教えようとする教科書が増えてきており，和書でもそのようなものは散見される．それでも，形式主義と素朴な題材のせめぎ合いの中で，だれもが「これが正解」と合意できるような落としどころはないようである．説明が簡略すぎれば，読者に「行間を読む」多大な労苦を強制することになる一方で，たくさんのことが書かれ教科書が分厚くなれば，初学者は当然どこに優先順位の高い情報が記されているか弁別することができないゆえに，網羅的に勉強し分量をこなす負担を強いられることにもなる．抽象代数学の初歩で習得すべきことは，集合と二項演算，準同型写像に基づく代数系の議論の基本的様式であり，これはいつも「ワンパターン」であるから，実はそれほど難しくない．後は，より発展的な話題に進んでいくために必要な知識をどこまで含めるか，講義の中で扱うことができる分量との相談である．本書は網羅的なアプローチからは距離を置き，むしろ話題を精選する方向を目指している．情報化がますます進展し，数学の受容のされ方が急激に変化しつつある今日，本格的な数学の素地となりうる基礎的教育を，素朴な素材，歴史的な素材からの要請を踏まえつつ，簡潔明瞭に行うにはどんな工夫がありうるか．その探求に自らも参加したいとの思いが，すでに代数学の入門教科書があまたある中で，著者があえて屋下に屋を架すがごとき試みをする所以である．

森北出版の福島崇史さんには，本書の前身であった講義用教材を出版に耐えうる書物へとブラッシュアップしていく過程で，企画段階における内容の取捨選択から細かい校正に至るまで大変にお世話になった．また，羽生遼太郎さんには草稿の間違い探しを手伝っていただいた．この場を借りて感謝の意を表したい．

**■代数学の初歩を学ぶうえでの心得**　代数学の初歩を学ぶ際には

(1) 定義を覚える．
(2) 定理や命題の主張を覚える．
(3) 定理や命題の証明を覚える／なるべく多くの例を考え，計算する．

の順で学習すべきであると思う．数学は考える科目であって暗記科目ではない，といわれることも多いが，少なくとも**代数学の初歩は暗記科目といって差し支えない**．それは，新しい概念が多く現れるためであり，また，現代代数学・抽象代数学には独特の議論には決まった筋目があり，その筋目をすべてひっくるめて暗記してしまうのが早道だからである．実際には，ことさら暗記しようとしなくても，理解できたあかつきには全部自分で再構築できるようになるはずで，逆に，そうならなければ理解できたとはいえないのである．まったく理解することなしに暗記するのは不可能だとすぐにわかるので，結局暗記すると同時に理解する，というようにならざるをえないのだが，それこそが何かを「暗記する」ということの究極の意味ではないかと思う．

**■本書の使い方**　本書は，学部数学科の専門教育の最初の段階を講じる際の教科書として使用されることを想定している．著者は勤務先の大学では大学 2 年次の通年講義で，第 1 章（1.12 節まで）を春学期，第 2 章および 3.1 節を秋学期に扱っている．例外もあるが，基本的に一つの節が 1 回 90 分の講義でカバーできる分量に設定してある．新しい概念や定理の意味も丁寧に説明するよう心がけたので，独習用としても役立つはずである．また，ほぼすべての演習問題の略解を巻末に含めている．

なお，節名などに * が付いている部分は，代数学の最初歩の範囲を逸脱する「次の」内容であることを示すので，初学の際は読み飛ばしてもまったく差し支えない．実のところ，そのほとんどはガロワ理論と関連する部分である．本書にこれらの内容を含めたのは，歴史的に見ればガロワ理論こそが群論をはじめとする抽象代数学の誕生を促したからであり，また現代の代数学の中で体の理論が占める重要性のためでもある．ガロワ理論以外の代数学の「次の」話題として何があるかについては巻末で簡単に触れる．

**■予備知識**　本書では，大学初年次で学習する程度の線形代数と，集合と写像についてのごく基本的な知識を仮定する: **集合**とは，数学で扱う対象の範囲を定めたモノの集まりであり，自然数全体の集合 $\mathbb{N}$，整数全体の集合 $\mathbb{Z}$，有理数全体の集合 $\mathbb{Q}$，実数全体の集合 $\mathbb{R}$，複素数全体の集合 $\mathbb{C}$ などはその初歩的な例である．集合 $S$ に属するモノ（数，ベクトル，行列，$\cdots$）$s$ を $S$ の**元**（または要素）とよび，$s \in S$ で表す．また，集合 $S$ の元の個数を $\#(S)$ で表す．集合 $S, T$ の間の**写像** $f : S \to T$ とは，集合 $S$ の元 $s$ に対して $T$ の元 $f(s)$ を<u>ただ一つ</u>定める対応のことである．写像 $f : S \to T$ が**単射**であるとは，$s_1, s_2 \in S$ に対して $f(s_1) = f(s_2)$ が成立するとき必ず $s_1 = s_2$ となることである．写像 $f : S \to T$ が**全射**であるとは，任意の元 $t \in T$ に対して $t = f(s)$ を満たすような $s \in S$ が存在することである．

# 目 次

# 第 1 章

# 群

現代代数学・抽象代数学の対象は，いくつかの演算が定義され，ある種のコンパティビリティー（結合法則・分配法則など）を満たす集合であり，これはしばしば**代数系**とよばれる．**群**は演算を一つだけもつ代数系であり，その意味で最も初歩的なものであるといえる．

「演算」というと，まずはいわゆる数や式の和や積が思い浮かぶかもしれない．これらの演算はしかるべき条件のもとで群の例を与える．しかし，一般の群の演算は非可換であり，数の演算のように可換なものとは一種異なった様相を示している．非可換であるという意味において，一般の群の演算は行列の積のようなものとしてとらえるのがよい．また，多くの群はある種の集合や図形の「対称性」を表すものである．第 1 章では群の初歩について例を交えながら学んでいこう．

## 1.1 二項演算と結合法則

**代数学** (algebra) は，数や式の算術にまつわる数学として古来より考えられてきた，長い歴史をもつ分野である．これから学んでいくのはしばしば**抽象代数学** (abstract algebra) とよばれるものであるが，これは代数学における個々の対象（数，式，ベクトル，行列，…）それ自体ではなく，それらの間の加減乗除（= **演算**; law of composition）を考察の対象としてその性質を論じる数学の分野である．そのような議論のためには演算そのものを数学的な対象として定義しなければならないが，これには集合とその間の写像の概念を用いるとよい．

**定義 1.1.1**　集合 $S$ の**二項演算** (law of composition / binary operation) とは，写像

$$m : S \times S \to S$$

のことである．ここで，$S \times S$ は $S$ の元（= 要素）の 2 個組の集合である．

**例 1.1.2**　$S = \mathbb{N}$ を自然数全体の集合とする．このとき，自然数の積によって

$$m : \mathbb{N} \times \mathbb{N} \to \mathbb{N}; \quad m(a, b) = a \cdot b$$

と定義すれば，この $m$ は自然数の 2 個組 $(a, b)$ に対して自然数 $a \cdot b$ をただ一つ対応させる写像であり，二項演算になる．同じく，自然数の和によって $s(a, b) = a + b$ として定まる写像 $s : \mathbb{N} \times \mathbb{N} \to \mathbb{N}$ も二項演算である．

二項演算の定義において特徴的なのは，漠然と「足し算」や「掛け算」といったものを考えるのではなく，その演算を行う数や式の範囲を集合 $S$ として明示的にとらえていることである．上の例からもわかるように，我々がごく自然に考える数，式，行列の和や積といったものは，すべて適当な数，式，…の集合の二項演算としてとらえられる．

**定義 1.1.3**　集合 $S$ が二項演算 $m : S \times S \to S$ をもち，**結合法則** (associativity)

$$m(m(a, b), c) = m(a, m(b, c)) \quad (a, b, c, \in S)$$

を満たすとき，$S$ は二項演算 $m$ について**半群** (semigroup) であるという．考えている演算が何であるか混乱の恐れがないときは，単に「$S$ は半群である」などという．

**例 1.1.4**　$s : \mathbb{N} \times \mathbb{N} \to \mathbb{N}$ を，自然数の和による二項演算 $s(a, b) = a + b$ としよう．このとき，

$$s(s(a, b), c) = s(a, b) + c = (a + b) + c$$

$$s(a, s(b, c)) = a + s(b, c) = a + (b + c)$$

であり，この二つが等しいというのが上の結合法則の主張であるが，これが成り立っていることは子供の頃からよく知っている．すなわち，自然数全体の集合 $\mathbb{N}$ は和による二項演算 $s$ によって半群となる．同様に $m : \mathbb{N} \times \mathbb{N} \to \mathbb{N}$ を積による二項演算 $m(a, b) = a \cdot b$ とすると，結合法則は $(a \cdot b) \cdot c = a \cdot (b \cdot c)$ にほかならず，$\mathbb{N}$ は積による二項演算 $m$ に関しても半群となる．

上の例のように，考えたい数や式の集合 $S$ が同時に複数の自然な演算をもっているような場合にしばしば遭遇する．このような場合，異なる二つの演算（和と積）の間の関係がどのようになっているかが問題となるが，さしあたっては集合が一つの二項演算のみをもっている場合（あるいは，二項演算を一つだけ固定して考える場合）について学んでいこう．

二項演算の値を $m(a,b)$ のように表すのは，上の結合法則の表記一つとってみても記法上とても煩雑である．そこで，以下，二項演算一般について議論するにあたっては，積の記法

$$m(a,b) = a \cdot b = ab$$

を使って記号を簡略化することにしよう．具体的な例を考える際には，そこで現れる二項演算は（自然数の和がそうであったように）和の記法 $a+b$ を用いたほうが自然かもしれない．それでも，半群や次節以降現れるモノイド，群などは集合とその間の写像の性質として記述されるので，これらについて一般的に成り立つ事実は，二項演算が和で定義されているような場合でも同じように成り立つことに注意してほしい．それは，単に二項演算をどのような記号で表しているかだけの違いである．

**注意 1.1.5** 結合法則では，三つの元の積は「括弧の付け方によらず」定まることを主張している．それでは，四つ以上の元ではどうであろうか．半群 $S$ の元 $a_1, a_2, a_3, a_4 \in S$ に対して結合法則を繰り返し用いることで

$$\begin{aligned}(a_1 \cdot a_2) \cdot (a_3 \cdot a_4) &= ((a_1 \cdot a_2) \cdot a_3) \cdot a_4 \\ &= (a_1 \cdot (a_2 \cdot a_3)) \cdot a_4 = a_1((a_2 \cdot a_3) \cdot a_4) = a_1 \cdot (a_2 \cdot (a_3 \cdot a_4))\end{aligned}$$

のように，あらゆる括弧の付け方で計算した積は一致する（一般結合法則）．同様にして，半群の $n$ 個の元 $a_1, a_2, \ldots, a_n$ の積は，括弧の付け方によらずただ一通りに定まる．これを単に

$$a_1 \cdot a_2 \cdot \cdots \cdot a_n$$

のように表すことにしよう．

二項演算に対する結合法則は非常に自然なものであるけれども，数学の営みの中で自然に現れてくる二項演算は常に結合法則を満たすとは限らない（演習 1.1.1）．しかし本書では，結合法則を満たすような演算に注目して学んでいくことにしよう．

## ▶演習問題

**演習 1.1.1** 実数成分の $n$ 次正方行列全体を $M(n,\mathbb{R})$ で表す．$A, B \in M(n,\mathbb{R})$ に対して行列の積を用いて

$$[A,B] = AB - BA \in M(n,\mathbb{R})$$

と定義すると，$M(n,\mathbb{R}) \times M(n,\mathbb{R}) \to M(n,\mathbb{R}); (A,B) \mapsto [A,B]$ は二項演算になる．このとき，

$$[A, [B, C]] + [B, [C, A]] + [C, [A, B]] = O$$

が成り立つことを確かめよ（これを**ヤコビ恒等式** (Jacobi identity) とよぶ）．さらに，これを用いて二項演算 [-, -] は一般には結合法則を満たさないことを示せ．

## 1.2　群と準同型写像

二項演算が満たすべき性質として結合法則だけを考えるのでは条件が少なすぎて豊かな理論を作ることは難しい．いくつかの条件を加えた**群**を考えることで理論が引き締まってくるのである．

**定義 1.2.1**　半群 $S$ において，$e \in S$ であって任意の $s \in S$ に対して $e \cdot s = s = s \cdot e$ が成り立つようなものを $S$ の**単位元** (identity element) という．単位元をもつ半群を**モノイド** (monoid) とよぶ．

**命題 1.2.2**　半群に単位元が存在すれば，それはただ一つ．

**[証明]**　$S$ を半群とし，$e_1, e_2 \in S$ がともに単位元であったとしよう．このとき，$e_2$ が単位元であることから $e_1 = e_1 \cdot e_2$．また，$e_1$ が単位元であることから $e_2 = e_1 \cdot e_2$．これらを合わせて $e_1 = e_1 \cdot e_2 = e_2$ を得る．　□

**例 1.2.3**　$\mathbb{N}$ は積による二項演算に関してモノイドである（単位元は $1 \in \mathbb{N}$）．また，$\mathbb{N}$ に 0 を含める立場に立てば，$\mathbb{N}$ は和による二項演算に関してもモノイドになる（単位元は $0 \in \mathbb{N}$）．

**定義 1.2.4**　$G$ が $e$ を単位元とするモノイドであり，任意の $g \in G$ に対して $h \in G$ が存在して $g \cdot h = e = h \cdot g$ が成り立つとき，$h$ は $g$ の**逆元** (inverse element) であるという．モノイド $G$ の任意の元 $g \in G$ に逆元が存在するとき，$G$ は**群** (group) であるという．

**命題 1.2.5**　モノイド $G$ の元 $g \in G$ に対して，逆元は存在すればただ一つ，すなわち，モノイド $G$ の元 $g$ に対して，$h_1, h_2 \in G$ がともに $g$ の逆元であったならば $h_1 = h_2$ が成り立つ．

このことによって，群 $G$ の元 $g \in G$ の逆元は $g^{-1}$ で表すのが通常である．

**[証明]**　$h_1$ が $g$ の逆元であることにより $h_1 \cdot g = e$．また，$h_2$ が $g$ の逆元であることにより $g \cdot h_2 = e$．したがって，結合法則に注意して $h_1 = h_1 \cdot e = h_1 \cdot (g \cdot h_2) =$

$(h_1 \cdot g) \cdot h_2 = e \cdot h_2 = h_2$ を得る. □

**定義 1.2.6** 上で与えた群の定義では, 説明の流れの都合でそうしたのであるが, モノイド, さらには半群の定義にさかのぼって考えなければならず, 群の定義の内容を「一望のもとに見渡せない」ので, ここで群の定義をもう一度まとめ直してみよう. 集合 $G$ が群であるとは, 二項演算 $G \times G \to G$; $(a, b) \mapsto a \cdot b$ が定まっていて

(i) 任意の $a, b, c \in G$ に対して結合法則 $(a \cdot b) \cdot c = a \cdot (b \cdot c)$ が成り立つ.
(ii) ある元 $e \in G$ が存在して, 任意の $g \in G$ に対して $e \cdot g = g \cdot e = g$ が成り立つ.
(iii) 任意の $g \in G$ に対して $h \in G$ が存在して $g \cdot h = h \cdot g = e$ が成り立つ.

の 3 条件を満たすことである. 群の定義はこの形で覚えておくとよい.

**例 1.2.7** $\mathbb{Z}$ は和に関して (= 和による二項演算に関して) 群である. 単位元は 0, $a \in \mathbb{Z}$ の逆元は $-a$ である.

**例 1.2.8** $\mathbb{Q}^*$ を 0 でない有理数全体の集合とすると, $\mathbb{Q}^*$ は積に関して群である. 単位元は 1, $a \in \mathbb{Q}^*$ の逆元は逆数 $1/a$ である.

**例 1.2.9** $M(n, \mathbb{R})$ を実数成分の $n$ 次正方行列全体の集合とする. その部分集合

$$GL(n, \mathbb{R}) = \{A \in M(n, \mathbb{R}) \mid \det(A) \neq 0\}$$

は行列の積演算に関して群になる. $GL(n, \mathbb{R})$ を $n$ 次元の実**一般線形群** (general linear group) とよぶ.

群の具体例は, 多くの場合, 一般線形群に関連付けてとらえることができる. この方法の利点は, 群 (とその演算) を幾何学的な描像によってとらえられることである. そのような例は本書でも後にいくつか見ることになる.

**命題 1.2.10** $G$ が群であるとき, $a, b, c \in G$ に対して $ac = bc$ ならば $a = b$, また $ab = ac$ ならば $b = c$.

**[証明]** $ac = bc$ の両辺に右から $c^{-1}$ を掛けると

$$a = acc^{-1} = bcc^{-1} = b$$

を得る. もう一つの主張も同様. □

群の概念は（抽象）代数学における最初の中心的な関心の対象である．群について調べるには，さまざまな群を比較してそれらの間の関係を探ることが必要になる．

**定義 1.2.11**　$G_1, G_2$ がともに群であるとき，その間の写像 $f : G_1 \to G_2$ が任意の $a, b \in G_1$ に対して

$$f(a \cdot b) = f(a) \cdot f(b)$$

を満たすとき，$f$ は群の**準同型写像** (homomorphism) であるという．

上の定義において，写像 $f : G_1 \to G_2$ は群 $G_1$ の元に $G_2$ の元を対応させる概念であるが，それが準同型写像であるための条件は，$f$ が $G_1, G_2$ の演算と整合的 (compatible) であることを意味している．したがって，準同型写像 $f$ は $G_1$ の二項演算と $G_2$ の二項演算を関係付け，比較する役割を果たしているのである．

**例 1.2.12**　$\mathbb{Z}$ は和に関する群，$\mathbb{Q}^*$ は積に関する群である．写像 $f : \mathbb{Z} \to \mathbb{Q}^*$ を $f(n) = 2^n$ で定めよう．このとき，指数法則によって

$$f(n+m) = 2^{n+m} = 2^n \cdot 2^m = f(n) \cdot f(m)$$

が成り立つので，この $f$ は群の準同型写像である．実際，指数法則は，写像 $f$ が群の準同型写像であることと同値である．このように，抽象代数学の枠組みには，演算の中身（この場合は和と積）に関わりなくこれらを結びつけ，それらの間の関係性（この場合は指数法則）を記述できる利点がある．

**命題 1.2.13**　$f : G_1 \to G_2$ が群の準同型写像であるとき，$e \in G_1$ を $G_1$ の単位元とするならば，$f(e)$ は $G_2$ の単位元になる．

**［証明］**　$g = f(e) \in G_2$ とおく．$e$ が $G_1$ の単位元であることから，$e = e \cdot e$ が成り立つが，この両辺を準同型写像でうつすと $g = f(e) = f(e \cdot e) = f(e) \cdot f(e) = g \cdot g$．このようにして得られた等式 $e' \cdot g = g \cdot g$（$e'$ は $G_2$ の単位元）に命題 1.2.10 を適用することで $e' = g$ が得られる．　□

**定義 1.2.14**　群の準同型写像 $f : G_1 \to G_2$ が全単射であるとき，$f$ は**同型写像** (isomorphism) であるという．このとき $G_1$ と $G_2$ は**同型** (isomorphic) であるといい，$G_1 \cong G_2$ と書く．

上の定義で，写像 $f$ が全単射であるときには，まずもって集合 $G_1$ と $G_2$ の元の間の 1 対 1 対応が $f$ によって与えられるので，$G_1$ と $G_2$ は集合として同一視でき

る．さらに，$f$ が準同型写像であることは，この同一視のもとでは，$G_1$ で二項演算を行った結果と $G_2$ で二項演算を行った結果が一致することを意味している．したがって，$G_1$ と $G_2$ は**群として同一視される**わけである．このように，互いに同型な群を同一視する考え方は，抽象代数学においては非常に重要である．

### ▶演習問題

**演習 1.2.1** 群 $G$ において，$a, b \in G$ が $ab = ba$ を満たすならば $ab^{-1} = b^{-1}a$ が成り立つことを示せ（ヒント: 命題 1.2.10 の証明を参考にせよ）．

**演習 1.2.2** $\mathbb{R}$ を，実数全体が加法についてなす群とする．写像 $f : \mathbb{R} \to GL(2, \mathbb{R})$ を

$$f(a) = \begin{pmatrix} 1 & a \\ 0 & 1 \end{pmatrix}$$

で定義すると，これは群の準同型写像になることを示せ．

**演習 1.2.3** $f : G_1 \to G_2$ が群の準同型写像であるとき，任意の $a \in G_1$ に対して $f(a^{-1}) = (f(a))^{-1}$ を示せ．

**演習 1.2.4** 集合 $S$ に対して，$S$ から $S$ への写像全体 $\mathrm{End}(S)$ は，写像の合成

$$\mathrm{End}(S) \times \mathrm{End}(S) \to \mathrm{End}(S)\,; \quad (f, g) \mapsto f \circ g$$

をその上の二項演算とすると，モノイドになることを示せ．また，$S$ から $S$ への全単射全体 $\mathrm{Aut}(S)$ は群になることを示せ．

## 1.3 部分群

与えられた群に対して，その演算の範囲を部分集合に制限してもやはり群になることがある．これが部分群の概念である．

**定義 1.3.1** 群 $G$ の部分集合 $H$ に対して，

(i) $a, b \in H$ ならば $ab \in H$
(ii) $G$ の単位元を $e$ とするとき $e \in H$
(iii) $a \in H$ ならば $a^{-1} \in H$

がすべて成り立つとき，$H$ は $G$ の**部分群** (subgroup) であるという．

$H$ が群 $G$ の部分群であるとき，$H$ の二項演算として $G$ の二項演算 $G \times G \to G$

の $H \times H$ への制限をとれば，その像は条件 (i) によって $H$ に含まれ，$H$ はこの演算に関して群になる．

**命題 1.3.2**　群 $G$ の空でない部分集合 $H$ に対して $a, b \in H \Rightarrow a \cdot b^{-1} \in H$ が成り立つことは，$H$ が $G$ の部分群になることと必要十分である（証明は演習 1.3.1）．

**例 1.3.3**　$\mathbb{R}$ は加法に関して群であるが，$\mathbb{Q}$ はその部分群であり，$\mathbb{Z}$ は $\mathbb{Q}$ の部分群である．

**例 1.3.4**　$G = GL(n, \mathbb{R})$ の部分集合 $H$ を

$$H = SL(n, \mathbb{R}) = \{A \in GL(n, \mathbb{R}) \mid \det(A) = 1\}$$

で定義すると，これは部分群である．実際，$A, B \in SL(n, \mathbb{R})$ をとると $\det(A) = \det(B) = 1$ であるから，$\det(AB^{-1}) = \det(A)\det(B^{-1}) = \det(A)(\det(B))^{-1} = 1$ となり，$AB^{-1} \in SL(n, \mathbb{R})$ となるので，命題 1.3.2 によって $H = SL(n, \mathbb{R})$ は $G = GL(n, \mathbb{R})$ の部分群になるとわかる．この $SL(n, \mathbb{R})$ を $n$ 次元の実**特殊線形群** (special linear group) とよぶ．

**注意 1.3.5**　$GL(n, \mathbb{R})$ の部分群としての $SL(n, \mathbb{R})$ は，単に部分群であるという以上の性質をもっている．すなわち，任意の $A \in SL(n, \mathbb{R})$ および $\underline{T \in GL(n, \mathbb{R})}$ に対して $TAT^{-1} \in SL(n, \mathbb{R})$ が成り立つ．実際，$\det(TAT^{-1}) = \det(T)\det(A)(\det(T))^{-1} = \det(A) = 1$ である．このような性質をもつ部分群に名前を付けよう．

**定義 1.3.6**　群 $G$ の部分群 $H$ について，<u>任意の $g \in G$</u> と任意の $h \in H$ に対して $g \cdot h \cdot g^{-1} \in H$ が成り立つとき，$H$ は $G$ の**正規部分群** (normal subgroup) であるといい，$H \lhd G$ と表す．

この定義を用いて注意 1.3.5 で示したことを言い換えれば，$SL(n, \mathbb{R})$ は $GL(n, \mathbb{R})$ の正規部分群である，すなわち $SL(n, \mathbb{R}) \lhd GL(n, \mathbb{R})$ となる．実は，この事実はより一般的な現象の特殊な場合に相当する．

**定義 1.3.7**　$G, G'$ を群とし，$f : G \to G'$ を準同型写像とする．このとき，

$$\mathrm{Ker}(f) = \{g \in G \mid f(g) = e\} \quad (e \text{ は } G' \text{ の単位元})$$
$$\mathrm{Im}(f) = \{g' \in G' \mid \text{ある } g \in G \text{ が存在して } g' = f(g)\}$$

はそれぞれ，$G$, $G'$ の部分集合である．$\mathrm{Ker}(f)$ を準同型写像 $f$ の**核** (kernel), $\mathrm{Im}(f)$ を $f$ の**像** (image) とよぶ.

**命題 1.3.8** 群の準同型写像 $f: G \to G'$ の像 $\mathrm{Im}(f)$ は $G'$ の部分群になる．また，$f$ の核 $\mathrm{Ker}(f)$ は $G$ の正規部分群になる．

**[証明]** （$\mathrm{Im}(f) \subset G'$ が部分群になること）$a, b \in \mathrm{Im}(f)$ をとると，ある $x, y \in G$ が存在して $a = f(x), b = f(y)$ と書かれるので，$ab^{-1} = f(x)(f(y))^{-1} = f(x)f(y^{-1}) = f(xy^{-1})$ が成り立つ（二つ目の等号で演習 1.2.3 を用いた）．したがって $ab^{-1} \in \mathrm{Im}(f)$ であるから，命題 1.3.2 によって $\mathrm{Im}(f)$ は $G'$ の部分群である．
（$\mathrm{Ker}(f) \subset G$ が正規部分群になること）まず，$x, y \in \mathrm{Ker}(f)$ とすると $f(x) = e, f(y) = e$ であるから，$f(xy^{-1}) = f(x)(f(y))^{-1} = e \cdot e^{-1} = e$ となる（再び演習 1.2.3 を用いた）ので，$xy^{-1} \in \mathrm{Ker}(f)$ であり，命題 1.3.2 より $\mathrm{Ker}(f)$ は $G$ の部分群である．また，$h \in \mathrm{Ker}(f), g \in G$ に対して

$$f(ghg^{-1}) = f(g)f(h)(f(g))^{-1} = f(g) \cdot e \cdot (f(g))^{-1} = e$$

が成り立つので $ghg^{-1} \in \mathrm{Ker}(f)$．したがって，$\mathrm{Ker}(f)$ は $G$ の正規部分群である． □

**例 1.3.9** $A \in GL(n, \mathbb{R})$ に対して $\det(A) \in \mathbb{R}^* = \mathbb{R} \setminus \{0\}$ を対応させる写像を

$$\det : GL(n, \mathbb{R}) \to \mathbb{R}^*$$

で表すならば，$\det(AB) = \det(A)\det(B)$ より，これは群の準同型写像である（当然，$\mathbb{R}^*$ は積に関する群と考えている）．このとき，$SL(n, \mathbb{R})$ は準同型写像 det の核にほかならない（だから，$SL(n, \mathbb{R})$ は $GL(n, \mathbb{R})$ の正規部分群である）．

上の命題は，群の準同型写像の核は正規部分群になることを主張しているが，ある意味でこの逆も成り立つ．すなわち，群 $G$ の正規部分群 $H$ は，必ずある準同型写像 $f: G \to G'$ の核として実現できる．このことは 1.10 節で学ぶ.

**命題 1.3.10** 群の準同型写像 $f: G \to G'$ が単射であることと $\mathrm{Ker}(f) = \{e\}$（$e$ は $G$ の単位元）が成り立つことは同値である．

**[証明]** $G'$ の単位元を $e'$ で表す．命題 1.2.13 によって任意の準同型写像に対して $f(e) = e'$ が成り立っている．$f$ が単射であれば，$f(a) = e'$ となる $a \in G$ はただ一

つであるから $a=e$ でなければならず，$\mathrm{Ker}(f)=\{e\}$ である．一方，$f(a)=f(b)$ であればその値を $x=f(a)=f(b)\in G'$ とすると $f(ab^{-1})=x\cdot x^{-1}=e'$ となるので，$ab^{-1}\in\mathrm{Ker}(f)$．もし $\mathrm{Ker}(f)=\{e\}$ であれば $ab^{-1}=e$ であるから，この両辺に $b$ を右から掛けて $a=b$ が従う．すなわち，$f$ は単射になる． □

### ▶演習問題

**演習 1.3.1**　群 $G$ の空でない部分集合 $H$ に対して $a,b\in H\Rightarrow a\cdot b^{-1}\in H$ が成り立つことが，$H$ が $G$ の部分群になることと必要十分であることを証明せよ．

**演習 1.3.2**　$G$ を群，$H\subset G$ を部分群とする．$x\in G$ を固定するとき，$H'=\{xax^{-1}\mid a\in H\}$ も $G$ の部分群になることを示せ．

**演習 1.3.3**　実数成分の $n$ 次正方行列 $A=(a_{ij})$ は，$i>j$ ならば $a_{ij}=0$ となるとき**上三角行列** (upper triangular matrix) とよぶ．

(1) $T(n,\mathbb{R})$ を行列式が 0 でない $n$ 次の上三角行列の集合とすると，これは $GL(n,\mathbb{R})$ の部分群になることを示せ．

(2) $UT(n,\mathbb{R})$ を $a_{11}=a_{22}=\cdots=a_{nn}=1$ となる $n$ 次上三角行列 $A=(a_{ij})$ の集合とするとき，$UT(n,\mathbb{R})$ は $T(n,\mathbb{R})$ の部分群であることを示せ．

**演習 1.3.4**　$n\geq 2$ とする．$UT(n,\mathbb{R})$ は $T(n,\mathbb{R})$ の正規部分群であることを示せ．また，$T(n,\mathbb{R})$ や $UT(n,\mathbb{R})$ は $GL(n,\mathbb{R})$ の正規部分群にはならないことを示せ．

**演習 1.3.5**　群の準同型写像の像は必ずしも正規部分群にならないことを示せ（ヒント: 演習 1.2.2 および演習 1.3.4）．

**演習 1.3.6**　$H_1,H_2$ が $G$ の部分群であれば，$H_1\cap H_2$ も $G$ の部分群になることを示せ．さらに，もし $H_1$ が $G$ の正規部分群であれば，$H_1\cap H_2$ は $H_2$ の正規部分群になることを示せ．

## 1.4　直交変換の群 (1)

これまで，例を交えながら群の基礎的な概念について学んできたが，よりたくさんの例を見ることで，群について深く理解していきたい．そこでまずは，幾何学的な意味のとらえやすい直交変換に例を求めていくことにする．

**定義 1.4.1** ベクトル空間 $\mathbb{R}^n$ のベクトル $v = {}^t(x_1, \ldots, x_n)$ ("$t$" は転置を表し，$v$ は列ベクトルである）の長さは

$$|v| = \sqrt{v \cdot v} = \sqrt{x_1^2 + \cdots + x_n^2}$$

で定義するのであった（ここで $\cdot$ は内積である）．このとき，$A \in GL(n, \mathbb{R})$ であって，任意のベクトル $v \in \mathbb{R}^n$ に対して

$$|Av| = |v|$$

が成り立つもの全体を $O(n, \mathbb{R})$ で表すと，これは $GL(n, \mathbb{R})$ の部分群になる．$O(n, \mathbb{R})$ を $n$ 次元の実**直交群** (orthogonal group) とよび，直交群の元を**直交変換** (orthogonal transformation) とよぶ．

実際，$A, B \in O(n, \mathbb{R})$ ならば (i) 任意の $v \in \mathbb{R}^n$ に対して $|ABv| = |A(Bv)| = |Bv| = |v|$ であり，(ii) 単位行列 $I_n \in O(n, \mathbb{R})$，(iii) 任意の $v \in \mathbb{R}^n$ に対して $|B^{-1}v| = |B(B^{-1}v)| = |v|$ となり，$O(n, \mathbb{R})$ は $GL(n, \mathbb{R})$ の部分群であることが確かめられる．

**命題 1.4.2** $A \in GL(n, \mathbb{R})$ に対して $A \in O(n, \mathbb{R})$ となることは，任意の $u, v \in \mathbb{R}^n$ に対して $(Au) \cdot (Av) = u \cdot v$ を満たすことと必要十分であり，さらに $A^{-1} = {}^tA$ とも必要十分．したがって，$A \in O(n, \mathbb{R})$ ならば $\det(A) = \pm 1$ が成り立つ．

**[証明]** 線形代数の講義･教科書で学んでいるはずであるが，念のため証明を記そう．$A \in O(n, \mathbb{R})$ とすると，任意の $u, v \in \mathbb{R}^n$ に対して $|Au + Av| = |A(u+v)| = |u+v|$ となるので両辺の 2 乗を計算して

$$|Au|^2 + 2(Au) \cdot (Av) + |Av|^2 = |u|^2 + 2u \cdot v + |v|^2$$

を得るが，$|Au| = |u|, |Av| = |v|$ であるから $(Au) \cdot (Av) = u \cdot v$ がわかる．

次に，任意の $u, v \in \mathbb{R}^n$ に対して $(Au) \cdot (Av) = u \cdot v$ を仮定しよう．$e_i \in \mathbb{R}^n$ を第 $i$ 成分のみが 1 で残りは 0 であるような列ベクトルとすると，$v_i = Ae_i$ は $A$ の第 $i$ 列である．ここで，

$$v_i \cdot v_j = (Ae_i) \cdot (Ae_j) = e_i \cdot e_j = \begin{cases} 1 & (i = j) \\ 0 & (i \neq j) \end{cases}$$

を得るが，これは ${}^tAA = I$（単位行列）を意味する．したがって $A^{-1} = {}^tA$ である．

最後に $A^{-1} = {}^tA$ を仮定しよう．すると，任意の $v \in \mathbb{R}^n$ に対して

$$|Av|^2 = (Av) \cdot (Av) = {}^t(Av)(Av) = {}^tv{}^tAAv = {}^tvA^{-1}Av = {}^tvv = v \cdot v = |v|^2$$

となるので，$|Av| = |v|$ が得られた．また，このとき $\det(A) = \det({}^tA) = \det(A^{-1}) = \frac{1}{\det(A)}$ より $\det(A) = \pm 1$ を得る． □

**例 1.4.3** $SO(n, \mathbb{R}) = \{A \in O(n, \mathbb{R}) \mid \det(A) = 1\}$ と定める．$GL(n, \mathbb{R})$ の部分群と見たとき，$SO(n, \mathbb{R}) = O(n, \mathbb{R}) \cap SL(n, \mathbb{R})$ である．よって $SO(n, \mathbb{R}) \lhd O(n, \mathbb{R})$ である（演習 1.3.6）．

$n = 2$ のとき，すなわち，平面上の直交変換には小学校以来親しんできた．原点を保つ回転や折り返しがそれにあたる．たとえば，平面上の原点を中心とした $\theta$ 回転は行列 $R_\theta = \begin{pmatrix} \cos\theta & -\sin\theta \\ \sin\theta & \cos\theta \end{pmatrix}$ で表されるが，$\cos^2\theta + \sin^2\theta = 1$ より

$${}^tR_\theta R_\theta = R_\theta{}^tR_\theta = I$$

かつ $\det(R_\theta) = 1$ となるので，$R_\theta \in SO(2, \mathbb{R})$ である．この逆も成り立つ．

**命題 1.4.4** 任意の $A \in SO(2, \mathbb{R})$ は，$\theta \in \mathbb{R}$ を用いて $A = R_\theta$ と書ける（証明は演習 1.4.3, (1)）．

$SO(2, \mathbb{R})$ の特徴の一つは，可換群になることである．

**定義 1.4.5** 群 $G$ において，任意の $a, b \in G$ に対して $ab = ba$ が成り立つとき，$G$ は**アーベル群** (abelian group)，または**可換群** (commutative group) であるという．

**例 1.4.6** $R_\theta \cdot R_\varphi = R_{\theta+\varphi} = R_\varphi \cdot R_\theta$ であるから，$SO(2, \mathbb{R})$ はアーベル群である．

写像 $f : \mathbb{R} \to SO(2, \mathbb{R})$ を $f(\theta) = R_\theta$ で定義すると $f(\theta + \varphi) = f(\theta)f(\varphi)$ が成り立つので，$f$ は群の準同型写像であることに注意すれば，次のように一般化できる．

**命題 1.4.7** $G$ をアーベル群とし $f : G \to G'$ を群の準同型写像とすると，$f$ の像 $\mathrm{Im}(f)$ はアーベル群である．

**[証明]** $a, b \in G$ に対して $ab = ba$ であるから

$$f(a)f(b) = f(ab) = f(ba) = f(b)f(a)$$

となるので，$\mathrm{Im}(f)$ もアーベル群である． □

**注意 1.4.8** 定義からすぐわかるように，アーベル群の部分群はアーベル群である．

**定義 1.4.9** 整数 $n > 1$ に対して

$$\boldsymbol{\mu}_n = \left\{ R_\theta \;\middle|\; \theta = \frac{2k}{n}\pi \quad (k = 0, 1, \ldots, n-1) \right\}$$

とすると，これは $n$ 個の元からなる $SO(2, \mathbb{R})$ の部分群であり，アーベル群である．これを位数 $n$ の**巡回群** (cyclic group) とよぶ．

### ▶演習問題

**演習 1.4.1** 全射な群の準同型写像 $f : \mathbb{R} \to SO(2, \mathbb{R})$ を $f(\theta) = R_\theta$ で定めるとき，$f$ の核 $\mathrm{Ker}(f)$ を求めよ．

**演習 1.4.2** アーベル群の任意の部分群は正規部分群であることを証明せよ．

**演習 1.4.3** (1) 任意の $A \in SO(2, \mathbb{R})$ は $\theta \in \mathbb{R}$ を用いて $A = R_\theta$ と書けることを証明せよ．

(2) $T = \begin{pmatrix} 1 & 0 \\ 0 & -1 \end{pmatrix}$ とすると $T \in O(2, \mathbb{R})$ である．任意の $A \in O(2, \mathbb{R})$ に対して実数 $\theta$ が存在して $A = R_\theta$ または $A = R_\theta T$ と書かれることを示せ．

(3) 任意の $A \in O(2, \mathbb{R}) \setminus SO(2, \mathbb{R})$ は，原点を通る直線に関する折り返しになることを示せ．

**演習 1.4.4** $SO(3, \mathbb{R})$ の任意の元 $A$ は，空間内の原点を通る直線を軸とする回転であることを示せ（ヒント: $A \in SO(3, \mathbb{R})$ は必ず固有値 1 の固有ベクトルをもつことを示せ）．また，$SO(3, \mathbb{R})$ はアーベル群ではないことを確かめよ．

## 1.5 直交変換の群 (2)

前節の最後に現れた巡回群 $\boldsymbol{\mu}_n \subset SO(2, \mathbb{R})$ は有限個の要素からなる群であった．

**定義 1.5.1** 有限個の元からなる群 $G$ を**有限群** (finite group) という．このとき，$G$ の元の個数を $G$ の**位数** (order) といい，$|G|$ で表す．

**例 1.5.2** 巡回群 $\boldsymbol{\mu}_n$ は位数 $n$ の有限群である．一方，$\mathbb{Z}, \mathbb{Q}, \mathbb{Q}^*$，あるいは，

$GL(n,\mathbb{R})$ や $SL(n,\mathbb{R})$，$O(n,\mathbb{R})$, $SO(n,\mathbb{R})$ などはすべて無限個の元をもつ群である．

群の「構造」を調べようとするならば，無限個の元からなる群よりも有限群のほうが調べやすそうに見える．なぜならば，有限群 $G$ においては，任意の $a,b\in G$ に対して $ab$ を求める表（しばしば**群表** (group table / multiplication table) とよばれる）を書き下せば，その構造が決定されるからである:

| | $\cdots$ | $b$ | $\cdots$ |
|---|---|---|---|
| $\vdots$ | | $\vdots$ | |
| $a$ | $\cdots$ | $ab$ | $\cdots$ |
| $\vdots$ | | $\vdots$ | |

たとえば，位数が3の巡回群 $\boldsymbol{\mu}_3$ は単位元 $e$ と $\rho=R_{\frac{2\pi}{3}}$，$\rho^2=R_{\frac{4\pi}{3}}$ の三つの元からなり，その群表は

| | $e$ | $\rho$ | $\rho^2$ |
|---|---|---|---|
| $e$ | $e$ | $\rho$ | $\rho^2$ |
| $\rho$ | $\rho$ | $\rho^2$ | $e$ |
| $\rho^2$ | $\rho^2$ | $e$ | $\rho$ |

のようになる．実際に有限群を調べる場面で群表を書き下すという方法は，あまりに原始的であるのでまず行われることはないが，有限群が原理的に有限の情報で決定されるという点が重要である．

**定義 1.5.3**　集合 $G$ の有限個の元からなる任意の順列を $G$ の**語** (word) という．つまり，$a_1,\dots,a_r\in G$ をこの順に並べてできる語は $a_1\,a_2\,\cdots\,a_r$ である．$G$ が群であるときには，演算の結合法則（注意 1.1.5）によって $G$ の語は $G$ の元を一つ定める．

**定義 1.5.4**　$S$ を群 $G$ の部分集合とする．このとき，$S$ の元およびその逆元の語として書かれる $G$ の元全体 $H$ は $G$ の部分群になる．これを $G$ 内で $S$ で**生成される** (generated by) 部分群といい，$H=\langle S\rangle$ と書く．

**例 1.5.5**　$\rho=R_{\frac{2\pi}{n}}\in SO(2,\mathbb{R})$ として，$SO(2,\mathbb{R})$ の中で $\{\rho\}$ で生成される（単に $\rho$ で生成されるともいう）部分群 $\langle\rho\rangle$ を考える．$\rho^n=I$（単位行列）であるから $\rho^{n-1}=\rho^{-1}$ となるので，$\langle\rho\rangle$ の元は $\rho^k$ $(k=0,1,\dots,n-1)$ の形の語で書ける．すなわち，$\langle\rho\rangle$ は位数 $n$ の巡回群 $\boldsymbol{\mu}_n$ にほかならない．

**例 1.5.6** 群 $G$ が一つの元 $g \in G$ によって生成される，すなわち，

$$G = \langle g \rangle = \{g^k \in G \mid k \in \mathbb{Z}\}$$

が成り立つとしよう．もしも $G = \langle g \rangle$ が有限個の元からなるならば，ある正整数 $n$ および群の同型写像 $\boldsymbol{\mu}_n \to G$ が存在する．

実際，$\{g^k \in G \mid k \in \mathbb{Z}\}$ が有限集合であったならば，相異なる整数 $\ell, m$ が存在して $g^\ell = g^m$ が成り立つ（いわゆる「鳩の巣原理」）．このとき，$m > \ell$ と仮定してよく，$g^{m-\ell} = e$ が成立する．$g^n = e$ となる正の整数で最小の $n$ をとろう（これを元 $g$ の**位数** (order) とよぶ）．このとき，$e = g^0, g = g^1, g^2, \ldots, g^{n-1}$ はすべて異なる．もし $0 \leq \ell < m < n$ で $g^\ell = g^m$ となったとすると $g^{m-\ell} = e$ であるが，$0 < m - \ell < n$ となって，$n$ の最小性に反するからである．以上により $G = \{e, g, \ldots, g^{n-1}\}$ であり，

$$\boldsymbol{\mu}_n \to G\,; \quad \rho^k \mapsto g^k$$

が群の同型写像を与える．

**例 1.5.7** $T = \begin{pmatrix} 1 & 0 \\ 0 & -1 \end{pmatrix}$，$T' = \begin{pmatrix} -1 & 0 \\ 0 & 1 \end{pmatrix}$ とするとき，$O(2, \mathbb{R})$ の中で $T$ と $T'$ で生成される部分群を**クラインの 4 群** (Klein's four-group) とよび，$V_4$ で表す．いま，

$$T^2 = I = T'^2\,, \quad TT' = -I = T'T$$

であるので，$V_4$ は

$$I, \quad T, \quad T', \quad TT' = T'T$$

の四つの元からなることがわかる．すなわち，$V_4$ は位数が 4 の有限群である．

**定義 1.5.8** $O(2, \mathbb{R})$ の中で $\rho = R_{\frac{2\pi}{n}}$ および $\tau = \begin{pmatrix} 1 & 0 \\ 0 & -1 \end{pmatrix}$ で生成される部分群 $D_n = \langle \rho, \tau \rangle$ を**正 2 面体群** (dihedral group) という．

正 2 面体群 $D_n$ の構造は，巡回群やクラインの 4 群よりもやや複雑である．しかし，$D_n$ の元は $O(2, \mathbb{R})$ の元，すなわち平面上の直交変換であるので，そのことを使って幾何学的な記述で理解してみよう．

**補題 1.5.9** $\rho, \tau \in D_n$ を上の定義のとおりとしよう．このとき，

$$\tau \rho^m = \rho^{n-m} \tau.$$

**[証明]**　行列の成分計算で確かめられるが，$\rho^m$ が原点中心の $\theta = \frac{2m\pi}{n}$ 回転，$\rho^{n-m} = \rho^{-m}$ が $-\theta$ 回転であり，$\tau$ は $x$ 軸に関する折り返しであることに注意すれば，幾何学的にも確かめられる（図 1.1）．　□

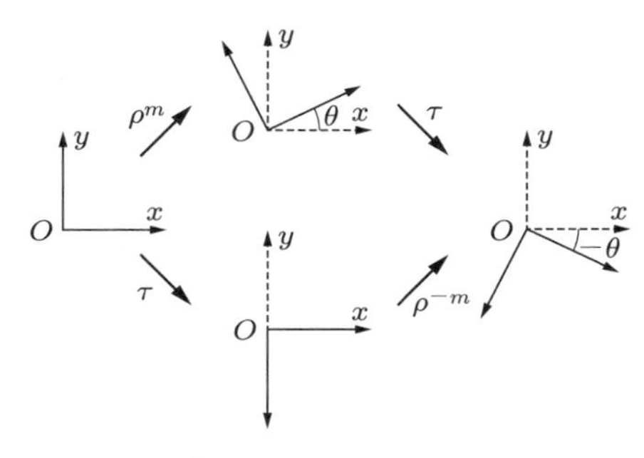


**図 1.1**　$\rho$ と $\tau$ の関係

**命題 1.5.10**　$D_n$ は

$$e, \rho, \rho^2, \ldots, \rho^{n-1},$$
$$\tau, \rho\tau, \rho^2\tau, \ldots, \rho^{n-1}\tau$$

の $2n$ 個の元からなる位数 $2n$ の有限群である．

**[証明]**　$D_n$ の任意の元は補題 1.5.9 によれば $\rho^m\tau^k$ の形であるが，$\tau^2 = e$, $\rho^n = e$ に注意すれば，$m$ を $n$ で割った余りを $i$，$k$ を 2 で割った余りを $j$ で表すとき，$i = 0, 1, \ldots, n-1$ および $j = 0, 1$ のいずれかによって $\rho^i\tau^j$ の形で書ける．たとえば，

$$\tau\rho^2\tau\rho^3\tau = \rho^{n-2}\tau\tau\rho^3\tau = \rho^{n-2}\rho^3\tau = \rho^{n+1}\tau = \rho\tau$$

など．　□

**注意 1.5.11**　$\mathbb{R}^2$ の原点を中心とする単位円に内接し，$(1,0)$ をその頂点の一つとする正 $n$ 角形 $P_n$ を考える（図 1.2）．この $P_n$ をそれ自身にうつす $O(2,\mathbb{R})$ の元 $T$ は点 $(1,0)$ と $(\cos\frac{2\pi}{n}, \sin\frac{2\pi}{n})$ を $P_n$ の隣り合う 2 点にうつすのであるが，この 2 点

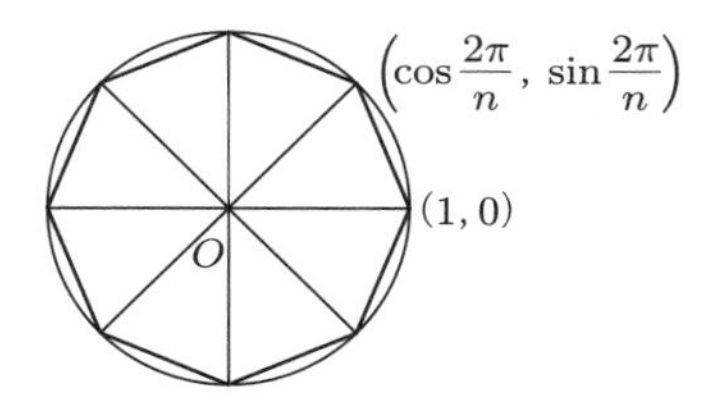


**図 1.2**　正 2 面体群と正 $n$ 角形

を決定することで $T$ はただ一通りに決まる．上の命題は，$O(2,\mathbb{R})$ の変換 $T$ であって，$P_n$ をそれ自身にうつすもの全体は $D_n$ と一致する，つまり

$$D_n = \{T \in O(2,\mathbb{R}) \mid T(P_n) = P_n\}$$

となることを主張しているのである．これが $D_n$ を「正 2 面体群」とよぶ所以である．

さて，いままで $O(2,\mathbb{R})$ の部分群で有限群になるものの例として $\boldsymbol{\mu}_n$, $V_4$, $D_n$ をあげてきたのだが，実はこのようにして得られる有限群は本質的にはこれで尽くされていることがわかる．

**定理 1.5.12** $G \subset O(2,\mathbb{R})$ を有限な部分群とすると，$G$ は有限巡回群 $\boldsymbol{\mu}_n$ か 2 面体群 $D_n$ のいずれかに同型である（証明は演習 1.5.4)．

## ▶演習問題

**演習 1.5.1** クラインの 4 群 $V_4$ の群表を書き下してみよ．これにより，$V_4$ はアーベル群であることを示せ．

**演習 1.5.2** 正 2 面体群 $D_n$ は巡回群 $\boldsymbol{\mu}_n$ を正規部分群として含むことを示せ．

**演習 1.5.3** $SO(2,\mathbb{R})$ の有限部分群は有限巡回群になることを示せ．とくに，有限巡回群の部分群は有限巡回群である．

**演習 1.5.4** $G \subset O(2,\mathbb{R})$ を有限な部分群とすると，$G$ は有限巡回群 $\boldsymbol{\mu}_n$ か正 2 面体群 $D_n$ のいずれかに同型であることを示せ．

**演習 1.5.5** (1) 複素数成分の $n$ 次正方行列 $A$ に対して，随伴行列 $A^*$ を $A$ の転置行列の複素共役として定義するのであった．いま，$U(n,\mathbb{C})$ を $n$ 次正方複素行列 $A$ であって $A^{-1} = A^*$ となるもの全体とすると，これは群になることを示せ（**ユニタリ群** (unitary group) とよぶ)．

(2) $\mathbf{i} = \begin{pmatrix} i & 0 \\ 0 & -i \end{pmatrix}$，$\mathbf{j} = \begin{pmatrix} 0 & 1 \\ -1 & 0 \end{pmatrix}$ は $U(2,\mathbb{C})$ の元であることを確かめよ．

(3) $U(2,\mathbb{C})$ の中で $\mathbf{i},\mathbf{j}$ が生成する群 $H = \langle \mathbf{i},\mathbf{j} \rangle$ は有限群である（ハミルトンの**四元数群** (quaternion group) とよばれる)．その位数を求めよ．

**演習 1.5.6** $G$ を群とし，$S \subset G$ を部分集合，$H = \langle S \rangle$ を $G$ の中で $S$ が生成する部分群とする．このとき，$H$ が正規部分群であることと，任意の $s \in S$ および任意の $g \in G$ に対して $gsg^{-1} \in H$ が同値になることを示せ．

**演習 1.5.7*** $SO(3,\mathbb{R})$ の有限部分群をすべて求めよ.

## 1.6 対称群

正2面体群が正多角形をそれ自身に写す変換全体としてとらえられたように, 群はしばしばある決まった集合や図形の**対称性** (symmetry) を表す. その意味で, 有限集合 $S$ について考えうる最も一般の対称性は $S$ の元のすべての並べ替え, すなわち $S$ の元の順列全体である. これを記述するのが対称群の概念である.

**定義 1.6.1** $n$ 個の要素からなる集合 $I_n = \{1, 2, \ldots, n\}$ からそれ自身への全単射全体を $\mathfrak{S}_n$ で表す. 演習 1.2.4 によって, $\mathfrak{S}_n$ は写像の合成を二項演算とする群になる. これを $n$ 次の**対称群** (symmetric group) とよぶ.

$n$ 次対称群の元 $\sigma \in \mathfrak{S}_n$ は全単射 $\sigma : I_n \to I_n$ であるから, $i \in I_n$ の行き先 $\sigma(i)$ を決めると $\sigma$ はただ一通りに決まる. すなわち, $\sigma$ は順列 $\sigma(1), \sigma(2), \ldots, \sigma(n)$ と1対1に対応する. これによって, $\sigma$ を

$$\sigma = \begin{pmatrix} 1 & 2 & \cdots & n \\ \sigma(1) & \sigma(2) & \cdots & \sigma(n) \end{pmatrix}$$

のような記法で表す. $n$ 個の要素の順列の場合の数は $n!$ 通りであるから, 次がわかる.

**命題 1.6.2** $\mathfrak{S}_n$ は位数が $n!$ の有限群である.

$n$ が大きくなると $\mathfrak{S}_n$ の位数は急激に大きくなり, 群としての構造もどんどん複雑になると考えられる. 一般の $n$ に対する $\mathfrak{S}_n$ の構造を調べるために, $\mathfrak{S}_n$ の元のうち, とくにわかりやすいものに注目することにしよう.

**定義 1.6.3** $I_n$ のすべて異なる $r$ 個の元の順列 $a_1, \ldots, a_r$ があって, $\sigma(a_i) = a_{i+1}$（ただし $a_{r+1} = a_1$ とおく）および, $j \neq a_i$ であれば $\sigma(j) = j$ で定まる $\sigma \in \mathfrak{S}_n$ を, 長さが $r$ の**巡回置換** (cyclic permutation) とよび, $\sigma = (a_1\ a_2\ \cdots\ a_r)$ で表す. とくに, 長さが2の巡回置換 $\sigma = (a_1\ a_2)$ を**互換** (transposition) とよぶ.

**例 1.6.4** 巡回置換 $\sigma = (1\ 4\ 2) \in \mathfrak{S}_5$ は, 上で述べた置換の記法を用いれば,

$$\sigma = \begin{pmatrix} 1 & 2 & 3 & 4 & 5 \\ 4 & 1 & 3 & 2 & 5 \end{pmatrix}$$

となる．また，$\sigma^2 = \sigma \circ \sigma = (1\ 2\ 4)$，$\sigma^3 = \mathrm{id}$（恒等写像）である．より一般に，長さ $r$ の巡回置換は位数 $r$ の元（例 1.5.6）である．

次の命題は，巡回置換が $\mathfrak{S}_n$ の基本的な構成要素であることを主張している．

**命題 1.6.5**　任意の $\sigma \in \mathfrak{S}_n$ は，互いに交わりのないいくつかの巡回置換の積として（順序を除いて）一通りに表される．

この命題の意味やそれが成り立つ理由については，形式的な証明を与えるよりも例を見たほうがとらえやすい．たとえば

$$\sigma = \begin{pmatrix} 1 & 2 & 3 & 4 & 5 \\ 2 & 4 & 5 & 1 & 3 \end{pmatrix} \in \mathfrak{S}_5$$

を考えると，

$$1 \overset{\sigma}{\mapsto} 2 \overset{\sigma}{\mapsto} 4 \overset{\sigma}{\mapsto} 1$$

$$3 \overset{\sigma}{\mapsto} 5 \overset{\sigma}{\mapsto} 3$$

となるから

$$\sigma = (1\ 2\ 4)(3\ 5) = (3\ 5)(1\ 2\ 4)$$

である．$(1\ 2\ 4)$ と $(3\ 5)$ は互いに交わりのない巡回置換である．これは，次節で取り扱う群の集合への作用に関する軌道分解と深く関連している．

**[命題 1.6.5 の証明]**　$\mathfrak{S}_n$ の $n$ に関する帰納法で証明する．$n = 2$ のときは

$$\mathfrak{S}_2 = \{\mathrm{id}, (1\ 2)\}$$

であるから何も示すことはない．そこで，任意の $\mathfrak{S}_{n-1}$ の元が互いに交わりのない巡回置換の積として順序を除いて一意的に書けると仮定する．いま $\sigma \in \mathfrak{S}_n$ を任意にとる．$\sigma(n) = n$ であれば，$\sigma$ を $I_{n-1} = \{1, 2, \ldots, n-1\}$ に制限すれば $\sigma \in \mathfrak{S}_{n-1}$ とみなせるので，帰納法の仮定により命題は成り立っている．そこで，$\sigma(n) \neq n$ と仮定する．このとき，$\sigma^m(n) = n$ となる最小の $m$ を $r$ とおくと，$a_1, \ldots, a_{r-1} \in I_n$ が存在して

$$n \overset{\sigma}{\mapsto} a_1 \overset{\sigma}{\mapsto} a_2 \overset{\sigma}{\mapsto} \cdots \overset{\sigma}{\mapsto} a_r = n$$

が成り立つ．このとき，巡回置換 $\tau = (a_1\ a_2\ \cdots\ a_r)$ をとると $\tau^r = e$ であり，$\tau^{-1} = \tau^{r-1}$ である．$\sigma'$ を

$$\sigma' = \sigma\tau^{-1} = \sigma\tau^{r-1}$$

とおくと $\sigma'(a_i) = a_i$ が任意の $a_i$ $(i = 1, \ldots, r)$ で成り立ち，$a_r = n$ に注意するととくに $\sigma'(n) = n$．よって，$\sigma' \in \mathfrak{S}_{n-1}$ が成り立つ．再び帰納法の仮定から $\sigma'$ は互いに交わらない巡回置換の積としてただ一通りに表されるが，$\sigma'(a_i) = a_i$ となるので，$\sigma'$ の分解に現れる巡回置換は $a_i$ を含まない．よって，$\sigma = \sigma'\tau$ も互いに交わらない巡回置換の積でただ一通りに表される．□

**命題 1.6.6**　任意の巡回置換は互換の積で書ける．とくに，任意の $\sigma \in \mathfrak{S}_n$ は互換の積として表すことができる．

この命題における巡回置換の互換への分解は一意的ではない．たとえば，$\sigma = (1\ 2\ 3)$ は

$$(1\ 2\ 3) = (1\ 2)(2\ 3) = (2\ 3)(1\ 3)$$

のように（少なくとも）2通りの分解をもつ．

**[命題 1.6.6 の証明]**　巡回置換 $\sigma$ の長さ $r$ についての帰納法で証明する．$r = 2$ であれば $\sigma$ はすでに互換であるから何も示すことはない．そこで，長さが $r$ 未満の巡回置換が互換の積で書かれたと仮定する．$\sigma = (a_1\ a_2\ \cdots\ a_{r-1}\ a_r)$ に対して互換 $\tau = (a_{r-1}\ a_r)$ を考えると

$$\sigma' = \sigma\tau = (a_1\ a_2\ \cdots\ a_{r-1})$$

となり，これは長さが $r-1$ の巡回置換である．よって，帰納法の仮定により $\sigma'$ は互換の積として書ける．$\tau^2 = e$ に注意すれば $\sigma = \sigma'\tau$ であるので，$\sigma$ も互換の積として表される．□

一般の置換 $\sigma \in S_n$ の大事な不変量として，その符号がある．

**定義 1.6.7**　$\sigma \in S_n$ に対して，その**符号** (signature) $\mathrm{sgn}(\sigma)$ を

$$\mathrm{sgn}(\sigma) = \prod_{1 \leq i < j \leq n} \frac{\sigma(j) - \sigma(i)}{j - i}$$

で定義する．等式の右辺は $1 \leq i < j \leq n$ を満たす $i, j$ すべてにわたって $\frac{\sigma(j)-\sigma(i)}{j-i}$ の積をとることを意味している．

**注意 1.6.8**　対称群の元の符号は通常上のように定義するのであるが，「条件 $i < j$」は本質的ではない．本質的なのは $i \neq j$ のすべての組にわたる積をとることである．

実際，$I'_n$ を $I_n$ の互いに異なる 2 元の組の集合とするとき，$\{i, j\} \in I'_n$ に対して

$$\frac{\sigma(i) - \sigma(j)}{i - j} = \frac{\sigma(j) - \sigma(i)}{j - i}$$

が成り立つから，$i, j$ の大小関係に関わりなく

$$\mathrm{sgn}(\sigma) = \prod_{\{i,j\} \in I'_n} \frac{\sigma(j) - \sigma(i)}{j - i}$$

が成り立つ．

**命題 1.6.9** $\sigma, \tau \in \mathfrak{S}_n$ に対して

$$\mathrm{sgn}(\sigma\tau) = \mathrm{sgn}(\sigma)\,\mathrm{sgn}(\tau)$$

が成り立つ．すなわち，符号は群準同型

$$\mathrm{sgn} : \mathfrak{S}_n \to \boldsymbol{\mu}_2 = \{\pm 1\}$$

を定める．

**[証明]** $\tau \in \mathfrak{S}_n$ は $I_n = \{1, 2, \ldots, n\}$ からそれ自身への全単射であるから，全単射

$$\tau' : I'_n \to I'_n\,; \quad \{i, j\} \mapsto \{\tau(i), \tau(j)\}$$

を引き起こす．したがって，

$$\mathrm{sgn}(\sigma) = \prod_{\{i,j\} \in I'_n} \frac{\sigma(\tau(j)) - \sigma(\tau(i))}{\tau(j) - \tau(i)}$$

が得られる．両辺に $\mathrm{sgn}(\tau)$ を掛けると

$$\begin{aligned}
\mathrm{sgn}(\sigma)\,\mathrm{sgn}(\tau) &= \prod_{\{i,j\} \in I'_n} \frac{\sigma(\tau(j)) - \sigma(\tau(i))}{\tau(j) - \tau(i)} \frac{\tau(j) - \tau(i)}{j - i} \\
&= \prod_{\{i,j\} \in I'_n} \frac{\sigma(\tau(j)) - \sigma(\tau(i))}{j - i} \\
&= \mathrm{sgn}(\sigma\tau)
\end{aligned}$$

を得る． □

**命題 1.6.10**　互換 $\tau \in \mathfrak{S}_n$ に対しては常に $\mathrm{sgn}(\tau) = -1$.

**[証明]**　$\tau = (\ell\ m) \in \mathfrak{S}_n$ とする．$I_n$ の部分集合でちょうど 2 個の要素からなるもの $J \in I'_n$ は，次の四つの場合のいずれかただ一つに該当する:

$$(1)\ J \cap \{\ell, m\} = \emptyset \qquad (2)\ J \cap \{\ell, m\} = \{\ell\}$$
$$(3)\ J \cap \{\ell, m\} = \{m\} \quad (4)\ J = \{\ell, m\}$$

上記の (1)～(4) に該当する $J$ の集合をそれぞれ $I_n'^{(1)}, I_n'^{(2)}, I_n'^{(3)}, I_n'^{(4)} \subset I'_n$ として，

$$s_{(k)} = \prod_{\{i,j\} \in I_n'^{(k)}} \frac{\tau(j) - \tau(i)}{j - i}$$

とおくと，$\mathrm{sgn}(\tau) = s_{(1)} \cdot s_{(2)} \cdot s_{(3)} \cdot s_{(4)}$ である．$J = \{i, j\} \in I_n'^{(1)}$ に対しては，$\tau(i) = i, \tau(j) = j$ が成り立つので $s_{(1)} = 1$．$J = \{i, \ell\} \in I_n'^{(2)}$ に対しては $\{\tau(i), \tau(\ell)\} = \{i, m\} \in I_n'^{(3)}$ であり，逆に $J = \{i, m\} \in I_n'^{(3)}$ に対しては $\{\tau(i), \tau(m)\} = \{i, \ell\} \in I_n'^{(2)}$ となる．したがって，$s_{(2)}$ と $s_{(3)}$ は互いに逆数で，$s_{(2)} s_{(3)} = 1$ である．よって，

$$\mathrm{sgn}(\tau) = s_{(4)} = \frac{\tau(\ell) - \tau(m)}{\ell - m} = \frac{m - \ell}{\ell - m} = -1$$

を得る．□

上の二つの命題によって，$\sigma$ が $m$ 個の互換の積で書けるならば $\mathrm{sgn}(\sigma) = (-1)^m$ が成り立つことがわかる．すでに述べたとおり，ある置換 $\sigma$ の互換の積としての表し方は一通りではないが，現れる互換の個数の偶奇は常に一定であることがわかる．$\mathrm{sgn}(\sigma) = 1$ となるものを**偶置換** (even permutation)，$\mathrm{sgn}(\sigma) = -1$ となるものを**奇置換** (odd permutation) という．

**定義 1.6.11**　準同型写像 $\mathrm{sgn} : \mathfrak{S}_n \to \{\pm 1\}$ の核を $\mathfrak{A}_n$ で表し，$n$ 次の**交代群** (alternating group) とよぶ．交代群 $\mathfrak{A}_n$ は対称群 $\mathfrak{S}_n$ に属する偶置換全体の集合にほかならない．

**命題 1.6.12**　$\mathfrak{A}_n$ は $\mathfrak{S}_n$ の正規部分群である．

**[証明]**　$\mathfrak{A}_n$ は準同型写像 sgn の核であるから，命題 1.3.8 によって正規部分群である．□

### ▶演習問題

**演習 1.6.1**　$\mathfrak{S}_n$ の任意の互換は $(1\ 2)$, $(2\ 3)$ , $\ldots, (n-1\ n)$ の積として書けることを示せ（よって，$\mathfrak{S}_n$ の任意の元はこれら $(n-1)$ 個の互換の積として表せる）．

**演習 1.6.2**　$\sigma = (1\ 2\ 4)(3\ 5) \in \mathfrak{S}_n$ の（元の）位数を求めよ．

**演習 1.6.3**　$n \geq 3$ とする．$\mathfrak{S}_n$ は正 2 面体群 $D_n$（と同型な群）を部分群として含むことを示せ（とくに，$\mathfrak{S}_3$ は $D_3$ と同型である）．

**演習 1.6.4**　$\sigma = (1 2 3) \in \mathfrak{S}_4$ に対して，$\tau\sigma\tau^{-1} = \sigma$ を満たす $\tau \in \mathfrak{S}_4$ をすべて求めよ．

**演習 1.6.5**　$\tau = (1\ 2) \in \mathfrak{S}_n$ を用いて，写像

$$F : \mathfrak{S}_n \to \mathfrak{S}_n$$

を $F(\sigma) = \sigma\tau$ で定義する．このとき，

(1) $F$ は集合の全単射になることを示せ．
(2) $\mathfrak{A}_n$ の位数を求めよ．

**演習 1.6.6**　$\mathfrak{A}_4$ はクラインの 4 群 $V_4$ と同型な群を正規部分群にもつことを示せ．

## 1.7　群の作用

対称群は複雑な群ではあるが，その元を巡回置換や互換の積へと分解して調べることができたのは，対称群 $\mathfrak{S}_n$ が集合 $I_n$ の元の並べ替えという具体的な表示をもっていたためである．巡回群や正 2 面体群も，平面上の変換からなる群として見ることで，その性質を詳しく調べることができた．このような考え方は，一般の群を調べるときに応用できる．すなわち，与えられた群 $G$ の元をある集合 $S$ の要素の「並べ替え」としてとらえようというのである．これが群の集合への作用の概念である．

**定義 1.7.1**　$G$ を群，$S$ を集合とする．$G$ が $S$ に（左から）**作用** (action) するとは，写像

$$T : G \times S \to S$$

が与えられて，任意の $a, b \in G$ および $x \in S$ に対して

$$T(a \cdot b, x) = T(a, T(b, x)) \quad \text{および} \quad T(e, x) = x$$

が成り立つことをいう（ただし $e$ は $G$ の単位元）．

**例 1.7.2**　$GL(n,\mathbb{R})$ は線形変換で $\mathbb{R}^n$ に自然に作用する．すなわち，写像

$$T : GL(n,\mathbb{R}) \times \mathbb{R}^n \to \mathbb{R}^n$$

を $T(A,v) = Av$ $(A \in GL(n,\mathbb{R}),\ v \in \mathbb{R}^n)$ で定めると

$$T(A,T(B,v)) = T(A,Bv) = ABv = T(AB,v), \quad T(I,v) = v \ (I \text{ は単位行列})$$

となるので，これは群 $GL(n,\mathbb{R})$ の $\mathbb{R}^n$ への作用になる．

**例 1.7.3**　対称群 $\mathfrak{S}_n$ は集合 $I_n = \{1,2,\ldots,n\}$ に自然に作用する．実際，$\sigma \in \mathfrak{S}_n$ と $i \in I_n$ に対して $T(\sigma,i) = \sigma(i)$ で定めると

$$T(\sigma,T(\tau,i)) = T(\sigma,\tau(i)) = \sigma(\tau(i)) = (\sigma\tau)(i) = T(\sigma\tau,i), \quad T(e,i) = i$$

となる（単位元 $e \in \mathfrak{S}_n$ は恒等写像 $e = \mathrm{id} : I_n \to I_n$ である）．

**注意 1.7.4**　群 $G$ の集合 $S$ への作用を与えることと，群の準同型写像 $\tau : G \to \mathrm{Aut}(S)$ を与えることは同じことになる（ただし $\mathrm{Aut}(S)$ は，$S$ から $S$ 自身への全単射全体が合成を積としてなす群で，その単位元は恒等写像）．これは以下のようにして示される: もしも作用 $T : G \times S \to S$ が与えられれば，$\tau(a)(x) = T(a,x)$ によって写像 $\tau(a) : S \to S$ を定めると，

$$\tau(a^{-1})(\tau(a)(x)) = T(a^{-1},T(a,x)) = T(a^{-1}a,x) = T(e,x) = x$$

より，$\tau(a^{-1}) \circ \tau(a) = \mathrm{id}$. 同様にして $\tau(a) \circ \tau(a^{-1}) = \mathrm{id}$ となるので，$\tau(a^{-1})$ は $\tau(a)$ の逆写像であり，とくに $\tau(a)$ は全単射である，すなわち $\tau(a) \in \mathrm{Aut}(S)$ がわかる．このようにして $\tau : G \to \mathrm{Aut}(S)$ を定めれば，

$$\tau(ab)(x) = T(ab,x) = T(a,T(b,x)) = \tau(a)(\tau(b)(x)), \quad \tau(e)(x) = T(e,x) = x$$

より $\mathrm{Aut}(S)$ の元として $\tau(ab) = \tau(a)\tau(b)$, $\tau(e) = e$ が成り立つので $\tau : G \to \mathrm{Aut}(S)$ は準同型写像になる．逆に準同型写像 $\tau : G \to \mathrm{Aut}(S)$ が与えられれば，$T(a,x) = \tau(a)(x)$ で $T : G \times S \to S$ を定めると，上の等式によって $T$ が $G$ の $S$ への作用になることが確かめられる．

二項演算のときと同様，記号が煩雑になるのを避けるために，誤解の恐れがなければ $T(a,x)$ を $a \cdot x$ と表すことが多い．この記法を用いれば，群の作用の定義 1.7.1 に現れた等式は

$$(a \cdot b) \cdot x = a \cdot (b \cdot x) \quad \text{および} \quad e \cdot x = x$$

となる.

群の作用を調べるときに鍵となる概念をいくつか導入しよう.

**定義 1.7.5** 群の作用 $T : G\times S \to S$ に対応する群の準同型写像 $\tau : G \to \mathrm{Aut}(S)$ の核 $\mathrm{Ker}(\tau)$ を, 作用 $T$ の核とよぶ. $\mathrm{Ker}(\tau) = \{e\}$ となるとき, 作用 $T$ は**忠実** (faithful) であるという.

**命題 1.7.6** 群 $G$ の集合 $S$ への作用が忠実であることは, 任意の $x \in S$ に対して $g \cdot x = x$ が成り立つ $g \in G$ は $g = e$ (単位元) のみであることと必要十分である (証明は演習 1.7.4).

**例 1.7.7** $GL(n, \mathbb{R})$ の $\mathbb{R}^n$ への作用や, $\mathfrak{S}_n$ の $I_n$ への作用は忠実である.

**定義 1.7.8** 群 $G$ が集合 $S$ に作用しているとき, $x \in S$ に対して, $S$ の部分集合

$$\mathrm{Orb}_G(x) = \{g \cdot x \in S \mid g \in G\}$$

を $x$ の $G$-**軌道** (orbit) とよぶ.

**例 1.7.9** $SO(2, \mathbb{R})$ は平面 $\mathbb{R}^2$ に線形変換として自然に作用する. このとき, 点 $P = (a, b)$ の軌道 $\mathrm{Orb}_{SO(2,\mathbb{R})}(P)$ は, ある実数 $\theta$ を用いて

$$R_\theta \begin{pmatrix} a \\ b \end{pmatrix} = \begin{pmatrix} a\cos\theta - b\sin\theta \\ a\sin\theta + b\cos\theta \end{pmatrix}$$

と書かれる点全体であるから, 原点を中心とする円周

$$x^2 + y^2 = a^2 + b^2$$

にほかならない. すなわち, $\mathrm{Orb}_{SO(2,\mathbb{R})}(P)$ はまさしく原点を中心とする回転運動に関する点 $P$ の「軌道」になっている (図 1.3).

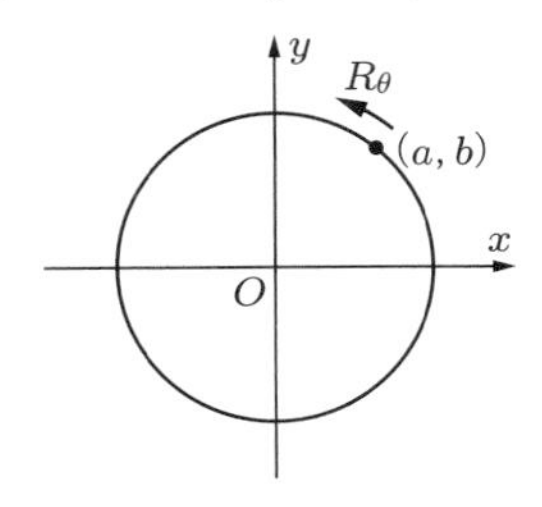


**図 1.3** $SO(2, \mathbb{R})$ の作用による軌道

**命題 1.7.10**　群 $G$ が集合 $S$ に作用するとき，$x, y \in S$ に対して次は同値である．

(1) ある $g \in G$ が存在して $y = g \cdot x$
(2) $y \in \mathrm{Orb}_G(x)$
(3) $\mathrm{Orb}_G(x) = \mathrm{Orb}_G(y)$

**[証明]**　(1) と (2) の同値性は $\mathrm{Orb}_G(x)$ の定義からただちに従う．(3)⇒(2) は $y = e \cdot y \in \mathrm{Orb}_G(y) = \mathrm{Orb}_G(x)$ からわかる．そこで (2) を仮定して (3) を証明しよう．$y \in \mathrm{Orb}_G(x)$ より，ある $g \in G$ が存在して $y = g \cdot x$．ここで，任意の $h \in G$ に対して

$$h \cdot y = h \cdot (g \cdot x) = (hg) \cdot x \in \mathrm{Orb}_G(x)$$

より $\mathrm{Orb}_G(y) \subset \mathrm{Orb}_G(x)$ となる．一方，$g^{-1} \cdot y = (g^{-1}g) \cdot x = x$ より $x \in \mathrm{Orb}_G(y)$ となるので，同じ議論によって $\mathrm{Orb}_G(x) \subset \mathrm{Orb}_G(y)$．以上より $\mathrm{Orb}_G(x) = \mathrm{Orb}_G(y)$ が証明された．□

**定義 1.7.11**　群 $G$ が集合 $S$ に作用するとき，任意の $x \in S$ に対して

$$\mathrm{Stab}_G(x) = \{g \in G \mid gx = x\}$$

は $G$ の部分群となる（演習 1.7.6）．これを $x$ の**安定化部分群** (stabilizer) とよぶ．

**定義 1.7.12**　群 $G$ が集合 $S$ に作用しており，$S$ 自身が一つの $G$-軌道となっているとき，$G$ の $S$ への作用は**推移的** (transitive) であるという．

**例 1.7.13**　$\mathfrak{S}_n$ の $I_n = \{1, 2, \ldots, n\}$ への作用は推移的である（演習 1.7.7, (1)）．$SO(2, \mathbb{R})$ の $\mathbb{R}^2$ への作用は推移的でない．

## ▶演習問題

**演習 1.7.1**　直交群 $O(3, \mathbb{R})$ は球面

$$S^2 = \{(x, y, z) \in \mathbb{R}^3 \mid x^2 + y^2 + z^2 = 1\}$$

に自然に作用することを示せ．

**演習 1.7.2**　$\mathbb{R}$ を加法に関する群とする．このとき，$T : \mathbb{R} \times \mathbb{R}^2 \to \mathbb{R}^2$ を

$$T\left(a, \begin{pmatrix} x \\ y \end{pmatrix}\right) = \begin{pmatrix} x + ay \\ y \end{pmatrix}$$

で定義すると，これは加法群 $\mathbb{R}$ の $\mathbb{R}^2$ への作用になることを示せ．さらに，この作用に対応する群の準同型写像 $\tau:\mathbb{R}\to\mathrm{Aut}(\mathbb{R}^2)$ は，ある群の準同型写像 $f:\mathbb{R}\to GL(2,\mathbb{R})$ と例 1.7.2 の作用に対応する $GL(2,\mathbb{R})\to\mathrm{Aut}(\mathbb{R}^2)$ によって

$$\mathbb{R}\xrightarrow{f}GL(2,\mathbb{R})\to\mathrm{Aut}(\mathbb{R}^2)$$

と分解されることを示せ．

**演習 1.7.3** $m$ を正の整数とする．群 $SO(2,\mathbb{R})$ に対して $T:SO(2,\mathbb{R})\times\mathbb{R}^2\to\mathbb{R}^2$ を

$$T(R_\theta,v)=R_{m\theta}\,v$$

で定めるとき，これは $SO(2,\mathbb{R})$ の $\mathbb{R}^2$ への作用を定めることを確認して，さらにこの作用の核を求めよ．

**演習 1.7.4** 群 $G$ の集合 $S$ への作用が忠実であることは，任意の $x\in S$ に対して $g\cdot x=x$ が成り立つ $g\in G$ は $g=e$（単位元）のみであることと必要十分であることを示せ．

**演習 1.7.5** 群 $G$ が集合 $S$ に作用するとき，$x,\,y\in S$ に対して $y\notin\mathrm{Orb}_G(x)$ となることと $\mathrm{Orb}_G(x)\cap\mathrm{Orb}_G(y)=\emptyset$ は同値であることを示せ．

**演習 1.7.6** 群 $G$ が集合 $S$ に作用するとき，任意の $x\in S$ に対して $\mathrm{Stab}_G(x)=\{g\in G\mid gx=x\}$ が $G$ の部分群になることを示せ．

**演習 1.7.7** (1) $\mathfrak{S}_n$ の $I_n=\{1,2,\ldots,n\}$ への作用が推移的であることを示せ．
(2) $GL(n,\mathbb{R})$ の $\mathbb{R}^n\setminus\{\mathbf{o}\}$（原点を取り除いた）への自然な作用を考えると，これが推移的になることを示せ．$GL(n,\mathbb{R})$ の $\mathbb{R}^n$（原点を取り除いていない）への作用ではどうか？

## 1.8 軌道分解・共役類分解・類等式

群 $G$ の集合 $S$ への作用があるとき，この作用による 1 点の軌道を調べることが大切だというのはすでに述べたが，この作用による軌道全体の集合を考えることはより重要である．

**命題 1.8.1** 群 $G$ が集合 $S$ に作用しているとする．このとき，$G$-軌道からなる集合 $\{O_\lambda\}_{\lambda\in\Lambda}$ が存在して，$S$ はその非交和として表される:

$$S=\coprod_{\lambda\in\Lambda}O_\lambda.$$

すなわち，任意の $O_\lambda$ はある点 $x_\lambda\in S$ の軌道 $O_\lambda=\mathrm{Orb}_G(x_\lambda)$ であって，

$S = \bigcup_{\lambda \in \Lambda} O_\lambda$ であり，$\lambda \neq \mu$ ならば $O_\lambda \cap O_\mu = \emptyset$ が成り立つ．これを $S$ の**軌道分解** (orbit decomposition) とよぶ．

**例 1.8.2** 群 $SO(2, \mathbb{R})$ が平面 $\mathbb{R}^2$ に自然に作用しているとき，この作用の軌道は原点を中心とする円周であることは例 1.7.9 で見たとおりである．すなわち，一つの $SO(2, \mathbb{R})$-軌道はある非負の実数 $r$ によって

$$O_r = \{(x, y) \in \mathbb{R}^2 \mid x^2 + y^2 = r^2\}$$

の形に書かれる．よって，この作用に関する $\mathbb{R}^2$ の軌道分解とは，原点を中心とする同心円の和集合として $\mathbb{R}^2$ を書くことである（図 1.4）:

$$\mathbb{R}^2 = \coprod_{r \geq 0} O_r.$$

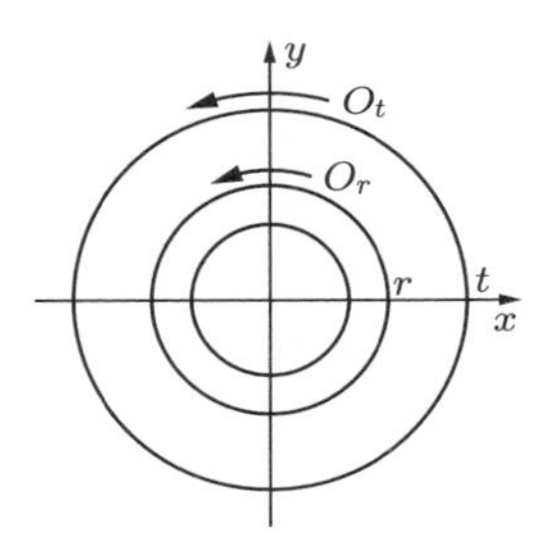


**図 1.4** $\mathbb{R}^2$ の $SO(2, \mathbb{R})$ の作用による軌道分解

**[命題 1.8.1 の証明]** 相異なる軌道が交わりをもたないことは演習 1.7.5 で見た．$S$ が軌道の和集合として書けることは，任意の $x \in S$ に対して $x \in \mathrm{Orb}_G(x)$ であることに注意すると，ある $\lambda \in \Lambda$ が存在して $O_\lambda = \mathrm{Orb}_G(x)$ となることから $x \in O_\lambda$ となって従う（厳密には，$\Lambda$ は $x \sim y \Leftrightarrow \mathrm{Orb}_G(x) = \mathrm{Orb}_G(y)$ で $S$ に同値関係を入れたときの商集合 $\Lambda = S/\sim$ である）． □

さて，この軌道分解の考え方を用いて群を調べるにはどうすればよいだろう．そのためには，たとえば群 $G$ の自分自身へのよい作用を考えればよい．よく考えられる作用としては**積による作用**と**共役による作用**があるが，ここではまず共役による作用について考えることとする．

**定義 1.8.3** $G$ を群とするとき，$T : G \times G \to G$ を

$$T(g, x) = gxg^{-1} \quad (g,\ x \in G)$$

で定義すれば，$G$ は（集合としての）$G$ に作用する．これを**共役** (conjugation) による作用という．共役作用による軌道を**共役類** (conjugacy class) とよぶ．

群 $G$ の元 $x$ の共役類を，本書では $C(x)$ で表そう．すなわち，$x \in G$ に対して $G$ の部分集合 $C(x)$ を

$$C(x) = \{gxg^{-1} \mid g \in G\} \subset G$$

で定める．

**定義 1.8.4** $G$ を群として，$T : G \times G \to G$ を共役作用とする．この作用に関する $x \in G$ の安定化部分群は

$$\begin{aligned} Z_G(x) &= \{g \in G \mid gxg^{-1} = x\} \\ &= \{g \in G \mid gx = xg\} \end{aligned}$$

になる．これを $x$ の**中心化群** (centralizer) とよぶ．

**命題 1.8.5** 群 $G$ の元 $x$ の共役類 $C(x)$ が $x$ のみからなることは $Z_G(x) = G$ となることと必要十分であり，またこれは，$x$ が $G$ の任意の元と交換可能である，すなわち，任意の $g \in G$ に対して $gx = xg$ が成り立つことと同値である．

**[証明]** $C(x) = \{gxg^{-1} \mid g \in G\}$ であるから，$C(x) = \{x\}$ は任意の $g \in G$ に対して $gxg^{-1} = x$ と同値であるが，これは任意の $g \in G$ に対して $gx = xg$ が成り立つことと同じことである． □

**定義 1.8.6** 群 $G$ に対して

$$Z(G) = \{x \in G \mid gx = xg \ (\forall g \in G)\}$$

は $G$ の正規部分群である（演習 1.8.3）．これを群 $G$ の**中心** (center) とよぶ．

**注意 1.8.7** 命題 1.8.5 は，群の中心の概念を使えば，$x \in G$ に対して

$$C(x) = \{x\} \Leftrightarrow Z_G(x) = G \Leftrightarrow x \in Z(G)$$

を主張している．とくに，単位元 $e \in G$ に対しては，常に $e \in Z(G)$ が成り立つ．

さて，群の作用に関する軌道分解（命題 1.8.1）によれば，$G$ の自分自身への共役作用は $G$ の共役類への非交和分解を与える（これを**共役類分解**とよぶ）．もし $G$

が有限群であれば，これは $G$ の位数（要素の個数）の「分解」を与える．

**定理 1.8.8（類等式; class equation）** $G$ を有限群，$Z(G)$ を $G$ の中心，$C_i$ $(i=1,\ldots,r)$ を互いに異なる $G$ の共役類で $\#(C_i)>1$ となるものとする．このとき，

$$\#(G)=\#(Z(G))+\sum_{i=1}^{r}\#(C_i)$$

が成り立つ．

**［証明］** $G$ の自分自身への共役作用による軌道分解は，共役類 $C_1,\ldots,C_N$ への非交和分解

$$G=\coprod_{i=1}^{N}C_i$$

である．いま，$i>r$ のとき，またそのときに限って，共役類 $C_i$ がただ一つの元からなるように並べ替えておくと，命題 1.8.5 あるいは注意 1.8.7 によって $Z(G)=\coprod_{i=r+1}^{N}C_i$ となるので

$$G=Z(G)\amalg\coprod_{i=1}^{r}C_i.$$

両辺の元の個数を数えて定理の等式を得る．□

類等式はこうして見るとなんということはない公式に見えるが，有限群の構造論においては最も基本的な定理の一つである．類等式の使い方については 1.12 節で見ることにしよう．

## ▶演習問題

**演習 1.8.1** 群 $G$ の部分群 $H$ が正規部分群であることは，任意の $x\in H$ の共役類 $C(x)$ が $H$ に含まれること，すなわち $C(x)\subset H$ となることと同値であることを示せ．

**演習 1.8.2** 群 $G$ の中心 $Z(G)$ はアーベル群になることを示せ．また，$G$ がアーベル群であることと $G=Z(G)$ が同値であることを示せ．

**演習 1.8.3** 群 $G$ の中心 $Z(G)$ は $G$ の正規部分群になることを示せ．

**演習 1.8.4** (1) $GL(2,\mathbb{R})$ の中での $\begin{pmatrix}1&1\\0&1\end{pmatrix}$ の中心化群を求めよ．

(2) $GL(3,\mathbb{R})$ の中での $\begin{pmatrix} 0 & 1 & 0 \\ 0 & 0 & 1 \\ 1 & 0 & 0 \end{pmatrix}$ の中心化群を求めよ.

**演習 1.8.5** $\sigma \in \mathfrak{S}_n$ を，命題 1.6.5 によっていくつかの巡回置換の積に表す:

$$\sigma = (a_{11} \ \cdots \ a_{1r_1})(a_{21} \ \cdots \ a_{2r_2})\cdots(a_{m1} \ \cdots \ a_{mr_m}).$$

ここで現れる巡回置換の長さ $r_1, r_2, \ldots, r_m$ は $\sigma$ のみから決まる．とくに，$r_1 \geq r_2 \geq \cdots \geq r_m$ としておけば，数列 $(r_1, \ldots, r_m)$ は $\sigma$ のみから一意的に定まる．これを $\sigma$ の**型** (type) とよぶ.

(1) 型 $(r_1, \ldots, r_m)$ の元の位数を求めよ.
(2) $\sigma, \tau \in \mathfrak{S}_n$ が同じ共役類に属することと $\sigma$ と $\tau$ の型が一致することが必要十分であることを示せ.
(3) $\mathfrak{S}_3$ の類等式を書き下せ.
(4) $\mathfrak{S}_4$ の類等式を書き下せ.

## 1.9 剰余群と準同型定理

前節では群のそれ自身への共役作用を考えたが，本節では積作用を考えるところからスタートしよう.

**定義 1.9.1** $G$ を群，$H$ をその部分群とする．このとき，$T : H \times G \to G$ を $T(h, x) = hx$ で定めると $H$ は $G$ に作用する．これを $H$ の $G$ への積による作用とよぼう．$G$ の部分群 $H$ の $G$ への積による作用に関する $x \in G$ の軌道は $\mathrm{Orb}_H(x) = \{hx \in G \mid h \in H\}$ である．これを $Hx$ で表し，$H$ による $x$ の**右剰余類** (right residue class) とよぶ.

**命題 1.9.2** 写像 $f : H \to Hx$ を $f(a) = ax$ で定義すると，これは全単射である.

**[証明]** $g : Hx \to H$ を $g(b) = bx^{-1}$ で定義すると, $g \circ f(a) = g(ax) = (ax)x^{-1} = a$ より $g \circ f = \mathrm{id}_H$ となる．逆に，$b \in Hx$ を $b = hx$ $(h \in H)$ と表しておくと $f \circ g(b) = f \circ g(hx) = f(hxx^{-1}) = f(h) = hx = b$ となるので，$f \circ g = \mathrm{id}_{Hx}$ となる．したがって，$g$ は $f$ の逆写像となるから $f$ は全単射である. □

**命題 1.9.3**　$G$ の部分集合として $Hx = Hy$ となることは $xy^{-1} \in H$ となることと同値である．

**[証明]**　$Hx = Hy$ を仮定する．このとき，$x = e \cdot x \in Hx = Hy$，すなわち $x \in Hy$ なので，ある $h \in H$ が存在して $x = hy$．したがって，$h = xy^{-1}$ となるから $xy^{-1} \in H$ である．逆に，$xy^{-1} \in H$ であれば $x = (xy^{-1})y \in Hy$ となるから，命題 1.7.10 の (2)⇒(3) によって $Hx = Hy$．□

**例 1.9.4**　$G = \mathbb{R}$ を加法に関する群，$H$ を $2\pi$ の整数倍全体

$$H = 2\pi\mathbb{Z} = \{2\pi m \in \mathbb{R} \mid m \in \mathbb{Z}\}$$

とする．いま，$\mathbb{R}$ は演算が加法であるから，右剰余類 $Hx$ も加法の記号で表すほうが違和感がない．ここで $x \in \mathbb{R}$ の右剰余類は

$$H + x = 2\pi\mathbb{Z} + x = \{x + 2\pi m \mid m \in \mathbb{Z}\}$$

となり，$2\pi\mathbb{Z} + x = 2\pi\mathbb{Z} + y$ は $x - y$ が $2\pi$ の整数倍として書ける，すなわち $x - y \in 2\pi\mathbb{Z}$ となることと同値である（図 1.5）．

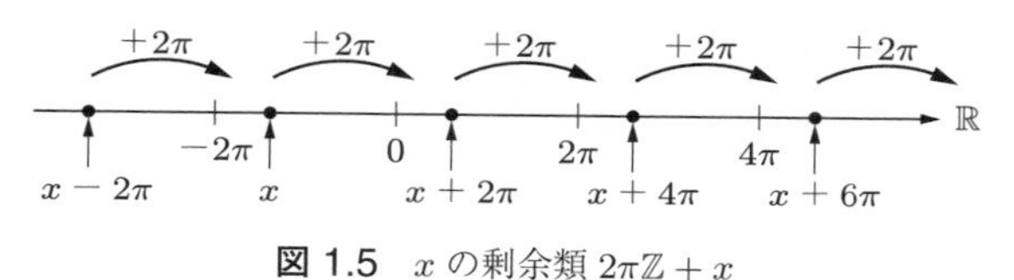


**図 1.5**　$x$ の剰余類 $2\pi\mathbb{Z} + x$

**例 1.9.5**　$G = \mathbb{Z}$ を加法に関する群，$H$ を $n$ の倍数全体

$$H = n\mathbb{Z} = \{mn \mid m \in \mathbb{Z}\}$$

とする．このとき，$x \in \mathbb{Z}$ の $H = n\mathbb{Z}$ についての右剰余類は

$$H + x = n\mathbb{Z} + x = \{x + mn \mid m \in \mathbb{Z}\}$$

なので，$n\mathbb{Z} + x = n\mathbb{Z} + y$ は $x - y$ が $n$ の倍数であることと同値である．したがって，$m\mathbb{Z}$ による右剰余類全体は，整数を $n$ で割った余りの集合

$$\{0, 1, \ldots, n-1\}$$

と 1 対 1 に対応する．これが「剰余類」という言葉の出どころである．

共役類分解が有限群の位数に関する類等式を導いたように，剰余類への分解も有限群の位数についてのもう一つの関係式を導く．

**定義 1.9.6** 群 $G$ の部分群 $H$ による右剰余類全体が有限集合であるとき，その元の個数を $[G:H]$ で表し，$G$ の部分群 $H$ の**指数** (index) とよぶ．

**定理 1.9.7（ラグランジュの公式; Lagrange's formula）** $G$ が有限群であれば，その部分群 $H$ についての右剰余類全体の集合は有限集合，つまり $[G:H]<\infty$ である．このとき，$\#(G)=[G:H]\cdot\#(H)$ が成り立つ．

**［証明］** 定理の前半の主張は明白であるので，後半を示そう．いま，$r=[G:H]$ を指数とするとき，積作用についての軌道分解は $x_1,\ldots,x_r\in G$ によって

$$G=Hx_1\amalg Hx_2\amalg\cdots\amalg Hx_r$$

となるが，命題 1.9.2 によって $Hx_i$ と $H$ の間に全単射があるので，任意の $i$ に対して $\#(Hx_i)=\#(H)$ となる．上の等式の両辺の元の個数を比べて

$$\#(G)=\#(Hx_1)+\cdots+\#(Hx_r)=r\cdot\#(H)=[G:H]\cdot\#(H)$$

を得る． □

一般に群 $G$ の演算は可換とは限らないので，部分群 $H\subset G$ に関する $x\in G$ の**左剰余類** (left residue class)

$$xH=\{xh\in G\mid h\in H\}$$

は右剰余類とは別物である．しかし，次の命題は右剰余類の場合とまったく同様にして証明される．

**命題 1.9.8** $G$ を群，$H$ をその部分群とする．

(1) 写像 $f:H\to xH$ を $f(a)=xa$ で定義すると，これは全単射である．
(2) $G$ の部分集合として $xH=yH$ となることは $x^{-1}y\in H$ となることと同値である．

（証明は演習 1.9.1）

**命題 1.9.9** $G$ を群，$H$ をその部分群とする．このとき，任意の $g\in G$ に対して $gH=Hg$ が成立することは $H$ が正規部分群であることと必要十分である．

**［証明］** $gH=Hg$ を仮定しよう．すると，任意の $h\in H$ に対して $gh\in gH=Hg$ であるから，ある $a\in H$ が存在して $gh=ag$．この両辺に右から $g^{-1}$ を掛けると

$$ghg^{-1} = a \in H$$

が得られるので，$H$ は正規部分群である．逆に，$H$ が正規部分群であれば，任意の $h$ に対して $ghg^{-1} \in H$ であるから，これを $a$ とおけば $gh = ag \in Hg$，すなわち，$gH \subset Hg$ である．また，$H$ が正規部分群であることを再び使えば $g^{-1}hg \in H$ が成り立つので，$gb = hg$ となる $b \in H$ が存在する．これにより $Hg \subset gH$ が従い，よって $gH = Hg$ である． □

なぜ部分群だけを考えるのではなく，正規部分群という特別な種類の部分群を導入したのか，その理由をこの命題が説明していると考えることができる．1.3 節では，群の準同型写像の核が満たす性質としてこの正規部分群を導入したのであったが，この命題を使うと，任意の正規部分群はある準同型写像の核として表せることを証明できる．それが以下で述べる剰余群の構成である．

**補題 1.9.10** $G$ を群，$H$ をその正規部分群とする．$x_1, x_2, y \in G$ に対して $x_1H = x_2H$ であるならば $x_1yH = x_2yH$ である．

**[証明]** $H$ が正規部分群であるから $x_1H = Hx_1$, $x_2H = Hx_2$ である．よって仮定 $x_1H = x_2H$ より $Hx_1 = Hx_2$ がわかる．したがって $H(x_1y) = H(x_2y)$．再び $H$ が正規部分群であることを用いると $x_1yH = x_2yH$ がわかる． □

**定理 1.9.11** $G$ における $H$ の左剰余類全体を $G/H$ で表す．$G/H$ の元は $xH \subset G$ の形の部分集合である．ここで，二項演算

$$\bar{m} : G/H \times G/H \to G/H$$

を

$$\bar{m}(xH, yH) = xyH \quad \text{すなわち} \quad (xH) \cdot (yH) = xyH$$

で定めると，これは $H$ を単位元，$x^{-1}H$ を $xH$ の逆元とする群になる．このようにして得られた群 $G/H$ を，$G$ の正規部分群 $H$ による**剰余群** (quotient group / residue group) とよぶ．

**[証明]** $\bar{m}$ が剰余類 $xH$ を表す $x$ のとり方によらずに定まること (well-definedness) を示せば，$\bar{m}$ が結合法則を満たし，$G/H$ が群になることは簡単にわかる．いま，$y_1H = y_2H$ であれば $xy_1H = xy_2H$ であるから，$\bar{m}(xH, y_1H) = \bar{m}(xH, y_2H)$．また，$x_1H = x_2H$ であれば，補題 1.9.10 によって $x_1yH = x_2yH$ となるので，$\bar{m}(x_1H, yH) = \bar{m}(x_2H, yH)$ もわかる． □

このようにして得られた剰余群 $G/H$ の元は，定義によれば $G$ の部分集合であるところの剰余類 $xH$ なのであるが，記法上それをいちいち“$xH$”のように表すのは若干煩わしいので，$x$ が定める剰余類 $xH$ を“$\bar{x}$”とか“$x \bmod H$”とかいった記号で表すことも多い．

$G$ が群で，$H$ がその正規部分群であるとき，自然な全射

$$\pi : G \to G/H$$

が $\pi(x) = xH \in G/H$ で定義される．剰余群の積の定義によって

$$\pi(xy) = xyH = (xH) \cdot (yH) = \pi(x)\pi(y)$$

が成り立つので，$\pi$ は群の準同型写像である．この準同型写像 $\pi$ の核 $\mathrm{Ker}(\pi)$ は $xH = H$ となる $x \in G$ 全体であるが，命題 1.9.8 の (2)，または命題 1.9.3 によってこれは $x \in H$ と同値になるので，

$$\mathrm{Ker}(\pi) = H$$

が成り立つ．よって，任意の正規部分群はある準同型写像の核として表されることがわかった．

群 $G$ を固定するとき，$G$ からの全射な群の準同型写像全体の集合と，$G$ の正規部分群全体の集合の間の対応

$$\left\{G \xrightarrow{f} G' \mid \text{全射な準同型写像}\right\} \underset{\beta}{\overset{\alpha}{\rightleftarrows}} \left\{\text{正規部分群 } H \triangleleft G\right\}$$

を $\alpha(f) = \mathrm{Ker}(f)$，$\beta(H) = (\pi : G \to G/H)$ で定める．上で見たことにより，$\alpha \circ \beta = \mathrm{id}$ が成り立っている．しかるべき意味で[1)]“$\beta \circ \alpha = \mathrm{id}$”も成り立つことを主張するのが次の準同型定理である．

**定理 1.9.12（準同型定理; homomorphism theorem）** $G, G'$ を群とし，$f : G \to G'$ を群の準同型写像とする．このとき，$f$ から自然な群の同型写像

$$\bar{f} : G/\mathrm{Ker}(f) \xrightarrow{\cong} \mathrm{Im}(f)$$

が導かれる．

**例 1.9.13** $\mathbb{R}$ を加法に関する群とし，準同型写像 $f : \mathbb{R} \to SO(2, \mathbb{R})$ を $f(\theta) = R_\theta$

1) 二つの全射な準同型写像 $f_1 : G \to G'_1$，$f_2 : G \to G'_2$ に対し，同型写像 $\varphi : G'_1 \to G'_2$ であって $f_2 = \varphi \circ f_1$ を満たすものが存在するとき $f_1$ と $f_2$ を同一視する．

（原点を中心とする $\theta$ 回転）で定める．$f$ は全射であり，$f(\theta) = I$（単位行列）となるのは $\theta$ が $2\pi$ の整数倍となるときである，すなわち，

$$\mathrm{Ker}(f) = 2\pi\mathbb{Z}$$

である．$\alpha, \beta \in \mathbb{R}$ に対して $f(\alpha) = f(\beta)$ は，回転角 $\alpha, \beta$ が $2\pi$ の整数倍の差を除いて一致すること，$\alpha - \beta \in 2\pi\mathbb{Z} = \mathrm{Ker}(f)$ と同値であり，また，$f$ による一点 $R_\theta \in SO(2, \mathbb{R})$ の逆像

$$f^{-1}(R_\theta) = \{\theta + 2\pi m \mid m \in \mathbb{Z}\} = \theta + 2\pi\mathbb{Z} = \theta + \mathrm{Ker}(f)$$

は $\mathbb{R}$ の $\mathrm{Ker}(f)$ による $\theta$ の剰余類にほかならない．この対応で $\mathbb{R}/\mathrm{Ker}(f)$ と $SO(2, \mathbb{R})$ の元が 1 対 1 に対応し，これは演算を保つ対応であるから，群の同型 $\mathbb{R}/\mathrm{Ker}(f) \cong \mathrm{Im}(f) = SO(2, \mathbb{R})$ を得る（図 1.6）．

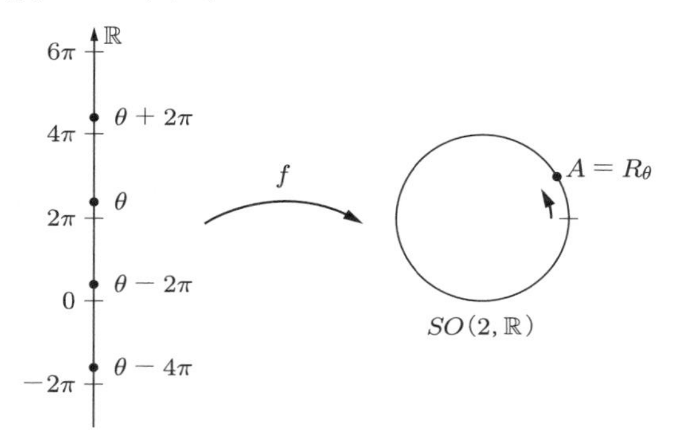


**図 1.6**　$SO(2, \mathbb{R}) \cong \mathbb{R}/2\pi\mathbb{Z}$

**［定理 1.9.12 の証明］**　$f$ の像 $\mathrm{Im}(f)$ は $G'$ の部分群であり（命題 1.3.8），包含写像 $\mathrm{Im}(f) \hookrightarrow G'$ は準同型写像であるので，$\mathrm{Im}(f) = G'$，すなわち $f$ は全射であると仮定してよい．$H = \mathrm{Ker}(f)$ とおくとこれは $G$ の正規部分群であり，$G/H$ は群になる．このとき，$\bar{f} : G/H \to G'$ を

$$\bar{f}(xH) = f(x)$$

で定めると，これが全単射になることを示そう．そのためには $xH = yH$ と $f(x) = f(y)$ が同値になることを示せばよい．まず，$xH = yH$ とすると，命題 1.9.8 の (2) によって $x^{-1}y \in H$ となるので，$f(x^{-1}y) = e$．$f$ は準同型写像であるので $(f(x))^{-1}f(y) = e$，すなわち $f(y) = f(x)$ を得る．逆に $f(x) = f(y)$ であれば，$f$ が準同型写像であったことより $e = (f(x))^{-1}f(y) = f(x^{-1}y)$ となって

$x^{-1}y \in H$ となるので，再び命題 1.9.8 の (2) によって $xH = yH$ を得る．

このようにして作られた全単射 $\bar{f}$ が群の準同型写像になることは，剰余群の演算の定義から従う．すなわち，

$$\bar{f}((xH)\cdot(yH)) = f(xy) = f(x)f(y) = \bar{f}(xH)\bar{f}(yH)$$

が成り立つ．よって $\bar{f}$ は群の同型写像である． □

**命題 1.9.14** $G$ を有限群とし，$H$ をその正規部分群とする．このとき剰余群 $G/H$ の位数は，$H$ の $G$ の部分群としての指数 $[G:H]$ に一致する．とくに，$\#(G/H)$ は $\#(G)$ の約数である．

**[証明]** $H$ は正規部分群であるので，左剰余類と右剰余類は同じものになる: $xH = Hx$（命題 1.9.9）．よって，左剰余類の集合 $G/H$ の元の個数は右剰余類の個数，すなわち指数 $[G:H]$ に一致する．後半はラグランジュの公式（定理 1.9.7）からただちに従う． □

## ▶演習問題

**演習 1.9.1** 命題 1.9.8 の証明を書き下せ．

**演習 1.9.2** $f: \mathbb{Z} \to \boldsymbol{\mu}_n$ を $f(k) = R_{\frac{2k\pi}{n}}$ で定めると，これは全射準同型写像になることを示せ．また，それを用いて $\boldsymbol{\mu}_n \cong \mathbb{Z}/n\mathbb{Z}$ を示せ．

**演習 1.9.3** 行列式写像 $\det: O(2,\mathbb{R}) \to \boldsymbol{\mu}_2 = \{\pm 1\}$ を正 2 面体群 $D_n$ に制限して得られる準同型写像 $f: D_n \to \boldsymbol{\mu}_2$ を考える．このとき，

(1) $\mathrm{Ker}(f) = \boldsymbol{\mu}_n$ を示せ．
(2) 準同型定理とラグランジュの公式を用いて，$D_n$ の位数が $2n$ になることを示せ．

**演習 1.9.4** 群 $G$ の部分群 $H$ の指数が $[G:H] = 2$ となるとき，$H$ は $G$ の正規部分群になることを示せ．

**演習 1.9.5** 群 $G$ が集合 $S$ に作用するとして，$x \in S$ をとる．このとき，写像

$$G/\mathrm{Stab}_G(x) \to \mathrm{Orb}_G(x)\,; \quad g\,\mathrm{Stab}_G(x) \mapsto g\cdot x$$

は well-defined な全単射であることを示せ（これにより，とくに $G$ が有限群のとき，

$$\#(\mathrm{Orb}_G(x)) = \frac{\#(G)}{\#(\mathrm{Stab}_G(x))}$$

が成り立つ）．

**演習 1.9.6**　$G$ を群，$H$ をその部分群，$N$ を $G$ の正規部分群とする．このとき，

(1) $HN = \{ab \in G \mid a \in H,\, b \in N\}$ は $G$ の部分群になることを示せ．
(2) 演習 1.3.6 によって $H \cap N$ は $H$ の正規部分群である．このとき，$N$ は $HN$ の正規部分群であることを確認し，同型 $HN/N \cong H/H \cap N$ を証明せよ（これを**同型定理** (isomorphism theorem) とよぶ）．

**演習 1.9.7**　$f : G_1 \to G_2$ が群の全射な準同型写像であり，$H_2$ が $G_2$ の正規部分群だとすると，逆像 $H_1 = f^{-1}(H_2)$ も $G_1$ の正規部分群であり，$G_1/H_1 \cong G_2/H_2$ となることを示せ．

## 1.10　直　積

群を調べるときに，複雑な群を簡単な群の組み合わせに分解していくような考え方をするのは自然なことである．そのような「分解」の中でも特別わかりやすいものが群の直積の概念である．

**命題 1.10.1**　$G_1, G_2$ を群として，$e_1 \in G_1$, $e_2 \in G_2$ をそれぞれの単位元とする．このとき，直積集合

$$G_1 \times G_2 = \{(a_1, a_2) \mid a_1 \in G_1,\, a_2 \in G_2\}$$

に二項演算

$$(a_1, a_2) \cdot (b_1, b_2) = (a_1 b_1, a_2 b_2)$$

を考えたものは，$(e_1, e_2)$ を単位元とし，$(a_1^{-1}, a_2^{-1})$ を $(a_1, a_2)$ の逆元とする群になる（証明は演習 1.10.1）．このようにして得られる群 $G_1 \times G_2$ を，群 $G_1$ と $G_2$ の**直積** (direct product) とよぶ．

直積 $G_1 \times G_2$ は自然な射影

$$p_i : G_1 \times G_2 \to G_i; \quad p_i(a_1, a_2) = a_i \quad (i = 1, 2)$$

をもっているが，上で定めた $G_1 \times G_2$ の演算の定義から，$p_i$ は群の準同型写像になる．

**命題 1.10.2**　群の準同型写像 $f_i : H \to G_i$ が $i = 1, 2$ に対して与えられたとき，群の準同型写像 $f : H \to G_1 \times G_2$ であって $p_i \circ f = f_i$ となるものがただ一つ定まる．

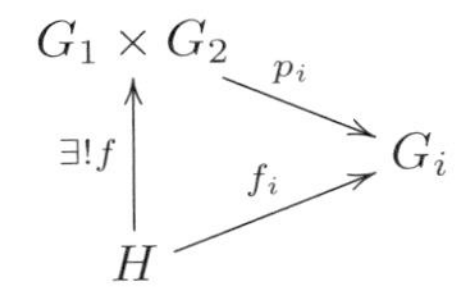


**[証明]**　もしそのような $f$ が存在したならば，$a \in H$ に対して $p_i(f(a)) = f_i(a)$ が $i = 1, 2$ で成り立つことから

$$f(a) = (f_1(a), f_2(a))$$

でないといけないので，とくに $f$ は一意的である．このようにして定まる写像 $f$ が準同型写像になることを見るのはたやすい:

$$\begin{aligned} f(ab) = (f_1(ab), f_2(ab)) &= (f_1(a)f_1(b), f_2(a)f_2(b)) \\ &= (f_1(a), f_2(a)) \cdot (f_1(b), f_2(b)). \end{aligned}$$

ここで，二つ目の等号で，$f_1, f_2$ がそれぞれ準同型写像であることを用いた．　□

特別な場合として，$i = 1, 2$ に対して準同型写像 $g_i : G_i \to G_1 \times G_2$ を

$$g_1(a_1) = (a_1, e_2)\ ,\quad g_2(a_2) = (e_1, a_2)$$

で定義すれば，この $g_1$, $g_2$ は単射な準同型写像である．$H_i \subset G_1 \times G_2$ を $g_i$ の像とすれば，これらは $G_1 \times G_2$ の部分群である．$G_1 \times G_2$ の任意の元 $a = (a_1, a_2)$ は $h_1 = (a_1, e_2) \in H_1$, $h_2 = (e_1, a_2) \in H_2$ によって

$$a = h_1 h_2 = h_2 h_1$$

と表され，$H_1 \cap H_2 = \{e = (e_1, e_2)\}$ が成り立っている．逆に，群 $G$ がこれらの条件を満たす部分群 $H_1$, $H_2$ をもてば，$G$ は $H_1$ と $H_2$ の直積と同型になるというのが次の定理である．

**定理 1.10.3**　$G$ を群とし，$H_1$, $H_2$ をその部分群とする．もしも

(i) $H_1$ と $H_2$ の元の積が交換可能である，すなわち $h_i \in H_i$ $(i = 1, 2)$ に対して $h_1 h_2 = h_2 h_1$

(ii) $G = H_1 H_2 = \{h_1 \cdot h_2 \mid h_1 \in H_1,\ h_2 \in H_2\}$

(iii) $H_1 \cap H_2 = \{e\}$

の 3 条件が成り立つならば，$G \cong H_1 \times H_2$ である．

**[証明]**　写像 $\varphi : H_1 \times H_2 \to G$ を $\varphi(h_1, h_2) = h_1 h_2$ で定める．この $\varphi$ は，条件 (i) により群の準同型写像になる．実際，$(h_1, h_2), (h'_1, h'_2) \in H_1 \times H_2$ に対して

$$\varphi(h_1, h_2) \cdot \varphi(h'_1, h'_2) = (h_1 h_2) \cdot (h'_1 h'_2) \overset{\text{(i)}}{=} h_1 h'_1 h_2 h'_2 = \varphi(h_1 h'_1, h_2 h'_2)$$

が成り立つ．この準同型写像 $\varphi$ は条件 (ii) により全射である．$(h_1, h_2) \in \mathrm{Ker}(\varphi)$ をとると $h_1 h_2 = e$ であるから，この $h_2 \in H_2$ は $h_2 = h_1^{-1} \in H_1$ となり，$H_1 \cap H_2$ の元にもなる．よって，条件 (iii) より $h_2 = e$，したがって $h_1 = e$ である．$\mathrm{Ker}(\varphi) = \{(e, e)\}$ がわかったから，命題 1.3.10 により $\varphi$ は単射である．以上により $\varphi$ が群の同型写像であることがわかったので $G \cong H_1 \times H_2$ である．　□

**例 1.10.4**　巡回群 $\boldsymbol{\mu}_6$ は $\boldsymbol{\mu}_2 \times \boldsymbol{\mu}_3$ と同型である．実際，$\boldsymbol{\mu}_6$ は $\frac{\pi}{3}$ 回転 $\rho$ で生成されるが，$a = \rho^3, b = \rho^2$ とすると，これらが生成する部分群はそれぞれ

$$H_1 = \langle a \rangle = \{e, \rho^3\} = \boldsymbol{\mu}_2 , \quad H_2 = \langle b \rangle = \{e, \rho^2, \rho^4\} = \boldsymbol{\mu}_3$$

である．そもそも $\boldsymbol{\mu}_6$ は可換群だから，$H_1$ の元と $H_2$ の元の積は可換．また，$H_1 \cap H_2 = \{e\}$ も上の記述から明らかである．さらに，

$$ab^2 = \rho^3 \rho^4 = \rho \in H_1 H_2$$

であるから，$\rho^m = (ab^2)^m = a^m b^{2m}$ となって $\boldsymbol{\mu}_6 = H_1 H_2$ が成り立つ．したがって，上の定理によって $\boldsymbol{\mu}_6 \cong \boldsymbol{\mu}_2 \times \boldsymbol{\mu}_3$ がわかった．

より一般に $n$ 個の群 $G_1, G_2, \ldots, G_n$ の直積 $G_1 \times G_2 \times \cdots \times G_n$ も同様にして考えることができるが，その議論の詳細は読者にまかせよう．

### ▶演習問題

**演習 1.10.1**　命題 1.10.1 の証明を書き下せ．

**演習 1.10.2**　クラインの 4 群 $V_4$ は直積 $(\mathbb{Z}/2\mathbb{Z}) \times (\mathbb{Z}/2\mathbb{Z})$ と同型であることを示せ．

## 1.11　交換子群と可解群

群を調べるうえで困難を生じる一つの要素は，その演算が非可換（= 可換でない）かもしれないという点である．これまでに見てきた少ない例からだけでも，演算が非可換な群のほうがアーベル群よりも取り扱いが難しいことがわかる．そこで，非可換な群が「どのくらい非可換なのか」を測る方法を考えることにする．

演習 1.8.2 で見たように，群 $G$ の中心 $Z(G)$ はアーベル群であり，$G$ がアーベル群になるためには $G = Z(G)$ が必要十分である．したがって，中心 $Z(G)$ の大きさを見る（あるいは剰余群 $G/Z(G)$ を考える）のも，$G$ の非可換性を見る一つの方法である．しかし，ここでは別の方法を導入したい．

**定義 1.11.1** 群 $G$ およびその部分群 $H_1$，$H_2$ に対して，$aba^{-1}b^{-1}$ ($a \in H_1$，$b \in H_2$) の形の元で生成される $G$ の部分群を $[H_1, H_2]$ で表す．とくに，$D(G) = [G, G]$ を $G$ の**交換子群** (commutator group) とよぶ．

$aba^{-1}b^{-1} = e$ と $ab = ba$ は同値であることから，次の命題が従う．

**命題 1.11.2** 群 $G$ の部分群 $H_1, H_2$ について，$H_1$ の元と $H_2$ の元の積が交換可能なことと $[H_1, H_2] = \{e\}$ は同値．とくに，$G$ がアーベル群であることと $D(G) = \{e\}$ は同値である（証明は演習 1.11.1）．

群の非可換性について理解するという観点からすれば，もちろん，$D(G)$ が自明でない場合が問題である．このときの手がかりとなるのは次の命題である．

**命題 1.11.3** 任意の群 $G$ に対して $D(G) \lhd G$ となる．

**[証明]** 演習 1.5.6 によって，$x = aba^{-1}b^{-1}$ $(a, b \in G)$ の形の元について，任意の $g \in G$ に対して $gxg^{-1} \in D(G)$ が成り立つことをチェックすればよい．ここで，$(gag^{-1})^{-1} = ga^{-1}g^{-1}$ となることに注意すれば，$a' = gag^{-1}$, $b' = gbg^{-1}$ とおくとき

$$
\begin{aligned}
g(aba^{-1}b^{-1})g^{-1} &= ga(g^{-1}g)b(g^{-1}g)a^{-1}(g^{-1}g)b^{-1}g^{-1} \\
&= (gag^{-1})(gbg^{-1})(ga^{-1}g^{-1})(gb^{-1}g^{-1}) = a'b'a'^{-1}b'^{-1} \in D(G)
\end{aligned}
$$

となることから，$D(G) \lhd G$ がわかる． □

したがって，剰余群 $G/D(G)$ を考えることができる．このとき，$G/D(G)$ はアーベル群になる．より強く，次が成り立つ．

**命題 1.11.4** $G$ を群とし，$H$ をその部分群とする．このとき，$H \lhd G$ でありかつ $G/H$ がアーベル群となることは $H \supset D(G)$ と同値である．

**[証明]** $H \lhd G$ かつ $G/H$ がアーベル群になると仮定しよう．このとき，$a, b \in G$ に対して $\bar{a} = aH$, $\bar{b} = bH \in G/H$ と表すと，$G/H$ がアーベル群であることから

$$\overline{aba^{-1}b^{-1}} = \bar{a}\bar{b}\bar{a}^{-1}\bar{b}^{-1} = \bar{e} \in G/H$$

がわかる（いま，自然な全射 $G \to G/H;\ a \mapsto \bar{a}$ は群の準同型写像であったことに注意）．したがって，$aba^{-1}b^{-1} \in H$ である．$D(G)$ は $aba^{-1}b^{-1}$ の形の元で生成されるので $D(G) \subset H$.

逆に $D(G) \subset H$ としよう．このとき，$h \in H$ および $g \in G$ に対して $x = ghg^{-1}h^{-1} \in D(G) \subset H$ である．$H$ は部分群であったので $xh = ghg^{-1} \in H$. したがって，$H \lhd G$ である．$a, b \in G$ に対して，命題 1.9.8 の (2) によって $aD(G) = bD(G)$ は $a^{-1}b \in D(G)$ と同値であることに注意すると，$D(G) \subset H$ によって

$$aD(G) = bD(G) \ \Rightarrow aH = bH$$

がわかる．よって，全射な群の準同型写像

$$\varphi : G/D(G) \to G/H\ ; \quad aD(G) \mapsto aH$$

が得られる．いま，$\bar{a} = aD(G) \in G/D(G)$ と表すことにすると $\bar{a}\bar{b}\bar{a}^{-1}\bar{b}^{-1} = \overline{aba^{-1}b^{-1}} = \bar{e}\ (= D(G))$ であるから，$G/D(G)$ は命題 1.11.2 によってアーベル群である．$\varphi$ が全射であることより，$G/H$ もアーベル群になる（命題 1.4.7）． □

以上によって，ある意味で群 $G$ はその正規部分群 $D(G)$ とアーベル群 $G/D(G)$ から作られる群（群の**拡大** (extension) とよぶ）であることがわかった．このプロセスは，$D(G)$ に対する交換子群 $D(D(G))$ を考える，といった具合に続けていくことができる．

**定義 1.11.5** 群 $G$ に対して $D^i(G) = D(D^{i-1}(G))$ によって帰納的に $D^i(G)$ を定義する（これをしばしば $G$ の $i$ 番目の**導来部分群** (derived subgroup) とよぶ）．

**定義 1.11.6** 群 $G$ に対して十分大きな自然数 $n$ があって $D^n(G) = \{e\}$ となるとき，$G$ は**可解群** (solvable group) であるという．

可解群の概念は，歴史的には代数方程式の解の公式の探索（ガロワ理論）から生まれたものであり，「可解」という言葉は，方程式の求解問題がベキ根を求める問題に帰着する形で「解ける」ことと関連している（3.6 節）．また，可解群の概念はリー群論においても重要である．ここでは，与えられた群が可解群になるための必要十分条件を与えておこう．

**命題 1.11.7** 群 $G$ が可解群であるための必要十分条件は，$G$ の部分群の列

$$G = G_0 \supset G_1 \supset \cdots \supset G_{m-1} \supset G_m = \{e\}$$

であって，$G_{i+1} \lhd G_i$ かつ $G_i/G_{i+1}$ がアーベル群となるものが存在することである．このとき，この部分群の列を $G$ の**可解列** (solvable series) とよぶ．

**[証明]** $G$ が可解群であれば，$G_i = D^i(G)$ とすれば命題の条件を満たすことは命題 1.11.4 からすぐにわかる．そこで，$G$ が命題にあるような可解列をもつと仮定して，$G$ が定義 1.11.6 の意味で可解群になることを示そう．まず，$G_1 \lhd G_0 = G$ かつ $G_0/G_1$ がアーベル群であることから，命題 1.11.4 によって $G_1 \supset D(G)$ がわかる．次に，$G_2 \lhd G_1$ かつ $G_1/G_2$ がアーベル群であることから，$G_1$ の部分群として $D(G_1) \subset G_2$ であるが，$G_1 \supset D(G)$ より $G_2 \supset D(G_1) \supset D(D(G)) = D^2(G)$ がわかる．同様の議論を繰り返せば任意の $i$ に対して $G_i \supset D^i(G)$ が従うが，$G_m = \{e\}$ を仮定していたので，$G_m \supset D^m(G)$ より $D^m(G) = \{e\}$ を得る．よって，$G$ は可解群である． □

**例 1.11.8** 正 2 面体群 $D_n$ は可解群である．実際，定義 1.5.8 の記号で $D_n = \langle \rho, \tau \rangle$ と表したとき，$\boldsymbol{\mu}_n = \langle \rho \rangle$ は $D_n$ の正規部分群であり（演習 1.5.2），剰余群 $D_n/\boldsymbol{\mu}_n$ は剰余類 $\tau\boldsymbol{\mu}_n$ で生成される位数 2 の巡回群であるから，

$$D_n \supset \boldsymbol{\mu}_n \supset \{e\}$$

は可解列である．

## ▶演習問題

**演習 1.11.1** 群 $G$ の部分群 $H_1, H_2$ について，$H_1$ の元と $H_2$ の元の積が交換可能なことと $[H_1, H_2] = \{e\}$ が同値になることを証明せよ．

**演習 1.11.2** $G$ を可解群，$H$ をその部分群とすると，$H$ もまた可解群になることを示せ．さらに，$H$ が正規部分群であれば，$G/H$ も可解群になることを示せ．

**演習 1.11.3** 群 $G$ とその正規部分群 $N$ に対して $N$ および $G/N$ が可解群であれば，$G$ も可解群になることを示せ．

**演習 1.11.4** 群 $T(2, \mathbb{R}) = \left\{ \begin{pmatrix} a & b \\ 0 & c \end{pmatrix} \in M(2, \mathbb{R}) \;\middle|\; ac \neq 0 \right\}$ が可解群であることを示せ．

**演習 1.11.5** 正則な $n$ 次正方上三角行列の群 $T(n, \mathbb{R})$ に対して，その交換子群 $D(T(n, \mathbb{R}))$

は対角成分がすべて1の $n$ 次正方上三角行列の群 $UT(n,\mathbb{R})$ になることを示せ.

**演習 1.11.6**　$T(n,\mathbb{R})$ は可解群であることを証明せよ.

**演習 1.11.7**　4次の対称群 $\mathfrak{S}_4$ が可解群であることを示せ（ヒント: 演習 1.6.6 を用いる).

## 1.12　単純群

群 $G$ を調べることを，その正規部分群 $H$ と剰余群 $G/H$ を調べることに帰着させる，という考え方について説明してきた．交換子群を考えることなどはその好例であった．しかし，群 $G$ を次々により「小さい」群に分解していくとどうなるだろうか．たとえば，群 $G$ が有限群であり，その正規部分群 $H$ が $\{e\}$ や $G$ 全体でなければ，$H$ の位数や指数（すなわち $G/H$ の位数）は $G$ の位数の真の約数であるから，$H$ や $G/H$ の位数は $G$ の位数よりも小さい．したがって，より小さい群への分解を繰り返していく操作は有限回で停止する．すなわち，いつかはそれ以上分解できない群に出会うはずである．それが単純群の概念である．

**定義 1.12.1**　群 $G$ が自分自身および $\{e\}$ 以外に正規部分群をもたないとき，$G$ は**単純群** (simple group) であるという．

すでに説明したように，単純群はそれ以上「分解」できない群であるから，群の世界の原子のようなものである．したがって，群全般を理解しようとすれば，単純群を理解することは避けて通れない問題であり，また非常に興味深い問題でもある．以下では，有限単純群（有限群でありかつ単純群であるような群）について考えていく．

**命題 1.12.2**　素数位数の有限群は単純群であり，巡回群 $\boldsymbol{\mu}_p$ ($p$ は素数) と同型である．

**[証明]**　定理 1.9.7 によれば，有限群 $G$ の部分群 $H$ の位数 $\#(H)$ は $\#(G)$ の約数であるが，$p=\#(G)$ が素数であれば $\#(H)=1,p$ のいずれかしか起こりえない．前者の場合は $H=\{e\}$ であり，後者は $H=G$ を意味する．よって，とくに $G$ は単純群である．いまの場合はより強く，$a\in G$ が単位元でないとき，この元で生成される部分群 $H=\langle a\rangle\subset G$ を考えれば，上述のことから $H=G$ とならざるをえない．よって，例 1.5.6 より $G$ は巡回群 $\boldsymbol{\mu}_p$ と同型である．　□

この命題と 2.9 節で学ぶ有限アーベル群の構造定理によれば，有限アーベル群であって単純群であるようなものは素数位数の巡回群 $\boldsymbol{\mu}_p$ に限られることがわかる．そうすると，問題は非可換な有限単純群としてどのようなものがあるかという点にうつってくる．単純群の中でもとくに有名なのが 5 次以上の交代群である．

**定理 1.12.3** $n \geq 5$ に対して，交代群 $\mathfrak{A}_n$ は単純群である．

この定理は，「5 次以上の代数方程式にベキ根を用いた解の公式が存在しない」というアーベルの定理のガロワ理論による証明の直接の根拠となるものである．この定理 1.12.3 の証明は 1.13 節で与えることにする．

以下では，有限単純群の例として**正 20 面体群** (icosahedral group) を取り上げたい．それは，これまで学んできた群にまつわるさまざまな概念や知識の応用例としてふさわしいと思うからである．正 20 面体群は，正多面体群とよばれる有限群の一つである．

**定義 1.12.4** $\mathbb{R}^3$ の原点を重心とする正多面体 $P$ を考え，$P$ を $P$ 自身にうつす回転変換（すなわち $SO(3,\mathbb{R})$ に属する変換，演習 1.4.4 参照）全体を，正多面体 $P$ に付随する**正多面体群** (polyhedral group) とよぶ．

そもそも正多面体 (platonic solid) は正 4 面体，正 6 面体，正 8 面体，正 12 面体，正 20 面体の 5 種のみであることが知られているので，正多面体群はアプリオリには 5 種あることになる．しかし，正 6 面体と正 8 面体，正 12 面体と正 20 面体は面と頂点を入れ替える操作で対応し合う**双対**（そうつい）(dual) の関係であるので（図 1.7），正 6 面体群と正 8 面体群，正 12 面体群と正 20 面体群は同型である．つまり，正多面体群は同型の差を除いて全部で 3 種である．

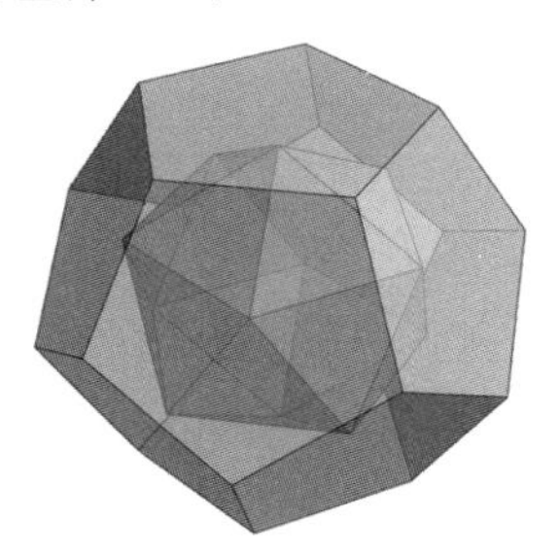

**図 1.7** 正 20 面体（内側）と正 12 面体（外側）の双対関係

**定理 1.12.5** 正 20 面体群 I は単純群である．

正 20 面体群 I が単純群になることをいうには，$\{e\}$ と自分自身以外に正規部分群がないことをいえばよい．ラグランジュの公式（定理 1.9.7）によれば，正規部分群の位数は I の位数の約数でなければならないという束縛条件が得られるが，それとは別に，類等式も正規部分群の位数に条件を課す（下記命題 1.12.6）．これらを合わせることによって，正規部分群 $N \lhd \mathrm{I}$ の位数としては $\#(N) = 1, \#(\mathrm{I})$ しか起こりえないことを示すのである．

**命題 1.12.6**　$G$ を群とし，$N$ をその正規部分群とするとき，任意の $x \in N$ に対して $x$ の共役類 $C(x)$ は $N$ に含まれる．したがって，$N$ は共役類の互いに交わりのない和として表され，$N$ が有限位数であれば，$N$ に含まれる共役類の元の個数の和が $N$ の位数である．

**［証明］**　共役類の定義によれば $C(x) = \{gxg^{-1} \mid g \in G\}$ である．$N$ が正規部分群であることの定義は任意の $x \in N$ と $g \in G$ に対して $gxg^{-1} \in N$ であったが，これは $C(x) \subset N$ と同値である（演習 1.8.1）．とくに，$N$ は共役作用による軌道（共役類）の交わりのない和集合として書かれ，元の個数を数えて最後の主張を得る．　□

まずは，正 20 面体群 I の位数を計算しよう．重心を固定された正 20 面体の一つの辺を選び，その両端の点を $P, Q$ とする．これに I の元を作用させれば，ベクトル $\overrightarrow{PQ}$ はどこかの辺に重なる．逆に，ベクトル $\overrightarrow{PQ}$ の行き先を決めれば I の元がただ一つ定まることに注意しよう．正 20 面体には 30 の辺があるので，ベクトル $\overrightarrow{PQ}$ が行き先の辺に入れる向きに注意すれば，次の命題を得る．

**命題 1.12.7**　正 20 面体群 I は，位数が 60 の有限群である．

次に，この 60 の元を共役類に分解して，正 20 面体群 I の類等式を計算したい．そのために，空間内の回転についての準備をしておく：$\mathbf{v} \in \mathbb{R}^3$ を空間のベクトルとし，$R(\mathbf{v}, \theta)$ をベクトル $\mathbf{v}$ を軸として反時計回りに $\theta$ 回転する $\mathbb{R}^2$ の線形変換とする（図 1.8）．回転 $R(\mathbf{v}, \theta)$ は空間内の任意のベクトルの長さを保ち，向きを保つ（行列式が 1 になる）ので，$R(\mathbf{v}, \theta) \in SO(3, \mathbb{R})$ となることに注意しよう．

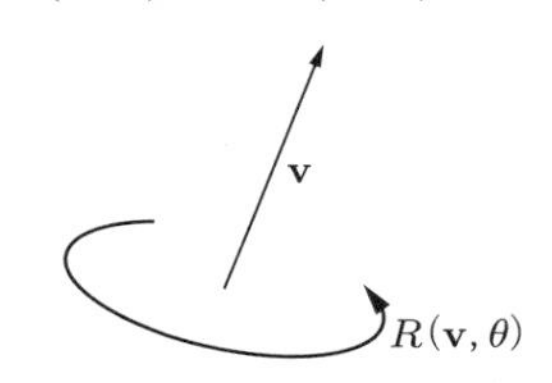


**図 1.8**　空間内の軸をもつ回転

**命題 1.12.8** $U \in SO(3, \mathbb{R})$ とし，$\mathbf{u} = U\mathbf{v}$ とする．このとき，

$$UR(\mathbf{v}, \theta)U^{-1} = R(\mathbf{u}, \theta)$$

が成り立つ．

**[証明]** 正規直交基底を用いて計算をしても確かめられるが，幾何学的な意味を考えればほとんど明白である．左辺は，軸 $\mathbf{u}$ を $\mathbf{v}$ に移動させてから $\theta$ 回転し，最後に軸 $\mathbf{v}$ を $\mathbf{u}$ に戻す操作に対応しているが，これは軸 $\mathbf{u}$ についての $\theta$ 回転にほかならない． □

**系 1.12.9** 空間内の（軸をもつ）回転の $SO(3, \mathbb{R})$ における共役類は，その回転角によってのみ定まる．

以上の準備のもとで，正 20 面体群 I に属する軸をもつ回転を分類していこう．$R(\mathbf{v}, \theta) \in \mathrm{I}$ となるには，回転軸，すなわち $\mathbf{v}$ が張る直線が，正 20 面体の頂点，辺の中点，面の重心のいずれかを通らなければならず，それぞれの場合にとりうる回転角が決定できる．

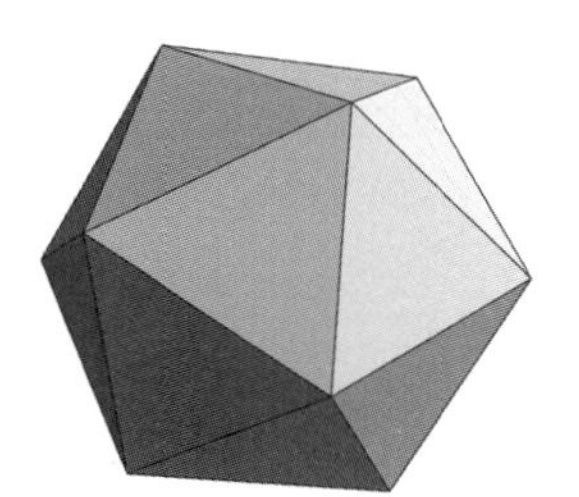

**図 1.9** 正 20 面体

**回転軸が頂点を通る場合** 一つの頂点の周りに五つの辺と面があるので，回転角は $\frac{2\pi}{5}$ の整数倍であるが，

$$R(-\mathbf{v}, \theta) = R(\mathbf{v}, -\theta)$$

となる．正 20 面体の頂点全体の集合には正 20 面体群 I は推移的に作用するので，命題 1.12.8 に注意すれば，回転角が $\frac{2\pi}{5}$ と $\frac{4\pi}{5}$ のものそれぞれが I の共役類 $V_1, V_2$ を作る．共役類に属する元の個数は回転軸ベクトルの選び方の数だけあるが，これは頂点の個数に等しい．正 20 面体の頂点は 12 個であるから，

$$\#(V_1) = \#(V_2) = 12$$

である．

**回転軸が辺の中点を通る場合**　回転角は $\pi$ 以外になく，I は辺全体の集合に推移的に作用するから，一つの共役類 $E$ を作る．この共役類は回転軸の選び方で決まるが，この場合は軸の向き（ベクトルの方向）は関係ないので，$E$ の元の個数は辺の数 30 の半分

$$\#(E) = 15$$

である．

**回転軸が面の重心を通る場合**　面は正三角形であるので回転角は $\frac{2\pi}{3}$ または $\frac{4\pi}{3}$ であるが，正 20 面体の面全体もまた I の作用で一つの軌道をなし，さらに $R(-\mathbf{v}, \theta) = R(\mathbf{v}, -\theta)$ より，これらは一つの共役類 $F$ をなす．$F$ の元の個数は面の数に等しく，

$$\#(F) = 20$$

を得る．

これらの共役類 $V_1, V_2, E, F$ のほかに，恒等変換（単位元）のみからなる共役類 $\{e\}$ がある．これらの元の個数を足し合わせると

$$\#\{e\} + \#(V_1) + \#(V_2) + \#(E) + \#(F) = 1 + 12 + 12 + 15 + 20 = 60 = \#(\mathrm{I})$$

となるので，類等式によれば，これらの共役類が正 20 面体群 I の共役類のすべてであることがわかった．

**[定理 1.12.5 の証明]**　正 20 面体群 I の正規部分群 $N$ の位数は I の位数 60 の約数でなければならないから，

$$\#(N) = 1, 2, 3, 4, 5, 6, 10, 12, 15, 20, 30, 60$$

のいずれかである．一方，$\{e\} \subset N$ は常に成り立つので，命題 1.12.6 によれば

$$\begin{aligned}\#(N) &= 1 + (\{12, 12, 15, 20\} \text{ のいくつかの和}) \\ &= 1, 13, 16, 21, 25, 28, 33, 36, 40, 45, 48, 60\end{aligned}$$

とならねばならない．この条件を両方満たすのは $\#(N) = 1, 60$ のみであり，したがって $N = \{e\}, \mathrm{I}$ でなければならない．これは I が単純群であることを意味する．　□

### ▶演習問題

**演習 1.12.1** 正 4 面体群 T は $\mathfrak{A}_4$ と同型であることを示せ（これにより T は単純群でないことがわかる）.

**演習 1.12.2** 正 8 面体群 O は $\mathfrak{S}_4$ と同型であることを示せ（ヒント: O を, 正 6 面体（= 立方体）をそれ自身にうつす $SO(3,\mathbb{R})$ の部分群と見る. 立方体の重心を通る対角線の集合に注目せよ. これによって, O は単純群でないことがわかる）.

**演習 1.12.3** 正 20 面体群 I は $\mathfrak{A}_5$ と同型であることを示せ（ヒント: 正 12 面体で考える. 正 12 面体のある面に一つ対角線を引くと, それを辺としてもち, 正 12 面体に内接するような立方体が一つできる（図 1.10）. このような内接立方体の配置は全部で 5 通りである. I が単純群であることをすでに知っていることも忘れずに用いよ）.

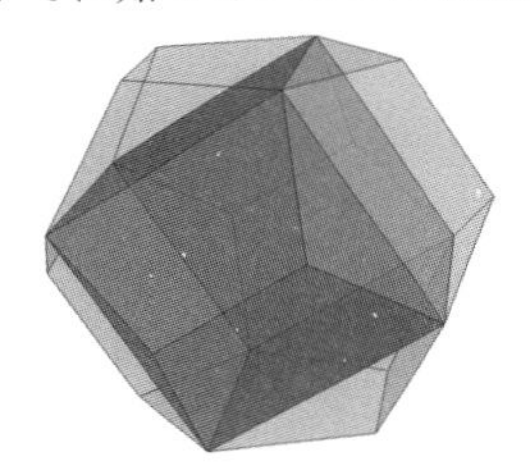

**図 1.10** 正 12 面体に内接する立方体

## 1.13 交代群の単純性*

前節では, 単純群について学び, その例として正 20 面体群を考えた. 本節では, 定理 1.12.3 の証明を与え, 交代群が単純群の最も基本的な例を与えることを示そう.

この際, 鍵になるのは長さが 3 の巡回置換である. 長さが 3 の巡回置換 $(i\ j\ k)$ は

$$(i\ j\ k) = (j\ k)(i\ k) = (i\ k)(i\ j)$$

と表せるから偶置換であり, $n \geq 3$ に対して $\mathfrak{A}_n$ の元になる. 長さが 3 の巡回置換に注目することで, たとえば次の補題が簡単に示せる.

> **補題 1.13.1** $n \geq 5$ として, $H \subset \mathfrak{A}_n$ を部分群とする. さらに $N$ が $H$ の正規部分群であり, $H/N$ が可換群になると仮定する. このとき, もし $H$ が長さ 3 の巡回置換をすべて含むならば, $N$ もすべての長さ 3 の巡回置換を含む.

**[証明]** 命題 1.11.4 に注意すれば $N \supset D(H)$ であるので, 上の仮定のもとで,

$H$ の交換子群 $D(H)$ が任意の長さ 3 の巡回置換を含むことをいえば十分である．$n \geq 5$ に注意して $\sigma = (1\ 2\ 3), \tau = (3\ 4\ 5) \in H$ としよう．このとき，交換子 $\sigma\tau\sigma^{-1}\tau^{-1} = (1\ 4\ 3)$ は $D(H)$ の元になる．同様にして，$a_1, \ldots, a_5$ を相異なる正の整数とするとき，$(a_1\ a_2\ a_3)(a_3\ a_4\ a_5)(a_1\ a_2\ a_3)^{-1}(a_3\ a_4\ a_5)^{-1} = (a_1\ a_4\ a_3) \in D(H)$ がわかるが，$a_1, \ldots, a_5$ は任意だから，任意の長さ 3 の巡回置換が $D(H)$ に含まれることがわかる． □

これにより，次の命題がただちにわかる．

**命題 1.13.2** $n \geq 5$ に対して $\mathfrak{A}_n$ は可解群ではない．

**[証明]** $G = \mathfrak{A}_n$ はすべての長さ 3 の巡回置換を含む．したがって，上の補題により $D(G)$ はすべての長さ 3 の巡回置換を含み，もう一度補題を使えば $D^2(G) = D(D(G))$ もすべての長さ 3 の巡回置換を含む．これを繰り返していくと，任意の $m$ に対して導来部分群 $D^m(G)$ はすべての長さ 3 の巡回置換を含むから，決して $D^m(G) = \{e\}$ とはなりえない．したがって，$G$ は可解群ではない． □

非可換な単純群はもちろん可解群ではないから，この命題は定理 1.12.3 からただちに従うことに注意しよう．つまり，この命題は定理 1.12.3 の弱いバージョンであるとみなすことができる．

**補題 1.13.3** (1) $n \geq 3$ に対して，$\mathfrak{A}_n$ は長さ 3 の巡回置換で生成される．
(2) $n \geq 5$ に対して，群 $\mathfrak{A}_n$ の中で長さ 3 の巡回置換は一つの共役類を作る．

**[証明]** (1) $\sigma \in \mathfrak{S}_n$ に対して

$$F_\sigma = \{i \in I_n \mid \sigma(i) = i\}$$

と定める．このとき，$\sigma \in \mathfrak{S}_n$ が互換であることは，$F_\sigma$ が $(n-2)$ 個の要素からなることと同値であり，また，長さ 3 の巡回置換であることは，$F_\sigma$ が $(n-3)$ 個の要素からなることと同値であることに注意しよう．$\sigma \in \mathfrak{A}_n$ が恒等置換でなかったなら，$\#(F_\sigma) \leq n-3$ が成り立ち，その型（演習 1.8.5）$(r_1, r_2, \ldots, r_m)$ は $r_1 > 2$ となるか，あるいは，$r_1 = r_2 = \cdots = r_m = 2$ かつ $m$ が偶数となるかのいずれかである．補題 1.13.1 の証明と同様，巡回置換に現れる数字は何でもよいから，前者の場合は $\sigma = (1\ 2\ \cdots\ \ell)\sigma'$（$\sigma'$ は $1, 2, \ldots, \ell$ を動かさない），後者の場合は $\sigma = (1\ 2)(3\ 4)\sigma'$（$\sigma'$ は $1, 2, 3, 4$ を動かさない）として一般性を失わない．このとき $\tau = (1\ 3\ 2)$ とすると，いずれの場合も $\tau\sigma$ は 1 を 1 にうつすので $\#(F_{\tau\sigma}) > \#(F_\sigma)$ が成り立つ

から，$\sigma$ を $\tau\sigma$ で置き換えてこの議論を繰り返す．$\sigma$ に長さ 3 の巡回置換を順次掛けていくことで，最終的には $F_\sigma = n-3$ となる場合に到達するから，もとの $\sigma$ は長さ 3 の巡回置換の積で表される．

(2) 演習 1.8.5 により，任意の長さ 3 の巡回置換 $\sigma$ に対して，$\tau \in \mathfrak{S}_n$（必ずしも $\mathfrak{A}_n$ の元ではない）が存在して $\tau\sigma\tau^{-1} = (1\ 2\ 3)$ とできる．$\tau \in \mathfrak{A}_n$ であれば，$\sigma$ は $\mathfrak{A}_n$ の中で $(1\ 2\ 3)$ の共役類に含まれる．もし $\mathrm{sgn}(\tau) = -1$ だとしても，（$n \geq 5$ の仮定に注意して）$\rho = (4\ 5)$ をとれば $\rho(1\ 2\ 3)\rho^{-1} = (1\ 2\ 3)$ となるから，$\tau' = \rho\tau \in \mathfrak{A}_n$ に対して $\tau'\sigma\tau'^{-1} = (1\ 2\ 3)$ が成り立つ．したがって，任意の長さ 3 の巡回置換は $\underline{\mathfrak{A}_n\ の中で}$ $(1\ 2\ 3)$ の共役類に含まれる． □

**[定理 1.12.3 の証明]** $\{e\} \neq N \subset \mathfrak{A}_n$ を正規部分群とする．もし $N$ が長さ 3 の巡回置換 $\sigma$ を一つ含めば，$N$ が正規部分群であることから $\sigma$ の共役類 $C(\sigma)$ は $N$ に含まれ（命題 1.12.6），上の補題 (2) によって $N$ はすべての長さ 3 の巡回置換を含む．よって，上の補題 (1) から $N = \mathfrak{A}_n$ でなければならないことになり，$\mathfrak{A}_n$ が単純群であることが従う．

$\sigma \in N$ を正規部分群 $N \subset \mathfrak{A}_n$ の単位元ではない元としよう．$\sigma$ の位数（例 1.5.6）$m$ の素因子 $\ell$ をとり，$m = k \cdot \ell$ とすると，$\sigma' = \sigma^k$ は単位元ではない $N$ の元であり，$\sigma'$ の位数は $\ell$ になる．このことから，$\sigma$ は位数が素数 $\ell$ の元であるようにとれる．このとき，$\sigma$ は長さが $\ell$ の巡回置換たちの積になる（演習 1.8.5, (1)）．この $\ell$ について場合分けを行い，いずれの場合も $N$ が長さ 3 の巡回置換を含んでしまうことを証明する．

**$\ell \geq 5$ のとき** $\sigma = (1\ 2\ \cdots\ \ell)\sigma'$ として一般性を失わない（ただし，$\sigma'$ は $1, 2, \ldots, \ell$ のいずれも動かさない）．$\tau = (2\ 4\ 3)$ とすると $\tau\sigma\tau^{-1} \in N$ であるから，

$$\tau\sigma\tau^{-1}\sigma^{-1} = (2\ 4\ 5) \in N$$

が得られる．

**$\ell = 3$ のとき** $\sigma$ 自身が巡回置換であれば，何も示すことはない．二つ以上の巡回置換の積だったとして，$\sigma = (1\ 3\ 5)(2\ 6\ 4)\sigma'$ のように分解できたとしよう．$\tau = (3\ 4\ 5)$ とすると，$\tau\sigma\tau^{-1}\sigma^{-1} = (1\ 2\ 3\ 4\ 5)$ となり，$\ell \geq 5$ の場合に帰着される．

**$\ell = 2$ のとき** $\sigma$ は偶置換であるから，偶数個の（互いに交わりのない）互換の積である．まず，ある $i$ が存在して $\sigma(i) = i$ が成立したとしよう．たとえば，$\sigma = (2\ 5)(3\ 4)\sigma'$ で $\sigma(1) = 1$ とする．$\tau = (1\ 4\ 5)$ とすれば $\tau\sigma\tau^{-1}\sigma^{-1} = (1\ 2\ 3\ 4\ 5)$ となるので，再び $\ell \geq 5$ の場合に帰着される．$\sigma$ で

固定される番号がない場合，$n \geq 5$ だから $\sigma = (1\ 2)(3\ 4)(5\ 6)\sigma'$ のような形である．$\tau = (1\ 3\ 5)$ とすると，$\tau\sigma\tau^{-1}\sigma^{-1} = (1\ 3\ 5)(2\ 6\ 4)$ となって，$\ell = 3$ の場合に帰着される． □

### ▶演習問題

**演習 1.13.1**　(1) $\mathfrak{A}_4$ の類等式を書き下せ．
(2) $\mathfrak{A}_5$ の共役類をすべて求めよ．

## 1.14　シローの定理*

有限群論においては，有限群 $G$ の部分群でその位数が素数 $p$ のベキになるようなものがとくに重要な役割を果たす．このようなものを **$p$-部分群** ($p$-subgroup) とよぶ．有限群の $p$-部分群に関して基本的なのが，本節で説明する一連の**シローの定理** (Sylow Theorems) である．

**定義 1.14.1**　$G$ を有限群とし，その位数を $m$ とする．素数 $p$ を $m$ の素因子とし，$m = p^e m'$ で $m'$ は $p$ で割り切れないような分解をとる．このとき，$G$ の部分群で位数が $p^e$ のもの（が存在すれば，それ）を **$p$-シロー部分群** ($p$-Sylow subgroup) とよぶ．

**定理 1.14.2（シローの定理 (1)）**　有限群 $G$ の位数が素数 $p$ で割り切れるとき，$G$ は $p$-シロー部分群をもつ．

**［証明］**　$G$ の位数が $p^e m'$（$m'$ は $p$ で割り切れない）だったとする．$X$ を $p^e$ 個の元からなる $G$ の部分集合全体の集合とする．このとき，$G$ は $X$ に自然に作用する:

$$G \times X \to X\ ;\quad (g, \{a_1, \ldots, a_{p^e}\}) \mapsto \{ga_1, \ldots, ga_{p^e}\}.$$

一方，$X$ は

$$\binom{m}{p^e} = \frac{m(m-1)\cdots(m-k)\cdots(m-p^e+1)}{p^e(p^e-1)\cdots(p^e-k)\cdots 1}$$

個の元からなる有限集合である．ここで，この2項係数（つまり $X$ の元の個数）は $p$ で割り切れない．実際，$k = p^d k'$（$k'$ は $p$ で割り切れない）と書いたとき，必ず $d < e$ であり，$m - k = p^d(p^{e-d}m' - k')$ と $p^e - k = p^d(p^{e-d} - k')$ はともに $p$ でちょうど $d$ 回割り切れるから，$\binom{m}{p^e}$ は $p$ で割り切れない．$X$ を $G$-軌道の非交和に

$$X = O_1 \amalg O_2 \amalg \cdots \amalg O_r$$

と分解しよう．$\#(X) = \sum_{i=1}^{r} \#(O_i)$ は $p$ で割り切れないので，ある $i$ が存在して $\#(O_i)$ は $p$ で割り切れない．$O_i = \mathrm{Orb}_G(x_i)$ $(x_i \in X)$ だったとすると，その要素の個数は演習 1.9.5 により $\frac{\#(G)}{\#(\mathrm{Stab}_G(x_i))}$ であるから，$H = \mathrm{Stab}_G(x_i)$ とすると $\#(H)$ は $p^e$ で割り切れなければならないことがわかる．一方，$h \in H$ は $x_i = \{b_1, \dots, b_{p^e}\} \subset G$ をそれ自身にうつすから，群 $H$ の $x_i$ への作用

$$H \times x_i \to x_i \ ; \quad (h, b_j) \mapsto hb_j$$

が定まる．これは $H$ の $G$ への積作用の集合 $x_i$ への制限だから，その軌道はどれも右剰余類 $Hb_i$ であり，$\#(Hb_i) = \#(H)$ 個の元からなる（命題 1.9.2）．$x_i$ はそれらの非交和であるから，$p^e = \#(x_i)$ は $\#(H)$ で割り切れなければならない．以上によって $\#(H) = p^e$ がわかったので，この $H$ は $G$ の $p$-シロー部分群である．□

**系 1.14.3（コーシーの定理）** $G$ を有限群とし，その位数が素数 $p$ で割り切れたとすると，$G$ は位数 $p$ の元を含む．

この系はシローの定理から簡単に導かれるが，応用上しばしば重要になる．

**[証明]** $H$ を $G$ の $p$-シロー部分群とし，$h \in H$ をその単位元ではない元とする．このとき，$h$ の位数は $h$ が生成する $H$ の巡回部分群の位数にほかならないから，ラグランジュの公式（定理 1.9.7）により $\#(H) = p^e$ の約数である．よって $h$ の位数も $p$ のベキ，たとえば $p^r$ である．$r = 1$ ならば，この $h$ が位数 $p$ の元になる．$r > 1$ であれば，$g = h^{p^{(r-1)}} \in H$ とすれば $g^p = 1$ となるから，この $g$ が位数 $p$ の元である．□

一般に，群 $G$ の部分群 $H$ と $g \in G$ に対して

$$gHg^{-1} = \{ghg^{-1} \mid h \in H\} \subset G$$

もまた $G$ の部分群である．実際，$x_1 = gh_1g^{-1}, x_2 = gh_2g^{-1} \in gHg^{-1}$ に対して $x_2^{-1} = gh_2^{-1}g^{-1}$ より $x_1x_2^{-1} = g(h_1h_2^{-1})g^{-1} \in gHg^{-1}$ となるからである．さらに，

$$H \to gHg^{-1} \ ; \quad h \mapsto ghg^{-1}$$

は群の同型写像である．ある $g \in G$ を用いて $gHg^{-1}$ の形に書ける $G$ の部分群を $H$ と**共役な部分群** (conjugate subgroup) とよぶ．命題 1.9.9 によれば，$H$ が $G$ の正規部分群であることは，$H$ と共役な $G$ の部分群が $H$ 自身のみに限られることと

同値である．

互いに共役な部分群は群として同型であるから，その位数も等しい．とくに，$p$-シロー部分群と共役な部分群はまた $p$-シロー部分群である．この逆が成り立つことを主張するのが次の定理である．

**定理 1.14.4（シローの定理 (2)）**　$G$ を有限群，$H$ をその $p$-シロー部分群，$K$ を位数が $p$ のベキであるような $G$ の部分群とする．このとき，$H$ と共役な部分群 $H'$ であって $K \subset H'$ を満たすものが存在する．とくに，$G$ の任意の二つの $p$-シロー部分群は互いに共役である．

**[証明]**　後半は，$K$ もまた $G$ の $p$-シロー部分群である場合，$\#(K) = \#(H)$ が成り立つことに注意して前半を適用すればすぐに得られるので，前半の主張を証明する．いま，$Y = G/H$ を $H$ についての左剰余類全体の集合としよう．$H$ は正規部分群とは限らないので，$G/H$ は一般に群にならないが，自然な $G$ の作用をもつ:

$$G \times Y \to Y\,; \quad (g, xH) \mapsto (gx)H.$$

$xH = yH$ ならば $(gx)H = (gy)H$ は命題 1.9.8 からすぐにわかるので，この写像は well-defined である．このとき，ラグランジュの公式（の左剰余類の場合の類似）により，$\#(Y) = \frac{\#(G)}{\#(H)}$ であるから $\#(Y)$ は $p$ で割り切れない．この作用を $K$ に制限したもの $K \times Y \to Y$ を考え，その $K$-軌道分解を考える．演習 1.9.5 により，各軌道の元の個数は $\#(K)$ の約数であるが，$\#(K)$ は $p$ のベキ乗であると仮定したので，それは $p$ の倍数であるか 1 であるかのいずれかである．もしどの軌道に関してもその元の個数が $p$ の倍数であったならば，$\#(Y)$ が $p$ の倍数になってしまうので，ただ一つの元からなる軌道が少なくとも一つ存在する．それを $zH$ $(z \in G)$ としよう．このとき，任意の $k \in K$ に対して $(kz)H = zH$，すなわち $z^{-1}kz \in H$ が成り立つから $z^{-1}Kz \subset H$，よって $K \subset zHz^{-1}$ が導かれた．□

さらに，同じような考え方によって，互いに相異なる $p$-シロー部分群の個数の可能性を絞り込むことまでできてしまう．

**定理 1.14.5（シローの定理 (3)）**　$G$ は有限群であり，その位数 $m$ は素数 $p$ で割り切れるとする．$m = p^e m'$（ただし $m'$ は $p$ で割り切れない）と表そう．$G$ の互いに異なる $p$-シロー部分群が $s$ 個あったとすると，$m'$ は $s$ の倍数であり，$s \equiv 1 \bmod p$ が成り立つ．

**[証明]**　$S$ を $G$ の $p$-シロー部分群全体の集合とすると，$G$ は $S$ に共役で作用する:

$$G \times S \to S\,;\quad (g, H) \mapsto gHg^{-1}.$$

$p$-シロー部分群はどの二つも互いに共役であるから，$G$ の $S$ への作用は推移的である，すなわち，$S$ 自身が一つの $G$-軌道である．$H \in S$ の安定化部分群 $\mathrm{Stab}_G(H) = \{g \in G \mid gHg^{-1} = H\}$ は $H$ を部分群として含むから，その位数は $p^e$ の倍数であり，$s = \#(S) = \frac{\#(G)}{\#(\mathrm{Stab}_G(H))}$ は $m'$ の約数でなければならない．

$G$ の $S$ への作用を $H$ に制限した作用 $H \times S \to S$ に関して，$S$ を $H$-軌道に分解する．点 $H \in S$ の軌道は $H$ のみからなる．$H' \in S$ の $H$-軌道が $H'$ のみからなるとすると，$H \subset G' = \mathrm{Stab}_G(H')$ でなければならないので，$H, H'$ はともに $G'$ の $p$-シロー部分群になり，シローの定理 (2) により $G'$ の中で互いに共役である．しかし，定義より $G' = \mathrm{Stab}_G(H') = \{g \in G \mid gH'g^{-1} = H'\}$ だったので，$H'$ は $G'$ の正規部分群であり，それと共役な $G'$ の部分群は $H'$ に限られる．したがって，$H' = H$ でなければならない．対偶をとれば，$H' \in S$ が $H$ と異なる $p$-シロー部分群であったならば，その $H$-軌道の元の個数は 1 より真に大きい．$\#(H) = p^e$ だったから，$H' \neq H$ の $H$-軌道の元の個数は $p$ の倍数である．したがって，$s = \#(S)$ を $p$ で割った余りは 1 になる． □

シローの定理は非常に強力であるので，それを用いることで，位数の小さい有限群の構造を完全に決定できる．例として，次の命題を示そう．

**命題 1.14.6** 位数 6 の有限群 $G$ は，巡回群 $\boldsymbol{\mu}_6$ か 3 次対称群 $\mathfrak{S}_3$ のいずれかと同型である．

**[証明]** $6 = 2 \times 3$ なので，$G$ の 2-シロー部分群 $K_2$ は $\boldsymbol{\mu}_2$ と同型であり，3-シロー部分群 $K_3$ は $\boldsymbol{\mu}_3$ と同型である．互いに異なる 2-シロー部分群の個数 $s_2$ は，シローの定理 (3) により，3 を割り切る奇数であるから 1 あるいは 3，互いに異なる 3-シロー部分群の個数 $s_3$ は 2 を割り切り，$s_3 \equiv 1 \bmod 3$ なので $s_3 = 1$ を満たす．とくに，$K_3 \subset G$ は正規部分群である．また，任意の $g \in K_2 \cap K_3$ は $g^2 = e = g^3$ を満たすから $g = e$，つまり $K_2 \cap K_3 = \{e\}$ であることにも注意しておこう．

**$s_2 = 1$ のとき** このときは $K_2 \subset G$ も正規部分群である．$x \in K_2, y \in K_3$ に対して $xyx^{-1} \in K_3$ であるから $xyx^{-1}y^{-1} \in K_3$．また，同様に $yxy^{-1}x^{-1} \in K_2$ だが，$xyx^{-1}y^{-1}$ はその逆元であるから，これも $K_2$ の元である．よって，$xyx^{-1}y^{-1} = K_2 \cap K_3 = \{e\}$ より $xy = yx$ が従う．定理 1.10.3（の証明の議論）により

$$\varphi : K_2 \times K_3 \to G\,;\quad (x, y) \mapsto xy$$

は単射な群の準同型写像であるが，$K_2 \times K_3$ も $G$ も位数6なので，$\varphi$ は必然的に全射になり，したがって，同型 $G \cong K_2 \times K_3 \cong \boldsymbol{\mu}_2 \times \boldsymbol{\mu}_3$ が導かれる．

**$s_2 = 3$ のとき**　このときは，$G$ は三つの 2-シロー部分群 $S_1 = K_2, S_2, S_3$ をもつ．シローの定理 (3) の証明で考えたように，$G$ は集合 $S = \{S_1, S_2, S_3\}$ に作用するから，群の準同型写像 $\psi : G \to \mathrm{Aut}(S) \cong \mathfrak{S}_3$ が得られる（注意 1.7.4）．$\#(G) = \#(\mathfrak{S}_3) = 6$ であるから，これが単射であることがいえれば $G \cong \mathfrak{S}_3$ が示される．シローの定理 (2) より，$G$ の $S$ への作用は推移的だったから，$\mathrm{Stab}_G(K_2) = \{g \in G \mid gK_2g^{-1} = K_2\}$ の位数は 2 になる．明らかに $K_2 \subset \mathrm{Stab}_G(K_2)$ だから $\mathrm{Stab}_G(K_2) = K_2$ である．同様に，任意の $i$ に対して $\mathrm{Stab}_G(S_i) = S_i$ がいえるが，

$$\mathrm{Ker}(\psi) \subset \mathrm{Stab}_G(S_1) \cap \mathrm{Stab}_G(S_2) = S_1 \cap S_2 = \{e\}$$

である（最後の等式は，$\#(S_1) = \#(S_2) = 2$ かつ $S_1 \neq S_2$ から導かれる）ので $G \cong \mathfrak{S}_3$ でなければならない．□

## ▶演習問題

**演習 1.14.1**　$G$ を $p$-群，つまり位数 $\#(G)$ が素数 $p$ のベキ $p^e$ $(e \geq 1)$ であるような群とする．このとき，次を示せ．

(1) 任意の $g \in G$ の共役類 $C(g)$ の元の個数は，1 でなければ $p$ のベキになる（ヒント: 演習 1.9.5）．
(2) $G$ の中心 $Z(G)$ は単位元以外の元を含む（ヒント: 類等式）．
(3) $G$ は可解群である（ヒント: (2) により，$G/Z(G)$ は $G$ より位数の小さい $p$-群になる）．
(4) $G$ の正規部分群 $H$ で $G/H \cong \boldsymbol{\mu}_p$ を満たすものが存在する．

# 第 2 章

# 環と加群

普通の数や式のように，我々の手近にある代数的対象はしばしば和と積という二つの演算をもっており，これらは互いに**分配法則**によって関連している．このような代数構造を現代の代数学では**環**とよぶ．環はある意味必然的に群よりも構造が複雑になる．整数全体のなす環は最も手頃な例ではあるが，一般の環に比べると構造がとても特殊である．多変数の多項式のなす環はより一般的な環の部類に入るが，今度はその構造はそれなりに複雑になり，環にまつわるさまざまな一般的概念を準備することなしに分析するのは困難だといえる．

環論の初歩は，さまざまな例の計算を通して感覚をつかむというよりは，環を調べるための基礎的な概念や用語法をマスターして使えるようになるという意味で，語学習得により近い側面がある．まずは環の定義，環の性質の分析の鍵となるいくつかの概念を定義して，その後でその枠組みの中で，たとえば整数全体のなす環の構造がどのように「特殊」であるか，といった問題を考えていくことにしよう．

## 2.1 環

小学校以来慣れ親しんできた「数」や，中学校以来慣れ親しんできた「式」(多項式) は，和と積という 2 種類の演算をもち，それらは分配法則によって関係付けられているのだった．中学・高校の数学における「代数」の中心的な話題はもっぱら式の展開や因数分解，平方完成といった事柄であったが，これらはすべて分配法則に関係した操作なのである．このように和と積が分配法則によって関連し合っているような演算の体系に名前を付けるところから始めよう．

**定義 2.1.1** 集合 $A$ が二つの二項演算 $+ : A \times A \to A$ (**加法**とよぶ) と $\cdot : A \times A \to A$ (**乗法**とよぶ) をもっていて，次の三つの性質を満たすとき，$A$ は**環** (ring) であるという．

(i) $A$ は加法についてアーベル群である（加法に関する単位元を $0$ で表し，**零元**とよぶ）.

(ii) $A$ は乗法について半群である（すなわち，乗法は結合法則を満たす）.

(iii) **分配法則** (distributive law)： $a, b, c \in A$ に対して $a \cdot (b+c) = a \cdot b + a \cdot c$, $(a+b) \cdot c = a \cdot c + b \cdot c$ が成り立つ.

定義によって，環 $A$ の任意の元 $a$ は加法についての逆元をもつ．これを $-a$ で表すことにする．分配法則だけから，任意の元の $0$ 倍は $0$ であることがすぐに従う.

**命題 2.1.2** $A$ を環とし，$0 \in A$ をその零元とする．このとき，任意の $a \in A$ に対して

$$0 \cdot a = 0 = a \cdot 0$$

が成り立つ.

**[証明]** $0$ は加法についての単位元であるから $0 = 0 + 0$．その両辺に左から $a$ を掛けると

$$a \cdot 0 = a \cdot (0 + 0) = a \cdot 0 + a \cdot 0.$$

環 $A$ は加法についてはアーベル群であったので，$a \cdot 0$ の逆元 $-(a \cdot 0)$ を両辺に加えて $a \cdot 0 = 0$ を得る．$0 \cdot a = 0$ も同様である. □

上に与えた環の定義では，より広い範囲の数学的対象が環になりうるよう，$A$ の積が満たすべき性質についての条件を弱くしている．しかし，本書で考える環のほとんどは，下に述べる単位元の存在や積の可換性を満たしている.

**定義 2.1.3** 環 $A$ が乗法についてモノイドになる，すなわち，乗法についての**単位元** (identity element / one) $1$ をもつ（つまり，任意の $a \in A$ に対して $1 \cdot a = a \cdot 1 = a$ が成り立つ）とき，しばしば $A$ は単位元付き環であるという.

**定義 2.1.4** 環 $A$ の乗法が可換である，つまり任意の $a, b \in A$ に対して $a \cdot b = b \cdot a$ が成り立つとき，$A$ は**可換環** (commutative ring) であるという.

**例 2.1.5** 整数全体の集合 $\mathbb{Z}$ は，自然な加法と乗法に関して単位元付き可換環になる．偶数全体の集合 $2\mathbb{Z}$ は，乗法についての単位元をもたない可換環である.

**例 2.1.6** 実数成分の $n$ 次正方行列全体を $M(n, \mathbb{R})$ で表す．$M(n, \mathbb{R})$ は，行列の和と積に関して可換ではない単位元付き環になる（問題 2.1.1）.

可換でない環のことをとくに強調して**非可換環** (non-commutative ring) とよぶことが多い．正方行列のなす環は非可換環の最も初歩的かつ重要な例であり，非可換な環の性質について考えるときには真っ先に思い浮かべるべき例である．

整数全体のなす環と並んで重要な可換環の例は多項式全体のなす環である．以下では，多変数の多項式についての初歩的な定義を確認していこう．

**定義 2.1.7** 文字（あるいは変数ともいう）$X_1, \ldots, X_r$ についての**単項式** (monomial) とは，非負整数 $d_1, \ldots, d_r$ を使って

$$X_1^{d_1} X_2^{d_2} \cdots X_r^{d_r}$$

と書かれる式のことである．この単項式の（全）**次数** (degree) を

$$d = d_1 + d_2 + \cdots + d_r$$

で定める．一方，$d_i$ を文字 $X_i$ についての次数とよぶ．

**定義 2.1.8** $A$ を可換環とする．$A$ に係数をもつ $X_1, \ldots, X_r$ についての**多項式** (polynomial) とは，

$$f(X_1, \ldots, X_r) = \sum_{\substack{d_1, \ldots, d_r \text{は非負整数} \\ \text{有限和}}} a_{d_1, \ldots, d_r} X_1^{d_1} \cdots X_r^{d_r} \quad (a_{d_1, \ldots, d_r} \in A)$$

のことである．$f(X_1, \ldots, X_r)$ の次数を，上の和に現れる単項式の次数の最大値として定め，$\deg f$ で表す．定数項のみからなる（0 でない）多項式の次数は 0 と定める．同様に，$f(X_1, \ldots, X_r)$ に現れる単項式の $X_i$ についての次数の最大値を，$f$ の $X_i$ についての次数とよび，$\deg_{X_i} f$ などと表す．

**定義 2.1.9** 可換環 $A$ に係数をもつ $X_1, \ldots, X_r$ についての多項式全体の集合を $A[X_1, \ldots, X_r]$ で表すと，そこには自然な和と積が

$$\begin{aligned}
&\left(\sum a_{d_1, \ldots, d_r} X_1^{d_1} \cdots X_r^{d_r}\right) + \left(\sum b_{d_1, \ldots, d_r} X_1^{d_1} \cdots X_r^{d_r}\right) \\
&\quad = \sum (a_{d_1, \ldots, d_r} + b_{d_1, \ldots, d_r}) X_1^{d_1} \cdots X_r^{d_r} \\
&\left(\sum a_{d_1, \ldots, d_r} X_1^{d_1} \cdots X_r^{d_r}\right) \cdot \left(\sum b_{e_1, \ldots, e_r} X_1^{e_1} \cdots X_r^{e_r}\right) \\
&\quad = \sum a_{d_1, \ldots, d_r} b_{e_1, \ldots, e_r} X_1^{d_1+e_1} \cdots X_r^{d_r+e_r}
\end{aligned}$$

によって定まり，$A[X_1, \ldots, X_r]$ は可換環になる．これを $A$ 係数の（あるいは可換環 $A$ 上の）$r$ 変数**多項式環** (polynomial ring) とよぶ．

多項式環 $A[X_1, \ldots, X_r]$ が実際に環になる（定義 2.1.1 を満たす）ことは確かめるべきことであるが，積の定義が「式の展開公式」そのものであり，それはそのまま分配法則のことなので，多項式環が環であることの証明は基本的に同語反復のようなところがある．細部のチェックは読者に任せることにしたい．

**注意 2.1.10**　高校数学で，二つ以上の文字をもつ式を，ある文字について「整理する」という操作をよく行った．たとえば，

$$f(X, Y) = X^3Y + 2X^2Y - XY^2 + 3X^2 + 5X + 7Y^2$$

を $X$ について整理すれば

$$f(X, Y) = Y \cdot X^3 + (2Y + 3)X^2 + (-Y^2 + 5)X + 7Y^2$$

のようになる．一般に，多項式 $f(X_1, \ldots, X_r) \in A[X_1, \ldots, X_r]$ は $X_r$ についての次数が $m$ のとき，$a_0(X_1, \ldots, X_{r-1})$, …, $a_m(X_1, \ldots, X_{r-1}) \in A[X_1, \ldots, X_{r-1}]$ を用いて

$$\begin{aligned} f(X_1, \ldots, X_r) = a_m(X_1, \ldots, X_{r-1})X_r^m + \cdots \\ + a_1(X_1, \ldots, X_{r-1})X_r + a_0(X_1, \ldots, X_{r-1}) \end{aligned}$$

とただ一通りに表される．これは，$A$ 係数の $r$ 変数の多項式環 $A[X_1, \ldots, X_r]$ は，$A$ 係数の $(r-1)$ 変数の多項式環 $B = A[X_1, \ldots, X_{r-1}]$ に係数をもつ 1 変数の多項式環

$$B[X_r] = (A[X_1, \ldots, X_{r-1}])[X_r]$$

と同一視できることを意味している（この同一視のもとで両者の演算が一致することも，本来は確認すべきであることに注意）．これは何気ないことではあるが，多項式環にまつわる議論に際して，変数の数についての帰納法が使えることを意味しており，非常に重要である．

## ▶演習問題

**演習 2.1.1**　$M(n, \mathbb{R})$ が単位元付きの環になることを確かめよ．

**演習 2.1.2**　環 $A$ において，$a, b \in A$ に対して $(-a) \cdot (-b) = ab$ が成り立つことを証明せよ．

**演習 2.1.3**　$S$ を集合とし，$\mathcal{P}(S)$ を $S$ の部分集合全体の集合（$S$ のベキ集合）とする．こ

のとき，$A, B \in \mathcal{P}(S)$ に対して

$$A + B = (A \setminus B) \cup (B \setminus A) = (A \cup B) \setminus (A \cap B)$$

$$AB = A \cap B$$

で定めると，$\mathcal{P}(S)$ は単位元付き可換環になることを示せ（零元，単位元は何かも明らかにせよ）．

**演習 2.1.4** $A$ を可換環とする．0 でない $f, g \in A[X]$ に対して，$\deg(f+g) \leq \max\{\deg f, \deg g\}$ および $\deg(f \cdot g) \leq \deg f + \deg g$ を示せ．

## 2.2 零因子・単元・体，準同型写像

環の定義は非常に簡素であり，積については分配法則のみを仮定しただけであったので，一般の環の積では「普通の数や式」では起こらなかったようなエキゾチックな現象が起こりうる．とくに注意が必要なのは，0 でない元どうしの積が 0 になってしまう場合である．

**定義 2.2.1** 環 $A$ の 0 でない元 $a, b$ が $ab = 0$ を満たすとき，$a$ を $A$ の左零因子，$b$ を $A$ の右零因子とよぶ．$A$ が可換環のときは，これらの概念は一致するので単に**零因子** (zero divisor) とよぶ．とくに，環 $A$ の元 $a \neq 0$ に対して自然数 $n$ があって $a^n = 0$ となるとき，$a$ は**ベキ零元** (nilpotent element) であるという．また，$a^2 = a$ となるとき，$a$ を**ベキ等元** (idempotent element) であるという．

**例 2.2.2** 実数成分の $n$ 次正方行列のなす（非可換）環 $M(n, \mathbb{R})$ の元 $E_{ij}$ を，$(i, j)$ 成分のみが 1 で残りが 0 であるような行列として定める．このとき，$E_{ij}$ は左零因子でありかつ右零因子である．$i \neq j$ のときは $E_{ij}$ はベキ零元であるが，$E_{ii}$ はベキ等元である．

行列の例は手近ではあるが，積が非可換である．しかし，零因子の存在は積の非可換性とは無関係である．次のようにすれば，可換環における零因子の例が簡単に作れる．

**例 2.2.3** 集合 $A$ を $A = \{a + b\varepsilon \mid a, b \in \mathbb{R}\}$ で定め（$\varepsilon$ はただの記号である），和と積をそれぞれ

$$(a + b\varepsilon) + (c + d\varepsilon) = (a + c) + (b + d)\varepsilon$$

$$(a + b\varepsilon) \cdot (c + d\varepsilon) = ac + (ad + bc)\varepsilon$$

で定めると，これは可換環になることが確かめられる（演習 2.2.5 参照）．しかし，この環では $\varepsilon = 0 + 1 \cdot \varepsilon$ は $\varepsilon^2 = 0$ を満たすので，ベキ零元である．

零因子の対極にあるのは，乗法についての逆元をもつような元である．

**定義 2.2.4**　単位元付き環 $A$ の元 $a$ が乗法に関する逆元 $a^{-1}$，すなわち，$aa^{-1} = 1 = a^{-1}a$ となる $a^{-1} \in A$ をもつとき，$a$ は $A$ の**単元** (unit) であるという．$A$ の単元全体 $U(A)$ は乗法に関して群をなす．

**例 2.2.5**　行列環 $M(n, \mathbb{R})$ の単元全体 $U(M(n, \mathbb{R}))$ は一般線形群 $GL(n, \mathbb{R})$ にほかならない．

**定義 2.2.6**　単位元付き環 $A$ の零元以外の任意の元が単元であるとき，$A$ を**斜体** (skew field)，または**可除代数** (division algebra) とよぶ．可換な斜体をとくに**体** (field) とよぶ．体は小文字の $k$ や大文字の $K$ で表すことが多い（ドイツ語の Körper（英語の body に相当）の頭文字による）．

**例 2.2.7**　有理数全体の集合 $\mathbb{Q}$，実数全体の集合 $\mathbb{R}$，複素数全体の集合 $\mathbb{C}$ は体である．

体は加減乗除の四則演算を自由に行える代数系であり，高校数学以来考えてきた有理数・実数・複素数といった「定数」の一般化ととらえることができる．

群の性質を調べるにあたって，群の準同型写像によって異なる群を比較することが有効であることは第 1 章で学んだ．同じような考え方が環に対しても有効であることに疑いの余地はない．群では一つの二項演算を考えていたが，環では和と積の 2 種類の演算を考えているので，その両方を保つ写像として準同型写像を定義しよう．

**定義 2.2.8**　$A, B$ を環とし，それらの間の写像 $f : A \to B$ が

$$f(a_1 + a_2) = f(a_1) + f(a_2), \quad f(a_1 a_2) = f(a_1) f(a_2) \qquad (a_1, a_2 \in A)$$

を満たすとき，$f$ は環の**準同型写像** (homomorphism) であるという．さらに，$A$ および $B$ が単位元をもつ環であるときはいつでも $f(1) = 1$ を要請するものとする．

環の準同型写像は，積を忘れれば和についてのアーベル群の準同型写像であるので，演習 1.2.3 より $f(-a) = -f(a)$ が常に成り立つ．

**定義 2.2.9** 全単射な環の準同型写像を環の**同型写像** (isomorphism) とよぶ．環 $A, B$ の間に同型写像 $f: A \to B$ があるとき，$A$ と $B$ は**同型** (isomorphic) であるといい，$A \cong B$ で表す．

## ▶演習問題

**演習 2.2.1** $A$ を単位元付き可換環とする．

(1) $A$ の零因子は単元にはなりえないことを示せ．

(2) 環 $A$ のベキ等元でありかつ単元であるような元 $a$ は単位元に限ることを示せ．

**演習 2.2.2** 2 以上の整数 $m$ に対して $\mathbb{Q}(\sqrt{-m}) = \{a + b\sqrt{-m} \mid a, b \in \mathbb{Q}\}$ と定義する．$\mathbb{Q}(\sqrt{-m})$ に自然な演算を入れると，これが体になることを示せ．

**演習 2.2.3** $\mathbb{C}[X]$ を複素数係数の 1 変数多項式環とし，複素数成分の $n$ 次正方行列 $T \in M(n, \mathbb{C})$ を一つ固定する．このとき，$f(X) = a_0X^n + a_1X^{n-1} + \cdots + a_{n-1}X + a_n \in \mathbb{C}[X]$ に対して，代入 $f(T)$ は

$$f(T) = a_0T^n + a_1T^{n-1} + \cdots + a_{n-1}T + a_nI \quad (I \text{ は } n \text{ 次の単位行列})$$

で定義される．いま，対応 $\varphi_T : \mathbb{C}[X] \to M(n, \mathbb{C})$ を $\varphi_T(f(X)) = f(T)$ で定義すると，$\varphi_T$ は環の準同型写像になることを示せ．

**演習 2.2.4** $k$ を体とし，$k$ 係数の 1 変数多項式環 $A = k[X]$ を考える．このとき，$A$ の単元全体 $U(A)$ を求めよ．

**演習 2.2.5** $A$ を例 2.2.3 で考えた環

$$A = \{a + b\varepsilon \mid a, b \in \mathbb{R}\}$$

とする（演算も例 2.2.3 のとおり）．この環 $A$ から実数成分の 2 次正方行列の環 $M(2, \mathbb{R})$ への写像 $f: A \to M(2, \mathbb{R})$ を

$$f(a + b\varepsilon) = \begin{pmatrix} a & b \\ 0 & a \end{pmatrix}$$

で定めると，これは単射な環の準同型写像を定めることを示せ．

# 2.3 イデアルと剰余環

群に対して考えた部分群や正規部分群と類似の概念を，環に対しても考えること

ができるが，これが部分環とイデアルの概念である．イデアルの概念自体は非可換な環でも考えることができるが，本節では簡単のため，環は単位元付き可換環とする．

**定義 2.3.1**　環 $A$ の部分集合 $B \subset A$ が $A$ の和と積によってそれ自身環になるとき，$B$ は $A$ の**部分環** (subring) であるという．

**例 2.3.2**　整数全体のなす環 $\mathbb{Z}$ は，有理数全体の環 $\mathbb{Q}$ の部分環である．

**定義 2.3.3**　環 $A$ の空でない部分集合 $I$ が

(i) $a, b \in I \ \Rightarrow a - b \in I$
(ii) $a \in A,\, b \in I \ \Rightarrow ab \in I$

の二つを満たすとき，$I$ は $A$ の**イデアル** (ideal) であるという．

上のイデアルの定義の (i) は，$I$ が $A$ の加法に関する部分群であることを主張している．イデアルの定義で注目すべき点は，(ii) において，$b \in I$ に対して $I$ に属するとは限らないどんな $a \in A$ を掛けても $ab \in I$ といっている点である．部分環，イデアルのどちらの概念も重要であるが，環にまつわる理論，とくに可換環論ではイデアルこそが中心的な役割を果たす．

環 $A$ の零元のみからなる集合 $\{0\}$ はイデアルになる．これを**零イデアル** (zero ideal) とよぶ．また，$A$ 全体もイデアルになる．これを**自明なイデアル** (trivial ideal) とよぶ．

**例 2.3.4**　整数環 $\mathbb{Z}$ に対して，$(m)$ を $m$ の倍数全体，すなわち

$$(m) = \{rm \in \mathbb{Z} \mid r \in \mathbb{Z}\}$$

とするとき，$(m)$ は $\mathbb{Z}$ のイデアルになる．実際 $a, b \in (m)$ であれば，ある整数 $r, s$ を用いて $a = rm,\, b = sm$ と書かれるので $a - b = (r - s)m \in (m)$ であるから $(m) \subset A$ は和に関する部分群であるし，任意の $c \in A$ に対しても $ca = crm \in (m)$ となる．

**定義 2.3.5**　環 $A$ の元 $m \in A$ に対して，

$$(m) = \{rm \in A \mid r \in A\}$$

は $A$ のイデアルとなる．これを $m$ で生成される**単項イデアル** (principal ideal) とよぶ．

環 $A$ の零イデアルは単項イデアル $(0)$ である．また，自明なイデアルは単項イデアル $(1)$ である．とくに，$A$ のイデアル $I$ が自明なイデアルであることと $1 \in I$ は同値である．

整数環における「$m$ の倍数全体」がイデアルになることは，歴史的に見てイデアルという概念の出発点にもなっており，それ自体重要であるが，一般の環は単項イデアルにならないイデアルをたくさん含んでいる．

**例 2.3.6** $A = \mathbb{Q}[X, Y]$ を $\mathbb{Q}$ 係数の 2 変数多項式環とする．このとき，

$$I = \{a(X,Y)X + b(X,Y)Y \mid a(X,Y),\, b(X,Y) \in A\}$$

はイデアルになるが，単項イデアルにはならない（証明は次節で与える）．

この例は，単項イデアルよりも「大きな」イデアルを作る方法を示唆している．

**定義 2.3.7** 環 A の部分集合 $S$ に対して，有限和 $\sum a_i s_i$ $(a_i \in A,\ s_i \in S)$ の形に書ける $A$ の元全体はイデアルになる．これを $S$ で**生成される** (generated by) イデアルとよび，$(S)$ と表す．$S$ をイデアル $(S)$ の**生成元** (generator) の集合とよぶ．有限集合 $S = \{m_1, \ldots, m_r\}$ に対しては，$S$ で生成されるイデアルをしばしば $(m_1, \ldots, m_r)$ と書く．すなわち，

$$(m_1, \ldots, m_r) = \{a_1 m_1 + \cdots + a_r m_r \mid a_1, \ldots, a_r \in A\}$$

である．有限個の元で生成されるイデアルは**有限生成** (finitely generated) であるという．

環 $A$ の部分集合 $S$ に対して $(S)$ がイデアルとなることを証明しておこう．$a, b \in (S)$ は $a = \sum a_i s_i$, $b = \sum b_j t_j$ $(a_i, b_j \in A,\ s_i, t_j \in S)$ の形の有限和であるから $a - b = \sum a_i s_i - \sum b_j t_j \in (S)$ であり，また，$r \in A$ に対しては $ra = \sum (ra_i) s_i \in (S)$ となる．

この記法を用いれば，例 2.3.6 のイデアル $I$ は $X, Y \in \mathbb{Q}[X, Y]$ で生成されるイデアルであり，$I = (X, Y)$ と書かれる．

**注意 2.3.8** 環 $A$ のイデアル $I$ の部分集合 $S \subset I$ に対して $(S) \subset I$ が成り立つ（演習 2.3.3 参照）．

イデアルの生成と関連する概念として，「イデアルの和」がある．

**定義 2.3.9**　環 $A$ のイデアル $I, J$ に対して,

$$I + J = \{a + b \mid a \in I,\, b \in J\}$$

は $A$ のイデアルをなす．これをイデアル $I, J$ の**和** (sum) とよぶ.

イデアルの和 $I + J$ が実際にイデアルになることを確かめよう．$c_1, c_2 \in I + J$ は $c_1 = a_1 + b_1$, $c_2 = a_2 + b_2$ $(a_1, a_2 \in I,\ b_1, b_2 \in J)$ と書かれるから $c_1 - c_2 = (a_1 - a_2) + (b_1 - b_2) \in I + J$．また，$r \in A$ に対して $I, J$ がイデアルであることから $ra_1 \in I$, $rb_1 \in J$ となるので $rc_1 = ra_1 + rb_1 \in I + J$.

**命題 2.3.10**　環の準同型写像 $f : A \to B$ に対して，**核** (kernel)

$$\mathrm{Ker}(f) = \{a \in A \mid f(a) = 0 \in B\}$$

は $A$ のイデアルになる．また，**像** (image)

$$\mathrm{Im}(f) = f(A) = \{f(a) \in B \mid a \in A\}$$

は $B$ の部分環になる（証明は演習 2.3.1).

群の準同型写像の核が正規部分群であることと，正規部分群による剰余群を考えることができることの間には密接な関係があった（準同型定理)．環の準同型写像に対してはその核がイデアルになることから，環のイデアルによる剰余を考えるとうまくいくことが期待される.

環 $A$ のイデアル $I$ を与えるとき，加法群としての $I$ についての $a \in A$ の剰余類は

$$a + I = \{a + b \mid b \in I\}$$

の形で与えられる.

**補題 2.3.11**　$A$ を環, $I$ をそのイデアルとする．$a, b, c \in A$ に対して $b+I = c+I$ が成り立つならば $ab + I = ac + I$.

**[証明]**　命題 1.9.8 の (2) によれば，$b + I = c + I$ は $b - c \in I$ と同値である．$I$ はイデアルであるから $a(b - c) = ab - ac \in I$．よって再び命題 1.9.8 の (2) により $ab + I = ac + I$ である.　□

**定義 2.3.12** $A$ を環とし，$I$ をそのイデアルとする．このとき，$A$ をアーベル群，$I$ をその部分群と見たときの剰余群 $A/I$ に積を

$$(a+I)(b+I) = ab+I \quad (a,b \in A)$$

で定めると，$A/I$ は環になる（well-definedness は補題 2.3.11 より従う）．これを $A$ のイデアル $I$ による**剰余環** (quotient ring / residue ring) とよぶ．

**例 2.3.13** 整数環 $\mathbb{Z}$ とそのイデアル $(m) = m\mathbb{Z}$ $(m > 1)$ による剰余環は $\mathbb{Z}/(m) = \mathbb{Z}/m\mathbb{Z}$ である．これは群としては位数が $m$ の巡回群であり，ここに積が矛盾なく定義されることは，$a, b \in \mathbb{Z}$ に対して

$$\begin{aligned}&(a \text{ を } m \text{ で割った余り}) \cdot (b \text{ を } m \text{ で割った余り}) \text{ を } m \text{ で割った余り} \\ &\quad = ab \text{ を } m \text{ で割った余り}\end{aligned}$$

が成り立つことを意味している．

剰余環の積の well-definedness の証明（補題 2.3.11）では $I$ がイデアルであることを本質的に用いた．環 $A$ の部分環 $B$ は加法に関しては部分群であるので剰余群 $A/B$ を考えることはできるが，一般にはここに自然な環構造は入らないことに注意しよう．

環の準同型写像 $f: A \to B$ が与えられたとする．$A$, $B$ の積に関する構造をいったん忘れると $f$ はアーベル群の間の群としての準同型写像であるので，準同型定理（定理 1.9.12）によって群の同型写像

$$\bar{f}: A/\operatorname{Ker}(f) \overset{\cong}{\to} f(A)$$

が与えられる．この対応は $\bar{f}(a+\operatorname{Ker}(f)) = f(a)$ で与えられていたので，剰余環に定義された積構造と整合的である．すなわち，

$$\begin{aligned}&\bar{f}((a+\operatorname{Ker}(f) \cdot (b+\operatorname{Ker}(f))) = \bar{f}(ab+\operatorname{Ker}(f)) \\ &\qquad = f(ab) = f(a)f(b) = \bar{f}(a+\operatorname{Ker}(f)) \cdot \bar{f}(b+\operatorname{Ker}(f))\end{aligned}$$

が得られるので，$\bar{f}$ は環の同型写像になる．このようにして環の準同型定理が得られる．

**定理 2.3.14（環の準同型定理）** $f: A \to B$ を環の準同型写像とし，$I = \operatorname{Ker}(f)$ をその核とすると，$f$ は環の同型写像

$$\bar{f}: A/I \overset{\cong}{\to} \operatorname{Im}(f)$$

を誘導する．

準同型定理は，ある環が何か別の環の剰余環と同型になることを示すために使える，事実上唯一の方法であり，定型の使い方がある．

**例 2.3.15**　有理数 $a, b \in \mathbb{Q}$ を固定する．このとき，イデアル $(X-a, Y-b)$ についての剰余環は $\mathbb{Q}$ と同型になる: $\mathbb{Q}[X,Y]/(X-a, Y-b) \cong \mathbb{Q}$.

**[証明]**　多項式環 $\mathbb{Q}[X,Y]$ に対して写像 $\varphi: \mathbb{Q}[X,Y] \to \mathbb{Q}$ を

$$\varphi(f(X,Y)) = f(a,b),$$

すなわち，$(X,Y)$ に $(a,b)$ を代入する操作で定義すると，これは環の準同型写像になる．定数多項式 $c \in \mathbb{Q}$ に対しては $\varphi(c) = c$ となるので，$\varphi$ は全射である．この準同型写像の核 $I = \operatorname{Ker}(\varphi)$ が $X-a$ および $Y-b$ で生成されるイデアル $(X-a, Y-b)$ と一致することを証明しよう．まず，$g(X,Y) \in (X-a, Y-b)$ とすると，適当な多項式 $c(X,Y), d(X,Y)$ が存在して

$$g(X,Y) = c(X,Y)(X-a) + d(X,Y)(Y-b)$$

と表されるので，$g(a,b) = 0$ すなわち $\varphi(g(X,Y)) = 0$ である．したがって $(X-a, Y-b) \subset I = \operatorname{Ker}(\varphi)$．逆に $g(X,Y) \in I = \operatorname{Ker}(\varphi)$ を仮定しよう．このとき，$h(X,Y) = g(X+a, Y+b)$ とおいてみよう．$h(X,Y) \in \mathbb{Q}[X,Y]$ は

$$h(X,Y) = r(X,Y)X + s(X,Y)Y + C \quad (r(X,Y),\ s(X,Y) \in \mathbb{Q}[X,Y],\ C \in \mathbb{Q})$$

と書かれるので（なぜか？），$c(X,Y) = r(X-a, Y-b)$, $d(X,Y) = s(X-a, Y-b)$ とおくと

$$g(X,Y) = h(X-a, Y-b) = c(X,Y)(X-a) + d(X,Y)(Y-b) + C$$

と書かれる．いま，$g(a,b) = C$ であるが，$g(X,Y) \in I = \operatorname{Ker}(f)$ と仮定していたから $C = 0$．したがって $g(X,Y) \in (X-a, Y-b)$ である．よって，準同型定理により同型

$$\mathbb{Q}[X,Y]/(X-a, Y-b) = \mathbb{Q}[X,Y]/\operatorname{Ker}(f) \cong \mathbb{Q}$$

が得られた．　□

## ▶演習問題

**演習 2.3.1** 環の準同型写像 $f : A \to B$ の核 $\mathrm{Ker}(f)$ は $A$ のイデアルになることを示せ．また，$f$ の像 $f(A)$ は $B$ の部分環になることを示せ．

**演習 2.3.2** $I, J$ を環 $A$ の二つのイデアルとするとき，$I \cap J$ も $A$ のイデアルになることを示せ．

**演習 2.3.3** (1) 環 $A$ の部分集合 $S$ で生成されるイデアル $I$ は，$S$ を含むイデアルのうち最小のものであることを示せ．

(2) 環 $A$ のイデアル $I, J$ に対して，その和 $I + J$ は $S = I \cup J$ で生成されるイデアルと一致することを示せ（とくに，$I + J$ は $I, J$ をともに含むイデアルのうち最小のものである）．

**演習 2.3.4** 多項式環 $\mathbb{Q}[X, Y]$ とそのイデアル $(Y)$ に対して，同型 $\mathbb{Q}[X, Y]/(Y) \cong \mathbb{Q}[X]$ を示せ．

**演習 2.3.5** 環 $A$ が体であることは，$A$ のイデアルが $A$ 全体と $(0)$ のみであることと同値であることを示せ．

**演習 2.3.6** $I, J$ を環 $A$ のイデアルとするとき，

(1) 有限和 $\sum a_i b_i$ $(a_i \in I,\ b_i \in J)$ の形に書ける元全体の集合は $A$ のイデアルになることを示せ（このイデアルを $I$ と $J$ の積とよび，$IJ$ で表す）．

(2) $I \cap J \supset IJ$ を示せ．

(3) $I \cap J \subset IJ$ とならない例をあげよ（ヒント: 整数環の単項イデアルで作れる）．

## 2.4 素イデアルと極大イデアル

一般の環において零因子が存在するかもしれないことは，

$$ab = 0 \Rightarrow a = 0 \text{ または } b = 0$$

が成り立たないかもしれないことを意味している．この種の性質は多項式の因数分解によって方程式を解くときなど，初等的な代数学では基本的であった．逆にいうと，零因子をもたない環は，このような議論を自由に使うことができる特別に「よい」環だといえる．そのような環に名前を付けることから始めよう．本節でも，環といえば単位元付き可換環を指すものとする．

**定義 2.4.1**　単位元付き可換環 $A$ が（0 以外に）零因子をもたないとき，$A$ は**整域** (integral domain) であるという．

$A$ が整域であることは，$a, b \in A$ に対して「$ab = 0 \Rightarrow a = 0$ または $b = 0$」が成り立つことである．対偶をとれば，

$$a \neq 0 \text{ かつ } b \neq 0 \Rightarrow ab \neq 0$$

が成り立つこととも言い換えられる．

**例 2.4.2**　体は整域である．実際，$k$ が体であり，$a \in k$ がその 0 でない元であるとき，$a^{-1} \in k$ が存在して $a^{-1}a = 1$．したがって，$ab = 0$ ならば $b = a^{-1}ab = 0$ となるから，$a$ は零因子ではない．

**例 2.4.3**　整数環 $\mathbb{Z}$ は整域である．

整域であるという性質は，整域を係数とする多項式環にも「遺伝」する．

**命題 2.4.4**　$A$ が整域であるとき，多項式環 $A[X]$ も整域である．

**［証明］**　0 でない多項式 $f(X), g(X) \in A[X]$ を，$a_0, \ldots, a_n, b_0, \ldots, b_m \in A$ を用いて

$$f(X) = a_0X^n + a_1X^{n-1} + \cdots + a_n$$

$$g(X) = b_0X^m + b_1X^{m-1} + \cdots + b_m$$

と表しておく．さらに $a_0, b_0 \neq 0$ としてよい．このとき，

$$f(X)g(X) = a_0b_0X^{n+m} + (X \text{ について } (n+m) \text{ 次未満の項})$$

となる．$A$ は整域であるから $a_0b_0 \neq 0$．したがって $f(X)g(X) \neq 0$ である．　□

すでに注意 2.1.10 で見たように，$A[X_1, \ldots, X_r]$ は環 $A[X_1, \ldots, X_{r-1}]$ 上の多項式環 $A[X_1, \ldots, X_{r-1}][X_r]$ とみなせるので，変数の個数に関する帰納法によって次がすぐにわかる．

**系 2.4.5**　$A$ が整域であるとき，多項式環 $A[X_1, \ldots, X_r]$ も整域である．

環が整域であることに対応するイデアルについての条件が，素イデアルの概念である．

**定義 2.4.6** $P$ を環 $A$ の自明でないイデアルとする．$a, b \in A$ に対して

$$ab \in P \Rightarrow a \in P \text{ または } b \in P$$

が成り立つとき，$P$ は**素イデアル** (prime ideal) であるという．

整域の定義の場合と同様，上の定義の対偶をとれば，$P$ が素イデアルであることは

$$a \notin P \text{ かつ } b \notin P \Rightarrow ab \notin P$$

が成り立つこととも言い換えられる．

**命題 2.4.7** $A$ を環とする．このとき，

(1) $A$ が整域であることと零イデアル $(0)$ が素イデアルになることは同値．
(2) $A$ のイデアル $P$ が素イデアルになることと $A/P$ が整域になることは同値．

(証明は演習 2.4.3)

素イデアルと関連する重要な概念をもう一つ導入しよう．

**定義 2.4.8** 環 $A$ の自明でないイデアル $\mathfrak{m}$ であって，$A$ のイデアル $I$ で $\mathfrak{m} \subsetneq I$ を満たすのは自明なイデアル $I = A$ のみであるようなものを，**極大イデアル** (maximal ideal) という．

**命題 2.4.9** 極大イデアルは素イデアルである．

**[証明]** $\mathfrak{m}$ を環 $A$ の極大イデアルとし，$a, b \notin \mathfrak{m}$ に対して $ab \notin \mathfrak{m}$ となることを示そう．$a \notin \mathfrak{m}$ のとき，イデアルの和 $\mathfrak{m} + (a)$（定義 2.3.9）は $\mathfrak{m}$ を真に含むイデアルであるから，$\mathfrak{m}$ が極大イデアルであることにより，$\mathfrak{m} + (a) = A$．とくに $1 \in \mathfrak{m} + (a)$ である．すなわち，$m \in \mathfrak{m}$, $r \in A$ が存在して

$$1 = m + ra$$

と書かれる．同様に，$b \notin \mathfrak{m}$ より，ある $n \in \mathfrak{m}$ および $s \in A$ が存在して

$$1 = n + sb$$

と書かれる．両辺の積をとると

$$1 = mn + nra + msb + rsab$$

となる．$m, n \in \mathfrak{m}$ であるので，もし $ab \in \mathfrak{m}$ であったならば右辺は $\mathfrak{m}$ の元になり，$1 \in \mathfrak{m}$ となるので，$\mathfrak{m} = A$ となって矛盾（極大イデアル $\mathfrak{m}$ は定義によって自明なイデアルではない）．したがって，$ab \notin \mathfrak{m}$ である． □

このように，極大イデアルは素イデアルの例を与えるが，次の定理によって極大イデアルはたくさん作ることができる．

**定理 2.4.10** 環 $A$ の任意の自明でないイデアル $I$ に対して，$I$ を含むような極大イデアル $\mathfrak{m}$ が常に存在する．

この定理の証明はツォルンの補題を用いるので，付録 A.2 で述べる．

**命題 2.4.11** 環 $A$ のイデアル $\mathfrak{m}$ が極大イデアルになることと $A/\mathfrak{m}$ が体になることは必要十分である（証明は演習 2.4.3）．体 $A/\mathfrak{m}$ を極大イデアル $\mathfrak{m}$ の**剰余体** (residue field) とよぶ．

**例 2.4.12** $A = \mathbb{Q}[X]$ を $\mathbb{Q}$ 上の 1 変数多項式環とする．このとき，単項イデアル

$$\mathfrak{m} = (X - a) \quad (a \in \mathbb{Q})$$

は極大イデアルである．実際，環の準同型写像 $\varphi : \mathbb{Q}[X] \to \mathbb{Q}$ を $\varphi(f(X)) = f(a)$，つまり，$X$ に $a$ を代入する写像とすると，$\varphi$ は定数関数 $c \in \mathbb{Q}$ を $\varphi(c) = c$ に写すので全射である．また，

$$\varphi(f(X)) = 0 \Leftrightarrow f(a) = 0 \Leftrightarrow f(X) = (X - a)q(X)$$

であるから（最後の同値性は**因数定理**である），$\mathrm{Ker}(\varphi) = \mathfrak{m} = (X - a)$ である．よって環の準同型定理から，同型

$$A/\mathfrak{m} = \mathbb{Q}[X]/(X - a) \cong \mathbb{Q}$$

が得られるので，命題 2.4.11 により $\mathfrak{m} = (X - a)$ は極大イデアルである．

この例の 2 変数版が例 2.3.15 であった:

**例 2.4.13** 有理数体上の多項式環 $\mathbb{Q}[X, Y]$ のイデアル $\mathfrak{m} = (X - a, Y - b)$ $(a, b \in \mathbb{Q})$ は，例 2.3.15 より $\mathbb{Q}[X, Y]/(X - a, Y - b) \cong \mathbb{Q}$ となって剰余環が体になるので極大イデアルである．

以下では，整域上の多項式環の次数の性質について少しまとめておこう．

**命題 2.4.14** 整域 $A$ 上の多項式環 $A[X_1, \ldots, X_r]$ では，$f, g \in A[X_1, \ldots, X_r]$ に対して

$$\deg(fg) = \deg f + \deg g$$

が成り立つ．また，ある変数 $X_i$ に注目しても同様に

$$\deg_{X_i}(fg) = \deg_{X_i} f + \deg_{X_i} g$$

が成り立つ．

**[証明]** 二つ目の主張から示そう．$i = r$ すなわち $X_r$ についての次数に対して証明すれば十分．$n = \deg_{X_r} f$, $m = \deg_{X_r} g$ とすると，

$$f = a(X_1, \ldots, X_{r-1})X_r^n + (X_r\text{について } n \text{ 次未満の項})$$

$$g = b(X_1, \ldots, X_{r-1})X_r^m + (X_r\text{について } m \text{ 次未満の項})$$

と 0 でない多項式 $a(X_1, \ldots, X_{r-1})$, $b(X_1, \ldots, X_{r-1})$ を用いて書かれる．このとき，

$$fg = a(X_1, \ldots, X_{r-1})b(X_1, \ldots, X_{r-1})X_r^{n+m} + (X_r\text{について } (n+m) \text{ 次未満の項})$$

であるが，系 2.4.5 によれば $a(X_1, \ldots, X_{r-1})b(X_1, \ldots, X_{r-1}) \neq 0$. したがって，$\deg_{X_r}(fg) = \deg_{X_r} g + \deg_{X_r} g$ が成り立つ．全次数についても同様である: $n = \deg f$, $m = \deg g$ とし，$f$ に現れる項の中で単項式の次数が $n$ になるものすべての和を $f_n$ とする．同様に，$g_m$ を $g$ に現れる $m$ 次の項の和とする．このとき，$f_n \neq 0$, $g_m \neq 0$ であり

$$f = f_n + (n \text{ 次未満の項}), \quad g = g_m + (m \text{ 次未満の項})$$

と表される．$f_n g_m$ に現れる単項式はすべて $(n+m)$ 次であり，

$$fg = f_n g_m + ((n+m) \text{ 次未満の項})$$

と表されるが，系 2.4.5 によって $f_n g_m \neq 0$ であるので $\deg(fg) = \deg f + \deg g$ が証明できた． □

この命題を用いると例 2.3.6 の主張が証明できる．

**命題 2.4.15 (= 例 2.3.6)** $A = \mathbb{Q}[X, Y]$ を $\mathbb{Q}$ 上の 2 変数多項式環とする．このとき，$I = (X, Y)$ は単項イデアルにはならない．

**[証明]**　$I$ が，ある多項式 $f(X,Y) \neq 0$ によって

$$I = (f(X,Y)) = \{r(X,Y)f(X,Y) \mid r(X,Y) \in A\}$$

と書かれたとして矛盾を導く．$I = (X,Y)$ より $X \in I$ であるから，$I = (f(X,Y))$ と書かれるならば，ある多項式 $r(X,Y) \neq 0$ が存在して

$$X = r(X,Y)f(X,Y)$$

が成り立つはずである．両辺の $Y$ についての次数を見ると

$$0 = \deg_Y r(X,Y) + \deg_Y f(X,Y)$$

となるが，次数は常に 0 以上だから $\deg_Y r = \deg_Y f = 0$ でなければならない．これは $r, f$ はともに文字 $Y$ を含まない，すなわち，$X$ のみの多項式であることを意味する．一方，$X$ についての次数を見ると

$$1 = \deg_X r(X) + \deg_X f(X)$$

となることから，$\deg_X f$ は 0 か 1 である．$\deg_X f = 0$ であれば $f$ は 0 でない定数関数 $f = c \in \mathbb{Q}$ であり，$\frac{1}{c}f = 1 \in I$ となるので $I = A$ となって矛盾であるから，$\deg_X f = 1$ である．したがって，$f(X) = aX + b$ $(a, b \in \mathbb{Q},\ a \neq 0)$ と書かれ，また $\deg_X r = 0$ となるから $r(X) = c \in \mathbb{Q},\ c \neq 0$ であり

$$X = c(aX + b)$$

なる等式を得るが，このときとくに $b = 0$ である．よって $I = (f(X)) = (X)$ を得る．しかし，$I = (X,Y)$ でもあったから $Y \in I = (X)$ とならねばならないが，これは不合理である．　□

## ▶演習問題

**演習 2.4.1**　$A$ を整域とするとき，$a, b, c \in A,\ a \neq 0$ に対して $ab = ac$ ならば $b = c$ を示せ．

**演習 2.4.2**　$A$ を整域とするとき，多項式環 $A[X_1, \ldots, X_n]$ の単元は $A$ の単元であることを示せ．

**演習 2.4.3**　$A$ を環とする．次を証明せよ．

(1) $A$ が整域 $\Leftrightarrow$ 零イデアル $(0)$ が素イデアル．

(2) $A$ のイデアル $P$ に対して，$P$ が素イデアル $\Leftrightarrow$ $A/P$ が整域.
(3) $A$ のイデアル $\mathfrak{m}$ に対して，$\mathfrak{m}$ が極大イデアル $\Leftrightarrow$ $A/\mathfrak{m}$ が体になる.

**演習 2.4.4** $A = \mathbb{Q}[X, Y]$ を $\mathbb{Q}$ 上の 2 変数多項式環とする．このとき，単項イデアル $(X)$ は素イデアルであるが，極大イデアルではないことを示せ.

**演習 2.4.5** 単位元付き可換環 $A$ とその素イデアル $P_1, \ldots, P_n$ が与えられている．$A$ のイデアル $I$ が任意の $i = 1, \ldots, n$ に対して $I \not\subset P_i$ を満たすならば，$a \in I$ が存在して $a \notin P_i$ がすべての $i = 1, \ldots, n$ で成り立つことを示せ（この主張はしばしば**素イデアル回避** (prime avoidance) とよばれる）.

**演習 2.4.6** (1) 環の準同型写像 $f : A \to B$ および $B$ のイデアル $J$ に対して

$$f^{-1}(J) = \{a \in A \mid f(a) \in J\}$$

と定めると，これは $\mathrm{Ker}(f)$ を含む $A$ のイデアルになることを示せ（$f^{-1}(J)$ をイデアル $J$ の $f$ による**引き戻し** (pull-back) とよぶ）.

(2) 環の準同型写像 $f : A \to B$ および $B$ の素イデアル $P$ に対して，引き戻し $f^{-1}(P)$ は素イデアルになることを示せ.

(3) 環の準同型写像 $f : A \to B$ および $B$ の極大イデアル $\mathfrak{m}$ に対して，引き戻し $f^{-1}(\mathfrak{m})$ は必ずしも極大イデアルにならないことを示せ（ヒント: 環の単射な準同型写像 $\mathbb{Z} \to \mathbb{Q}$ を考えよ）．$f$ が全射ならばどうか.

## 2.5 商体・分数環・局所化

整数係数の方程式

$$ax + b = 0 \quad (a, b \in \mathbb{Z},\ a \neq 0)$$

は $x = -\frac{b}{a}$ と解かれるが，これが整数の範囲で解をもつためには，$b$ が $a$ で割り切れなければならない．整数の範囲で解を探す代わりに分数，すなわち，有理数を許せば上の方程式は常に解くことができる．このように代数学においては「いつでも割り算ができること」が重要になる場面が少なくない．整数から有理数を作る過程，また，多項式から分数式（= 有理式）を作る過程は，一般の整域に対しても適用することができる.

**定義 2.5.1** $A$ が整域であるとき，集合 $\tilde{Q}(A) = \{(a, s) \in A \times A \mid s \neq 0\}$ に関係 $\sim$ を

$$(a_1, s_1) \sim (a_2, s_2) \Leftrightarrow a_1 s_2 - a_2 s_1 = 0$$

で定義すると，これは同値関係になる．この同値関係による商集合を $Q(A)$ で表し，$(a,s)$ が $Q(A)$ に定める類を $\frac{a}{s}$ で表す．$Q(A)$ に和と積をそれぞれ

$$\frac{a_1}{s_1}+\frac{a_2}{s_2}=\frac{a_1s_2+a_2s_1}{s_1s_2},\quad \frac{a_1}{s_1}\cdot\frac{a_2}{s_2}=\frac{a_1a_2}{s_1s_2}$$

で定義することができる．この演算によって $Q(A)$ は $\frac{0}{1}$ を零元，$\frac{1}{1}$ を単位元とする体になる．これを整域 $A$ の**商体** (quotient field) とよぶ．実際，$\frac{a}{s}\neq\frac{0}{1}$ は $a\neq 0$ と同値であり，このときの $\frac{a}{s}$ の逆元は $\frac{s}{a}$ である．

ここで，上の $\sim$ が同値関係になることを見ておこう．反射律 $(a,s)\sim(a,s)$ および対称律 $(a_1,s_1)\sim(a_2,s_2)\Rightarrow(a_2,s_2)\sim(a_1,s_1)$ は明白であるので，推移律 $(a_1,s_1)\sim(a_2,s_2), (a_2,s_2)\sim(a_3,s_3)\Rightarrow(a_1,s_1)\sim(a_3,s_3)$ を示そう．$(a_1,s_1)\sim(a_2,s_2), (a_2,s_2)\sim(a_3,s_3)$ はそれぞれ

$$a_1s_2-a_2s_1=0,\quad a_2s_3-a_3s_2=0$$

を意味する．したがって

$$s_2(a_1s_3-a_3s_1)=a_1s_2s_3-a_3s_1s_2=a_1s_2s_3-a_2s_1s_3=s_3(a_1s_2-a_2s_1)=0$$

を得る．$A$ は整域であり，$s_2\neq 0$ であるから $a_1s_3-a_3s_1=0$，すなわち $(a_1,s_1)\sim(a_3,s_3)$ が得られた．

$Q(A)$ の演算が $\frac{a}{s}$ の代表元 $(a,s)$ のとり方によらず定まっていることも確かめるべきである．ここでは，和について確かめる．すなわち，$\frac{a_1}{s_1}=\frac{b_1}{t_1}\Leftrightarrow a_1t_1-b_1s_1=0$ であるとき，

$$\frac{a_1}{s_1}+\frac{a_2}{s_2}=\frac{b_1}{t_1}+\frac{a_2}{s_2}$$

を確かめよう．左辺は $\frac{a_1s_2+a_2s_1}{s_1s_2}$ であり右辺は $\frac{b_1s_2+a_2t_1}{t_1s_2}$ であるから，

$$\begin{aligned}(a_1s_2+a_2s_1)s_2t_1-(b_1s_2+a_2t_1)s_1s_2&=a_1s_2^2t_1+a_2s_1s_2t_1-b_1s_1s_2^2-a_2s_1s_2t_1\\&=(a_1t_1-b_1s_1)s_2^2=0\end{aligned}$$

のように確かめられる．積の well-definedness はより易しいので読者に任せることにする．

**例 2.5.2**　$\mathbb{Z}$ の商体は $\mathbb{Q}$ である．

**例 2.5.3**　$k$ を体とするとき，多項式環 $k[X_1,\ldots,X_r]$ の商体を $k(X_1,\ldots,X_r)$ で

表し，$r$ 変数の $k$ 上の**有理関数体** (rational function field) とよぶ．有理関数体 $k(X_1, \ldots, X_r)$ の元は，$X_1, \ldots, X_r$ についての分数式にほかならない．

環の準同型写像 $A \to Q(A)$ を $a \mapsto \frac{a}{1}$ で定義すると

$$\frac{a}{1} = \frac{0}{1} \Leftrightarrow a = 0$$

よりこれは単射であり，$A$ は $Q(A)$ の部分環になる．

**例 2.5.4** 商体では，0 でない任意の元を分母にもつ分数を考えた．少し唐突であるが，この分母の範囲に制限をかけることを考えよう．たとえば，

$$B = \left\{ q \in \mathbb{Q} \,\middle|\, \text{ある奇数 } s \text{ と } a \in \mathbb{Z} \text{ によって } q = \frac{a}{s} \text{ と表される} \right\}$$

は和と積で閉じているので $\mathbb{Q}$ の部分環を作る．実際，部分環の列 $\mathbb{Q} \supset B \supset \mathbb{Z}$ がある．

商体での演算の分母の様子に注目すると，この例は，分母として許される数（元）全体の集合が積で閉じていれば，同じような部分環が作れることを示唆している．

**定義 2.5.5** 単位元付き可換環 $A$ の部分集合 $S$ が $1 \in S$, $0 \notin S$ であり，さらに $a, b \in S \Rightarrow ab \in S$ を満たすとき，$S$ を**積閉集合** (multiplicatively closed set) とよぶ．

**定義 2.5.6** 整域 $A$ の積閉集合 $S$ に対して

$$S^{-1}A = \left\{ q \in Q(A) \,\middle|\, s \in S,\, a \in A \text{ によって } q = \frac{a}{s} \text{ と表される} \right\}$$

は意味をもつ定義である．簡単のため，しばしば $S^{-1}A = \left\{ \frac{a}{s} \in Q(A) \,\middle|\, s \in S \right\}$ のように表したりもする．この $S^{-1}A$ を整域 $A$ の $S$ による**分数環** (ring of fractions) とよぶ．$S^{-1}A$ は $Q(A)$ の部分環であり，$A$ を部分環として含む．

積閉集合 $S$ をいろいろ取り替えることで，整域 $A$ とその商体 $Q(A)$ の「中間にある」整域をたくさん作ることができる．積閉集合 $S$ のとり方としてよく用いられるものの一つが，素イデアルの補集合である．

**定義 2.5.7** $P$ を単位元付き可換環 $A$ の素イデアルとすると，$P$ の補集合 $S = A \setminus P$ は積閉集合になる（演習 2.5.2）．$A$ が整域のとき，この積閉集合 $S$ についての分数環 $S^{-1}A$ を $A$ の $P$ による**局所化** (localization) とよび，$A_P$ などで表す．

**例 2.5.8** $A = \mathbb{Z}$ のイデアル $P = (2)$ は素イデアルである（奇数の積は奇数）．このPについての $S = A \setminus P$ による分数環 $S^{-1}A = A_P$ が，例 2.5.4 の $B$ にほかならない．

**命題 2.5.9** 整域 $A$ の素イデアル $P$ による局所化 $A_P$ において，

$$PA_P = \left\{ \frac{p}{s} \in Q(A) \,\middle|\, p \in P,\ s \notin P \right\}$$

は $A_P$ の唯一の極大イデアルである．

**[証明]** $\alpha \notin PA_P$ は $q, s \notin P$ を用いて $\alpha = \frac{q}{s}$ と表せるので $\alpha^{-1} = \frac{s}{q} \in A_P$ となる．したがって $\alpha \notin PA_P$ は $A_P$ の単元である．$A_P$ のイデアル $J$ が $PA_P$ に含まれないとすると，$\alpha \in J \setminus PA_P$ がとれるが，上の議論によりこれは単元であるから $1 = \alpha^{-1}\alpha \in J$ となるので，$J = A_P$．よって，$A_P$ の自明でないイデアルはすべて $PA_P$ に含まれていなければならない．これは $PA_P$ が唯一の極大イデアルであることを示している． □

単位元付き可換環 $A$ がただ一つだけ極大イデアル $\mathfrak{m}$ をもつとき，$A$（または，組 $(A, \mathfrak{m})$）を**局所環** (local ring) とよぶ．局所化 $A_P$ は $PA_P$ を唯一の極大イデアルとする局所環である．

整域 $A$ に対して商体 $Q(A)$ を作る操作は常に割り算を可能にするという意味ではよいものであるが，$Q(A)$ は体であるので零イデアル以外に自明でないイデアルをもたない．すなわち，$A$ のイデアルに関する情報を完全に捨象してしまうのである．局所化 $A_P$ は素イデアル $P$ に含まれない元での割り算を可能にしつつ，イデアル $P$ の情報を $A_P$ の極大イデアル $PA_P$ に伝達し保存する．このことによって，イデアル $P$ を保ちながら $A$ を体に近づけることで議論を簡単化して，情報を詳しく取り出すことができるのである．可換環論では，局所化によって任意の整域（あるいは，一般の可換環）の研究を局所環の研究に帰着させるということが頻繁に行われる．そういう理由で，この局所化の概念は非常に重要なものなのである．

## ▶演習問題

**演習 2.5.1** $\mathbb{C}$ の部分環

$$\mathbb{Z}[i] = \{a + bi \mid a, b \in \mathbb{Z}\} \quad (i \text{ は虚数単位})$$

を**ガウスの整数環** (ring of gaussian integers) とよぶ．この $\mathbb{Z}[i]$ は整域であることを示し，その商体を求めよ．

**演習 2.5.2** 単位元付き可換環 $A$ の素イデアル $P$ に対し，$P$ の補集合 $S = A \setminus P$ は積閉集合になることを示せ．

**演習 2.5.3** $A$ を整域とし，$f \in A$ を 0 でない元とする．このとき，積閉集合 $S = \{1, f, f^2, \dots, f^n, \dots\}$ による分数環 $S^{-1}A$ は，$A[X]$ の単項イデアル $(fX - 1)$ による剰余環 $A[X]/(fX - 1)$ に同型であることを示せ．

**演習 2.5.4** (1) $A$ を整域とは限らない単位元付き可換環とし，$S$ をその積閉集合とする．このとき，$(a_1, s_1), (a_2, s_2) \in A \times S$ に

$$(a_1, s_1) \sim (a_2, s_2) \Leftrightarrow t \in S \text{ が存在して } t(a_1 s_2 - a_2 s_1) = 0$$

で $\sim$ を定めると，これは同値関係になることを示せ（このとき，この同値関係の商集合に定義 2.5.1 と同じ式で和と積が定義されて環になる．これも $S$ による $A$ の分数環とよび，$S^{-1}A$ で表す）．

(2) $A$ が整域でないときは，自然な環準同型写像 $i_S : A \to S^{-1}A$ を $a \mapsto \frac{a}{1}$ で定めても，これは単射になるとは限らない．$i_S$ の核を求めよ．

**演習 2.5.5** $A$ を単位元付き可換環とし，$\mathfrak{m}$ をその極大イデアルとする．このとき，正整数 $n$ に対して剰余環 $A/\mathfrak{m}^n$ は局所環になることを示せ．ただし，$\mathfrak{m}^n$ はイデアルの積（演習 2.3.6）$\mathfrak{m}^n = \underbrace{\mathfrak{m} \cdots \mathfrak{m}}_{n \text{ 回}}$ である．

## 2.6 単項イデアル整域

環 $A$ のイデアルがどれほど複雑な構造をもちうるかということは，環 $A$ の複雑さを測る尺度の一つになりうる．このような観点から次のような定義を与えることは自然である．

**定義 2.6.1** 整域 $A$ のイデアルが常に単項イデアルになるとき，$A$ を**単項イデアル整域** (principal ideal domain) とよぶ．PID と略す場合も多い．

**命題 2.6.2** 整数環 $\mathbb{Z}$ は単項イデアル整域である．

**[証明]** $\mathbb{Z}$ の任意のイデアル $I$ が単項イデアルになることを示せばよい．$I$ が零イデアルの場合は明らかに単項イデアルになるので，$I$ は零イデアルではない場合を考える．そこで，$x \in I$ となる正の整数 $x$ のうち最小のものを $b$ とする．もちろん $b \in I$ であるから $(b) \subset I$ である．いま，$I \subset (b)$ を示したい（そうすれば $I = (b)$ で $I$ は単項イデアルとなる）．$a \in I$ で $a \notin (b)$ となるものがあったとしよう．このとき，$a > 0$ と仮定してもよく，$b$ の最小性から $a > b$ である．そこで $a$ を $b$ で割

り，その余りを $r$ とする:

$$a = bq + r.$$

このとき，$0 \leq r < b$ である．$a \notin (b)$ と仮定したから $r > 0$ である．しかし，$a, b \in I$ であったから $r = a - bq \in I$ となる．これは $b$ が $I$ に属する正の整数のうち最小のものであったことに矛盾する．よって，$a \in I$ かつ $a \notin (b)$ となる整数は存在しない．これで $I \subset (b)$ もわかった． □

上の証明で重要であったのは「余りの出る割り算」がいつでも行えることであった．これは次のように公理化できる．

**定義 2.6.3**　整域 $A$ に対して，写像 $\delta : A \setminus \{0\} \to \mathbb{Z}_{\geq 0} = \{0, 1, 2, \ldots\}$ が与えられていて，$a, b \in A$, $b \neq 0$ に対して

$$a = bq + r, \quad r = 0 \text{ または } \delta(r) < \delta(b)$$

となる $q, r \in A$ が存在するならば，$A$ は**ユークリッド整域** (euclidian domain) であるという．

**例 2.6.4**　$A = \mathbb{Z}$ は，$\delta(a) = |a|$ $(a \neq 0)$ とすればユークリッド整域になる．

**例 2.6.5**　$k$ を体とし，$A = k[X]$ を $k$ 上の1変数多項式環とする．このとき，$f \in A$, $f \neq 0$ に対して $\delta(f) = \deg f$ と定めると，$A$ はユークリッド整域になる．

命題 2.6.2 とまったく同じ証明で次が成り立つ．

**命題 2.6.6**　ユークリッド整域は PID である．

**[証明]**　$A$ をユークリッド整域，$\delta$ を定義 2.6.3 のとおりとする．零イデアルでないイデアル $I$ に対して $b \in I$, $b \neq 0$ で $\delta(b)$ を最小にするようなものが存在するが，命題 2.6.2 の証明と同様にすれば $I = (b)$ がわかる． □

整数の初等的な議論において素数，とくに素因数分解は重要な役割を果たす．素数とは，整数 $p > 1$ であって $1$ と $p$ 自身以外に約数をもたないもののことであった．この定義もまた，一般の整域の元に対して一般化できる．

**定義 2.6.7**　整域 $A$ の0でも単元でもない元 $a$ は，$a = bc$ のように $b, c \in A$ の積に分解したならばいつでも $b$ または $c$ が単元になるとき，**既約元** (irreducible element) であるという．

既約元の概念は一般の整域で定義できるが，その整域が PID であるとき，特別によい性質をもつ．

**定理 2.6.8** $A$ が PID であるとき，$A$ の既約元 $p$ に対して単項イデアル $(p)$ は極大イデアルである．

**[証明]** 単項イデアル $(p)$ を含むイデアル $I$ は $(p)$ 自身か $A$ 全体しかないことを示せばよい．いま，$A$ は PID であったから，ある元 $a \in A$ を用いて $I = (a)$ と書かれる．$p \in (p) \subset I = (a)$ より $p \in (a)$ であるから，ある $b$ が存在して $p = ab$ と表される．いま，$p$ は既約元であったので，$a$ か $b$ のどちらかは単元である．$a$ が単元であれば $1 = a^{-1}a \in (a) = I$ となるので，$I = A$ が得られ，$b$ が単元であれば $a = b^{-1}p$ となるから $a \in (p)$，したがって $(a) \subset (p)$ となるので $I = (a) = (p)$ が得られた． □

ここで，$A$ が PID でない場合，$p \in A$ が既約元であったからといって $(p)$ は一般には極大イデアルにはならないことに注意しよう．たとえば，$A = \mathbb{Q}[X, Y]$ は整域であり，$Y \in A$ は既約であるが，$(Y)$ はそれより真に大きいイデアル $(X, Y)$ に含まれるので極大イデアルではない．上の定理は PID に非常に特徴的な現象を述べたものであり，PID の性質の多くはこの定理から導かれる．

素数の性質にはもう一つの側面がある．すなわち，$p$ が素数であり，$a, b$ が整数であるとき，$ab$ が $p$ で割り切れるならば $a$ または $b$ が $p$ で割り切れる．これを，イデアルの言葉に直せば

$$ab \in (p) \Rightarrow a \in (p) \text{ または } b \in (p),$$

すなわち単項イデアル $(p)$ が素イデアルになることと言い換えられる．これを一般化して次の定義を得る．

**定義 2.6.9** 整域 $A$ の元 $p \neq 0$ に対して $(p)$ が素イデアルになるとき，$p$ は**素元** (prime element) であるという．

整域 $A$ の元 $p \in A$ が既約元であることと素元であることの関係について調べよう．

**命題 2.6.10** 整域 $A$ の素元 $p \neq 0$ は既約元である．

**[証明]** $p = ab$ のように $a, b \in A$ の積に分解したとしよう．すると，$ab = p \in (p)$ であり，$p$ が素元であることから $a \in (p)$ または $b \in (p)$．そこで，$a \in (p)$ として

一般性を失わない．このとき $a = pt$ $(t \in A)$ と表されるので

$$p = ab = ptb$$

を得るが，A は整域であったので $1 = tb$ が従う（演習 2.4.1）．これは $b$ が単元であることを意味する．したがって，$p$ は既約元である． □

既約元，素元，素イデアル，極大イデアルの関係について，いま一度整理することにしよう．いま，一般の整域 $A$ とその元 $p \neq 0$ に対して

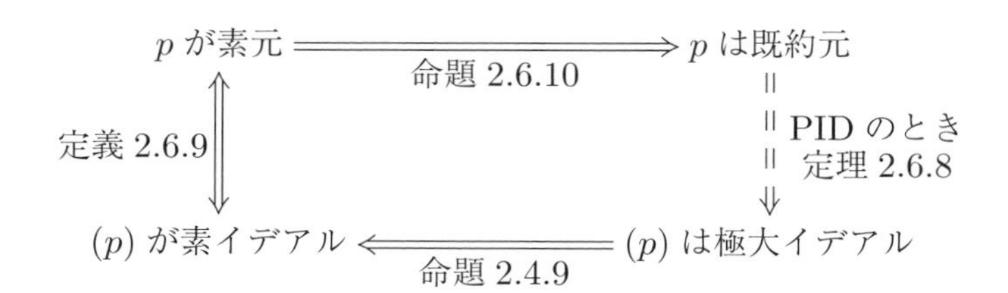


の実線で書いた部分が成り立っている．$A$ が PID であれば，定理 2.6.8 によって破線部分も成り立つので，上の表に現れた $p$ に対する四つの条件はすべて同値になるのである．よって，系として以下を得る．

**系 2.6.11** 単項イデアル整域の既約元は素元．

**系 2.6.12** 単項イデアル整域 $A$ の零イデアルでない素イデアル $P$ は，極大イデアル（$A$ が PID であるから常に $P = (p)$ の形であることに注意）．

## ▶演習問題

**演習 2.6.1** $a, b \in \mathbb{Z}$ に対してイデアル $(a, b)$ を考えると，これは単項イデアルとなるので，$c \in \mathbb{Z}$ を使って $(a, b) = (c)$ と書ける．このとき，次は同値であることを示せ．

(1) $(a, b) = (1) = \mathbb{Z}$
(2) $s, t \in \mathbb{Z}$ が存在して $sa + tb = 1$ が成り立つ．
(3) $a$ と $b$ は互いに素，すなわち，整数 $x$ が $a$ も $b$ も割り切るなら $x = \pm 1$.

**演習 2.6.2** $\mathbb{Q}[X]$ の多項式

$$f(X) = X^5 - 6X^4 + 12X^3 - 11X^2 + 8X - 4$$

$$g(X) = X^4 + 2X^3 - 11X^2 + 4X + 4$$

に対して，

(1) $I = (f(X), g(X)) = (h(X))$ となる $h(X) \in \mathbb{Q}[X]$ を一つ求めよ.
(2) 方程式 $f(X) = g(X) = 0$ を解け.

## 2.7 素元分解

整数の初等的な議論においては，整数の**素因数分解** (factorization into primes) は重要な役割を果たす．素数の概念は，整域における既約元，素元という 2 通りの一般化をもっていることはすでに見た．一般の整域では素因数分解の類似が常に成り立つとは限らない（演習 2.7.2 参照）．素因数分解の概念が，どのようなときにどの程度一般の整域に対して考えることができるのかを見ていこう．

**定義 2.7.1** 整域 $A$ の 0 でない任意の元が有限個の素元の積に分解できるとき，$A$ は**一意分解整域** (unique factorization domain) であるという．

一意分解整域のことを日本語では**素元分解整域**とよぶことも多いが，ここでは一意分解整域で統一しておく．簡単のために一意分解整域のことを UFD とよぶことも多い．一意分解整域の「一意」の意味を説明するのが次の命題である．

**命題 2.7.2** 整域 $A$ の元 $a$ が有限個の素元 $p_1, \dots, p_r$ の積に $a = p_1 \cdots p_r$ と分解できるならば，この分解は単元倍の違いを除いて一意的である．すなわち，$a = q_1 \cdots q_s$ を別な素元 $q_1, \dots, q_s$ の積への分解とすると $r = s$ であり，単元 $c_i$ $(i = 1, \dots, r)$ があって（番号を付け替えれば）$q_i = c_i p_i$ となる．

**[証明]** $r \geq s$ と仮定して一般性を失わない．$r$ についての帰納法で証明する．$r = 1$ のとき，$s = 0$ ならば $a = p_1 = 1$ となって，$p_1$ が素元であることに反する（自明イデアル，すなわち環 $A$ 全体は素イデアルには含めない: 定義 2.4.6）ので，$s = 1$ で $p_1 = q_1$ を得る．

次に，$(r-1)$ 個以下の素元の積として書かれる $A$ の元に対しては命題の一意性が成り立つと仮定しよう．定義により $P = (p_1)$ は素イデアルであるが，

$$p_1 \cdots p_r = q_1 \cdots q_s \in P = (p_1)$$

であるので，$q_1 \in P$ または $q_2 \cdots q_s \in P$．このように $P$ が素イデアルであることを繰り返し用いれば，$q_1, \dots, q_s$ の少なくとも一つが $P = (p_1)$ に属することになる．番号を付け替えれば $q_1 \in P = (p_1)$ としてよい．よって，ある $c_1$ が存在して $q_1 = c_1 p_1$ と表せる．いま，$q_1$ も素元であったので，命題 2.6.10 によって $q_1$ は既約

元である．したがって，$c_1$ か $p_1$ のいずれかは単元になる．しかし，$p_1$ は素元であったので単元ではなく，よって $c_1$ が単元である．$p_1 \cdots p_r = q_1 \cdots q_s = c_1 p_1 q_2 \cdots q_s$ となるので，$A$ が整域であることを使って

$$p_2 \cdots p_r = c_1 q_2 \cdots q_s$$

を得る．いま，$c_1$ が単元であることから $(q_2) = (c_1 q_2)$ より $c_1 q_2$ も素元であるので，$q_2$ を $c_1 q_2$ で置き換えてよい．この左辺は $(r-1)$ 個の素元の積であるから，帰納法の仮定から $r-1 = s-1$ であり $q_i = c_i p_i$ $(i = 2, \ldots, r)$ が成り立つので命題が証明できた． □

UFD の定義は非常に簡潔であるが，定義 2.7.1 の条件だけから，素元分解（有限個の素元の積への分解）は素因数分解の一般化として満たすべきすべてのよい性質を満たしていることが導ける．

**命題 2.7.3** UFD では既約元は素元である．

**[証明]** $A$ を UFD とし，$p \in A$ を既約元としよう．このとき，$p$ の素元分解

$$p = q_1 \cdots q_r$$

を考える．とくに $p = q_1(q_2 \cdots q_r)$ であるから，$q_1$ か $q_2 \cdots q_r$ は単元でなければならない．しかし，素元は単元ではありえないので，$q_1$ は単元でない．一方，$q_2 \cdots q_r$ が単元だとすると，すべての $q_2, \ldots, q_r$ が単元になってしまう．したがって，上の等式が成り立つのは $r = 1$ のときのみ．すなわち $p = q_1$ でなければならないので，$p$ は素元である． □

PID の場合もそうであったが，このように，UFD においても素元の概念と既約元の概念は一致する．我々の最も手近にある整域はしばしば UFD であるので，既約元の概念と素元の概念は混同されやすい．しかし，一般の整域ではこれらはまったく別の概念であることに注意する必要がある（演習 2.7.2 参照）．

整数の素因数分解の存在は，本書の読者なら昔からよく知っているだろう．すなわち，$\mathbb{Z}$ は我々がよく知っている UFD の最初の例である．だが，素因数分解の存在や一意性を証明せよとなると話は別で，何もないところからこれを初等的に証明するにはそれなりの議論を必要とする．しかし，これまで本書で見てきたことを用いれば，たやすいことなのである．

**例 2.7.4** まず，$\mathbb{Z}$ は PID であるから，その既約元は素元である（系 2.6.11）．し

たがって，$\mathbb{Z}$ が UFD であることを示すには，任意の元が有限個の既約元（すなわち素数）の積として表されることをいえばよい．これを $a \in \mathbb{Z}$ について $|a|$ の帰納法で証明しよう．$|a| = 0$ は $a = 0$ と同値であり，何も示すことはない．$|a| = 1$ ならば $a = \pm 1$ で $a$ は単元，$|a| = 2$ ならば $a = \pm 2$ で $a$ は素元である．そこで，$|a| < n$ を満たす整数 $a$ は既約元の積で書けるとしよう．$|a| = n$ を満たす $a \in \mathbb{Z}$ が既約元であれば何も示すことはない．$a$ が既約でないとすると $a = pq$ なる分解で，$p$ も $q$ も単元でないものが存在する．すると，$1 < |p|, |q| < n$ なので，帰納法の仮定により $p$ も $q$ も有限個の既約元の積として表される．よって $a$ も有限個の既約元の積である．

同じ議論は体 $k$ 上の 1 変数の多項式環 $k[X]$ に対しても通用する．この場合は絶対値の代わりに多項式の次数を用いればよい．一般の PID ではこのような議論を用いることはできないが，それでもなお次の定理が証明できる．

**定理 2.7.5** PID は UFD である．

上の例 2.7.4 の議論で，帰納法を用いている部分をどのようにして一般の PID に対して適用できる形に修正するかが問題である．

**[証明]** 背理法を用いる．$A$ を PID として，その任意の元が有限個の既約元の積で表されることを示せばよい（系 2.6.11 より，PID の既約元は素元であるので）．そこで，$a \in A$ が有限個の既約元の積で表せないと仮定しよう．すると，$a$ 自身は既約にはなりえないので，$a = a_1 b_1$ とともに単元ではない $a_1, b_1 \in A$ の積に分解できる．このとき，$a_1$ か $b_1$ のいずれかは有限個の既約元の積で表せない．もし $a_1$ も $b_1$ も有限個の既約元の積ならば，$a = a_1 b_1$ も有限個の既約元の積となってしまうからである．そこで，$a_1$ が有限個の既約元の積で表せないとしよう．このとき，$(a) \subset (a_1)$ であるが，より強く $(a) \subsetneq (a_1)$ が成り立つ．もしも $(a) = (a_1)$ ならば $a_1 = ca$ $(c \in A)$ であるから $a = a_1 b_1 = cab_1$ を得るが，$A$ は整域なので $cb_1 = 1$，すなわち $b_1$ が単元になって矛盾するからである．同様の議論を $a_1$ に対して繰り返すと，ともに単元ではない $a_2, b_2 \in A$ が存在して $a_1 = a_2 b_2$ と分解し，$a_2$ は有限個の既約元の積にはならない．このときも $(a_1) \subsetneq (a_2)$ である．これをさらに繰り返していくと，単項イデアルの真の無限増大列

$$(a) \subsetneq (a_1) \subsetneq (a_2) \subsetneq \cdots \subsetneq (a_n) \subsetneq \cdots$$

が得られる．そこで（$a_0 = a$ とおいて）

$$I = \bigcup_{n=0}^{\infty} (a_n)$$

なる集合を考えると，すべての $(a_n)$ がイデアルであり，$x, y \in I$ に対してある $n$ が存在して $x, y \in (a_n)$ となることから $I$ もイデアルになることがわかるが，$A$ は PID であったので $I = (b)$ $(b \in A)$ の形に書ける．とくに $b \in I = \bigcup_{n=0}^{\infty} (a_n)$ であるから，ある自然数 $N$ に対して $b \in (a_N)$ であり，$(b) \subset (a_N)$．ところが，$I$ の定義によって $(a_N) \subset I = (b)$ であるから $(a_N) = (b)$ が得られる．しかし，ここから $(b) = (a_N) \subsetneq (a_{N+1}) \subset I = (b)$ が導かれてしまうので矛盾である．以上より，単項イデアル整域 $A$ は有限個の既約元の積で表せないような元をもちえないことがわかったので，定理の証明が完了した． □

この定理の証明のように，イデアルの真の無限増大列が存在しないことを用いた証明を**ネーター的帰納法** (noetherian induction) とよぶ．帰納的な構成が有限回で停止することを，$I = (b)$ となる元 $b$ の存在によって保証しているのである．ネーター的帰納法は PID を含むより広い環のクラスである**ネーター環** (noetherian ring) でうまくはたらくのであるが，この点は 2.10 節であらためて触れることにする．

PID ではない UFD の重要な例は，多変数の多項式環である．より具体的には，次の定理が証明できる．

**定理 2.7.6** $A$ が UFD であれば，$A$ 係数の多項式環 $A[X]$ も UFD である．

注意 2.1.10 で説明した，多項式環の変数の数についての帰納法によって次の系がただちに従う．

**系 2.7.7** $A$ が UFD であれば，その上の多項式環 $A[X_1, \ldots, X_r]$ は UFD である．とくに，体 $k$ 上の多項式環 $k[X_1, \ldots, X_r]$ は UFD である．

**例 2.7.8** 例 2.3.6（あるいは命題 2.4.15）より，有理数係数の 2 変数多項式環 $\mathbb{Q}[X, Y]$ は PID ではないが，定理 2.7.6 あるいはその系 2.7.7 によって UFD である．同様の議論によって，任意の体 $k$ 上の多項式環 $k[X_1, \ldots, X_r]$ $(r \geq 2)$ は PID ではないが UFD である．

定理 2.7.6 の証明には若干手間がかかるものの，議論自体は初等的であり，商体を使った議論の好例でもある．以下, $A$ を UFD としよう．初めて読むときにわかりづらいと感じたならば，$A = \mathbb{Z}$ の場合で理解を試みても証明のエッセンスは汲み取れる．$A = \mathbb{Z}$ であれば，その単元は $\pm 1$ のみであるから，以下しばしば現れる「単元倍の違いを除いて」というのは $\pm 1$ 倍の違いを無視するということである．もしも $A = k[X]$ のように体 $k$ 上の多項式環である場合には，「単元倍の違いを除いて」は「0 でない定数倍の違いを除いて」というのと同じである（演習 2.4.2）．

一意分解整域 $A$ の元 $a_0, \ldots, a_n$ が与えられたとき，各々の $a_i$ の素元の積への分解を考えることによって，これらの**最大公約元** (greatest common divisor, g.c.d.) が単元倍の違いを除いて定義できる．すなわち，有限個の素元 $p_1, \ldots, p_r \in A$ があって，任意の $i$ に対して

$$a_i = c_i \cdot p_1^{m_{i,1}} p_2^{m_{i,2}} \cdots p_r^{m_{i,r}}$$

と表されたとしよう．ここで，$c_i \in A$ は単元であり，$m_{i,1}, \ldots, m_{i,r}$ は非負整数である．$m_{i,j} = 0$ のときには通常どおり $p_j^0 = 1$ と解釈する．このとき $\ell_j$ $(j = 1, \ldots, r)$ を $m_{0,j}, m_{1,j}, \ldots, m_{n,j}$ の最小値として，$a_0, \ldots, a_n$ の最大公約数を

$$\gcd(a_0, \ldots, a_n) = p_1^{\ell_1} \cdots p_r^{\ell_r}$$

と定めるのである．$\ell_1 = \cdots = \ell_r = 0$ となるとき，$a_0, \ldots, a_n$ は**互いに素** (co-prime) であるという．このことを $\gcd(a_0, \ldots, a_n) = 1$ と表したりもする．同様に $a_0, \ldots, a_n$ の**最小公倍元** (least common multiple, l.c.m.) も，$m_{0,j}, m_{1,j}, \ldots, m_{n,j}$ の最大値を $M_j$ とするとき，

$$\mathrm{lcm}(a_0, \ldots, a_n) = p_1^{M_1} \cdots p_r^{M_r}$$

で定める．

$A$ が UFD であるとき $A[X]$ が UFD になることをいうには，$A[X]$ の任意の元が $A[X]$ の素元の積として表されることを示せばよい．そのためには，まずは $A[X]$ のどの元が素元になるのかがわからないといけない．定理の証明の鍵となるのは次の概念である．

**定義 2.7.9** $A$ を UFD とする．$A$ 係数の多項式 $f(X) \in A[X]$ は

$$f(X) = a_n X^n + a_{n-1} X^{n-1} + \cdots + a_1 X + a_0$$

と $a_0, \ldots, a_n \in A$ を用いて表される．$a_0, \ldots, a_n$ の最大公約元が単元のとき，この $f(X)$ は**原始多項式**であるという

いま，任意の多項式 $f(X) \in A[X]$ をとって，定義 2.7.9 の形に書いたとしよう．このとき，$a_0, \ldots, a_n$ の最大公約元 $C$ をくくり出して $f(X) = C \cdot f_P(X)$ と分解

したならば，$f_P(X)$ は原始多項式になる．

さらに $K = Q(A)$ を $A$ の商体として（$A = \mathbb{Z}$ ならば $K = \mathbb{Q}$），$f(X) \in K[X]$ を

$$f(X) = a_n X^n + a_{n-1} X^{n-1} + \cdots + a_1 X + a_0 \quad (a_0, \ldots, a_n \in K)$$

と表したならば，

$$a_i = \frac{c_i}{b_i} \quad (b_i,\, c_i \in A\,,\ \gcd(b_i, c_i) = 1)$$

と既約分数に書かれる．$b_0, \ldots, b_n$ の最小公倍元 $b$ を $f(X)$ に掛けると $b \cdot f(X) \in A[X]$ となるから，$C \in A$ と原始多項式 $f_P(X) \in A[X]$ が存在して

$$b \cdot f(X) = C \cdot f_P(X) \quad \text{すなわち} \quad f(x) = \frac{C}{b} \cdot f_P(X)$$

と書かれる．ここに現れた $\frac{C}{b} \in K$ は，$a_0, \ldots, a_n$ のみから単元倍の違いを除いてただ一通りに定まる（演習 2.7.1 も参照）．この元 $\frac{C}{b} \in K$ を $f(X) \in K[X]$ の**内容** (contents) とよび，ここでは $I(f)$ と表すことにしよう．

まとめると，$f(X) \in K[X]$ は，$I(f) \in K$ と原始多項式 $f_P(X) \in A[X]$ の積

$$f(X) = I(f) \cdot f_P(X)$$

で表される．このとき，$f(X)$ から決まる内容 $I(f)$ および原始多項式 $f_P(X)$ は $A$ の単元倍の違いを除いて一意的であり，$f(X)$ が原始多項式であることは $I(f)$ が $A$ の単元になることと同値である．定理 2.7.6 の証明の議論の核心は次の補題である．

**補題 2.7.10（ガウスの補題）** $f(X), g(X) \in A[X]$ がともに原始多項式であれば，その積 $f(X)g(X)$ も原始多項式である．よって，任意の $f(X), g(X) \in K[X]$ に対して（$A$ の単元倍の違いを除いて）$I(fg) = I(f) \cdot I(g)$ が成り立つ．

**［証明］** $p$ を $A$ の素元とするとき，$f, g$ が原始多項式であることより，これらは $p$ で割り切れない係数をもっている．そこで，

$$f(X) = \sum_{k=0}^{\deg f} a_k X^k, \quad g(X) = \sum_{k=0}^{\deg g} b_k X^k$$

とおいて，$p$ で割り切れない $a_k$, $b_k$ で $k$ が最小になるものを $a_\ell$, $b_m$ とする．$fg$ の $(\ell + m)$ 次の項の係数は

$$C = a_\ell b_m + (a_{\ell-1} b_{m+1} + a_{\ell-2} b_{m+2} + \cdots) + (a_{\ell+1} b_{m-1} + a_{\ell+2} b_{m-2} + \cdots)$$

となるが，二つの括弧で囲まれた項は $\ell, m$ の定め方から $p$ で割り切れる．しかし $a_\ell b_m$ は $p$ で割り切れることはないので，結局 $C$ は $p$ では割り切れない．したがって，$f(X)g(X)$ のすべての係数を一斉に割り切る素元が存在しないことから，$f(X)g(X)$ も原始多項式であることがわかった．

補題の後半を示そう．$f(X), g(X) \in K[X]$ に対して原始多項式 $f_p(X), g_p(X) \in A[X]$ が存在して $f(X) = I(f)f_p(X)$, $g(X) = I(g)g_p(X)$ と書かれるので

$$f(X)g(X) = I(f)I(g)f_p(X)g_p(X)$$

が成り立つが，すでに示したことによって積 $f_p(X)g_p(X)$ も原始多項式になるので，$A$ の単元倍の違いを除いて $I(fg) = I(f)I(g)$ が成り立つ． □

**補題 2.7.11** 既約な原始多項式 $f(X) \in A[X]$ は $A[X]$ の素元である．

**[証明]** $g(X), h(X) \in A[X]$ に対して $g(X)h(X) \in (f(X))$ ならば，$g(X)$ または $h(X)$ がイデアル $(f(X))$ の元になることをいおう．$f(X)$ は原始多項式であるので $I(f) = 1$ としてよい．

まず，$f(X)$ は $K[X]$ の元と見たときも既約元である．なぜなら，もし $f(X) = \varphi(X)\psi(X)$ のように $f(X)$ より真に次数の小さい $\varphi(X), \psi(X) \in K[X]$ を用いて表せたならば原始多項式 $\varphi_P(X)$, $\psi_P(X) \in A[X]$ によって $f(X) = I(\varphi)\varphi_P(X)I(\psi)\psi_P(X)$ と表されるが，補題 2.7.10 により $I(\varphi) \cdot I(\psi) = I(\varphi\psi) = I(f) = 1$ であるので，$f(X) = \varphi_P(X)\psi_P(X)$ と $A[X]$ の中で分解されることになり，$f(X)$ が $A[X]$ の既約元との仮定に反するからである．

さて，$g(X), h(X) \in A[X]$ に対して，$g(X)h(X) \in (f(X))$ を仮定しよう．このとき，$f(X)$ は $K[X]$ の元として既約元であり $K[X]$ は PID なので素元である．よって，$f(X)$ は $g(X)$ か $h(X)$ かのいずれかを $K[X]$ の中で割り切る．いま，$g(X)$ が $K[X]$ の中で $f(X)$ で割り切れたとしよう．すると，ある $r(X) \in K[X]$ が存在して

$$g(X) = f(X)r(X)$$

となる．とくにその内容に関して $I(g) = I(f) \cdot I(r)$ が成り立つが（補題 2.7.10），$I(f) = 1$ だったから $I(g) = I(r)$．とくに $I(r) \in A$ となるので，$r(X) = I(r) \cdot r_P(X)$（ただし $r_P(X)$ は原始多項式）は $A[X]$ の元である．すなわち，$f(X)$ は $A[X]$ の中で $g(X)$ を割り切ることになる．よって，$f(X)$ は $A[X]$ の素元である． □

**補題 2.7.12**　$A$ の素元 $p$ は $A[X]$ の元と見ても素元である．

**[証明]**　$f(X) \in A[X]$ が $f(X) \in (p)$ となることは $I(f) \in (p)$ となることと同値である．したがって，$g(X)h(X) \in (p)$ は $I(gh) \in (p)$ と同値であるが，補題 2.7.10 によって $I(gh) = I(g)I(h)$ であり，また，$p$ が $A$ の素元であることから $I(g) \in (p)$ または $I(h) \in (p)$．したがって $g(X) \in (p)$ または $h(X) \in (p)$ である．□

**[定理 2.7.6 の証明]**　$f(X) \in A[X]$ が与えられると，まず $f(X) = I(f) \cdot f_P(X)$ のように $A$ の元と原始多項式の積に分解できる．$I(f)$ は $A$ の素元の積に分解でき，補題 2.7.12 によって，これは $A[X]$ の素元の積への分解でもある．$f_P(X)$ が既約なら，補題 2.7.11 によってそれ自身 $A[X]$ の素元である．$f_P(X)$ が既約でないとすると，$K[X]$ の元としても既約ではない．$K[X]$ が PID であることを用いて，これを $K[X]$ の既約元の積に分解する（定理 2.7.5):

$$f_P(X) = g_1(X) \cdots g_r(X).$$

このとき，$g_i(X) = I(g_i) \cdot g_{i,P}(X)$ のように $K$ の元と原始多項式の積に分解すれば

$$1 = I(f_P) = I(g_1 \cdots g_r) = I(g_1) \cdots I(g_r)$$

を得るので，

$$f_P(X) = g_{1,P}(X) \cdots g_{r,P}(X)$$

と分解できる．$g_{i,P}(X)$ は既約でありかつ原始多項式であるので $A[X]$ の素元である（補題 2.7.11）．以上より，$f(X)$ は常に $A[X]$ の素元の積に分解できることがわかったので，$A[X]$ は UFD である．□

**注意 2.7.13**　いま述べた定理 2.7.6 の証明では，上の二つの補題（補題 2.7.11，補題 2.7.12）で述べられた $A[X]$ の 2 種類の素元が，実際には $A[X]$ の素元のすべてであることも証明されていることに注意しよう．

演習 2.7.2 で見る $\mathbb{Z}[\sqrt{-5}]$ は，UFD にならない整域の典型例である．このような整域は，いわゆる代数的整数論の初歩的な段階に現れる代数体の整数環とよばれるものであるが，代数体の整数環で素元分解ができるとは限らないことは，整数論にとっての障害であった．この障害は，元をイデアルで置き換え，素元の積への分解を素イデアルの積への分解で置き換えることによって乗り越えることができる（**デデキント整域** (Dedekind domain) の理論）．これこそが環のイデアルの概念が生まれた歴史的背景なのである．

## ▶演習問題

**演習 2.7.1** 体 $K$ の $(n+1)$ 個の元 $a_0, \ldots, a_n \in K$ の比 $a_0 : \cdots : a_n$ とは，$K^{n+1} \setminus \{(0, \ldots, 0)\}$ の 2 元に対して，0 でない $t \in K$ が存在して，任意の $i$ に対して $a_i = t \cdot b_i$ となるとき，

$$(a_0, \ldots, a_n) \sim (b_0, \ldots, b_n)$$

とすることで定まる同値関係 $\sim$ の同値類のことである．

(1) $\sim$ が同値関係であることを確かめよ．

(2) $A$ が UFD であり，$K = Q(A)$ がその商体である場合を考えよう．任意の $K$ の元の比 $a_0 : \cdots : a_n$ に対して，それと等しい <u>$A$ の元</u>の比 $b_0 : \cdots : b_n$ であって $\gcd(b_0, \ldots, b_n) = 1$ が成り立つものが存在することを示せ．また，そのようなものが $(b_1, \ldots, b_n)$, $(b'_1, \ldots, b'_n)$ と二つあったならば，<u>$A$ の単元</u> $t$ が存在して $b'_i = t \cdot b_i$ が成り立つことを示せ．

**演習 2.7.2** $\mathbb{Z}[\sqrt{-5}] = \{a + b\sqrt{-5} \mid a, b \in \mathbb{Z}\}$ は UFD <u>ではない</u>ことを示せ（ヒント: 命題 2.7.3 によって，素元でない既約元が存在することをいえばよい．$6 = 2 \times 3 = (1 + \sqrt{-5})(1 - \sqrt{-5})$）．

**演習 2.7.3** $k$ を体とし，$A = k[X, Y]$, $B = k[Z]$ とする．環の準同型写像 $\varphi : A \to B$ を $\varphi(f(X, Y)) = f(Z^2, Z^3)$ で定め，$C = f(A)$ とすると，$C$ は $B$ の部分環である．$C$ は UFD <u>ではない</u>ことを示せ．

**演習 2.7.4** $A$ を UFD とし，$K = Q(A)$ をその商体とする．$K$ の元 $\alpha$ に対して多項式

$$f(X) = X^n + a_1 X^{n-1} + \cdots + a_{n-1} X + a_n \quad (a_1, \ldots, a_n \in A)$$

が存在して $f(\alpha) = 0$ が成り立つならば，$\alpha \in A$ であることを証明せよ（ヒント: $\alpha$ は既約分数としての表示をもつ．つまり，最大公約元が 1 の $p, q \in A$ によって $\alpha = \frac{p}{q}$ と表せる）．

**演習 2.7.5（アイゼンシュタインの既約性判定法）** $A$ を UFD とし，$f(X) = a_n X^n + a_{n-1} X^{n-1} + \cdots + a_1 X + a_0$ を原始多項式とする．もし，ある素元 $p \in A$ に対して，$a_0, \ldots, a_{n-1}$ は $p$ で割り切れるが $a_n$ は $p$ で割り切れず，また，$a_0$ は $p^2$ で割り切れないならば，$f(X)$ は $A[X]$ の既約元であることを示せ．

**演習 2.7.6** $\mathbb{Q}[X]$ の中で $f(X) = X^3 + 4X^2 - 8X + 6$ を考えるとき，イデアル $I = (f(X))$ は $\mathbb{Q}[X]$ の極大イデアルであることを示せ（ヒント: 演習 2.7.5 を用いる）．

## 2.8 加　群

前節までは環やそのイデアルの性質について考えてきたが，ここで少し話題を変えて，環上の**加群**の概念を導入し，それについて学んでいきたい．加群を考える必然性や利点はいろいろあるのだが，それについては後で説明することにして，まずは形式的な定義を与えることにしよう．本節では，環としては単位元をもつが可換とは限らないものを考え，$A$ は常に環とする．

**定義 2.8.1**　$A$ を環とする．アーベル群 $M$ に対して写像 $A \times M \to M$; $(a, m) \mapsto a \cdot m = am$（スカラー倍写像）が定まり，

$$\text{(i)}\ a(m_1 + m_2) = am_1 + am_2 \qquad \text{(ii)}\ (a_1 + a_2)m = a_1 m + a_2 m$$
$$\text{(iii)}\ (a_1 a_2)m = a_1(a_2 m) \qquad \text{(iv)}\ 1 \cdot m = m$$

を満たすとき（ただし，$a, a_1, a_2 \in A$, $m, m_1, m_2 \in M$ であり，1 は $A$ の単位元），$M$ は**左 $A$-加群** (left $A$-module) であるという．

**例 2.8.2**　$k$ が（可換な）体であれば，左 $k$-加群 $M$ とは $k$-ベクトル空間のことにほかならない．

少なくとも形式的には，加群の概念はベクトル空間の一般化としてとらえられるのであるから，数学的に「よくできた」対象であることには違いがなさそうに思われる．ベクトル空間との類似の観点から見れば，ベクトル空間のときに成り立つことが一般の加群に対してどの程度成り立つのか，あるいは成り立たないのか，それを見極めることが技術的に大切である．

**注意 2.8.3**　上で定義された左 $A$-加群の「左」とはどういう意味であろうか．実は，上の定義とほとんど同様にして「右 $A$-加群」も次のように定義される：環 $A$ に対して，アーベル群 $M$ が**右 $A$-加群** (right $A$-module) であるとは，写像 $M \times A \to M$; $(m, a) \mapsto m \cdot a = ma$ が定まり，

$$\text{(i}'\text{)}\ (m_1 + m_2)a = m_1 a + m_2 a \qquad \text{(ii}'\text{)}\ m(a_1 + a_2) = ma_1 + ma_2$$
$$\text{(iii}'\text{)}\ m(a_1 a_2) = (ma_1)a_2 \qquad \text{(iv}'\text{)}\ m \cdot 1 = m$$

を満たすことである（ただし，$a, a_1, a_2 \in A$, $m, m_1, m_2 \in M$，1 は $A$ の単位元）．

ただ定義を述べただけでは，左 $A$-加群と右 $A$-加群の区別がわかりにくいかもしれない．いま，$M$ が右 $A$-加群であるとして，$a \in A$, $m \in M$ に対して $ma$ を仮に $a \star m$ と書いてみよう．すると，右 $A$-加群の定義の (iii$'$) は

$$(a_1 a_2) \star m = a_2 \star (a_1 \star m)$$

と書き直せる．これを左 $A$-加群の定義の (iii) と見比べれば，積に関する結合法則の「順序」が逆になっていることがわかる．一方，(i′), (ii′), (iv′) の条件はこの“$\star$”を使って書き直すとそれぞれ (i), (ii), (iv) の形になるので，加群の左右の区別は環 $A$ の積の非可換性に関連した概念であることがわかる．したがって，$A$ が可換環であれば左 $A$-加群と右 $A$-加群は同じものになるので，これを単に $A$-加群とよぶことにする．

**例 2.8.4** $A = M(n, \mathbb{R})$ を実数成分の $n$ 次正方行列のなす非可換環とし，$M = \mathbb{R}^n$ を実数の $n$ 個組の集合とする．成分ごとの実数の和でもって $M$ はアーベル群になるが，自然な方法で $A$-加群になる．実際，$M$ の元を列ベクトル

$$v = \begin{pmatrix} a_1 \\ \vdots \\ a_n \end{pmatrix}$$

で表すとき，写像 $A \times M \to M$ を

$$(T, v) \mapsto Tv$$

で定めれば（ただし，$T \in A = M(n, \mathbb{R})$，$Tv$ は行列としての積），この写像は $M$ を左 $A$-加群にする（行列の演算の結合法則，分配法則など）．同様に，$M$ の元を行ベクトル

$$m = (a_1 \ \cdots \ a_n)$$

で表し，写像 $M \times A \to M$ を

$$(m, T) \mapsto mT$$

で定めれば（同じく $mT$ は行列の積），この写像は $M$ を右 $A$-加群にする．

**定義 2.8.5** 環 $A$ 自身は，$A$ の積演算で左 $A$-加群に（また，右 $A$-加群にも）なる．より一般に，集合

$$A^{\oplus n} = \{(a_1, \ldots, a_n) \mid a_i \in A \, (i = 1, \ldots, n)\}$$

における和を成分ごとの和

$$(a_1, \ldots, a_n) + (a'_1, \ldots, a'_n) = (a_1 + a'_1, \ldots, a_n + a'_n)$$

で定め，またスカラー倍写像 $A \times A^{\oplus n} \to A^{\oplus n}$ を

$$(b, (a_1, \ldots, a_n)) \mapsto (ba_1, \ldots, ba_n)$$

で定めれば，$A^{\oplus n}$ は左 $A$-加群になる（$b$ をすべての成分に一斉に右から掛ければ右 $A$-加群にもなる）．この $A^{\oplus n}$ を，**階数** (rank) が $n$ の**自由加群** (free module) とよぶ．

**定義 2.8.6**　左 $A$-加群 $M$ の部分アーベル群 $N$ に対して $a \in A, n \in N \Rightarrow an \in N$ が成り立つとき，$N$ を**部分加群** (submodule) とよぶ．$M$ を左 $A$-加群にする写像 $A \times M \to M$ を $A \times N$ に制限して得られる写像 $A \times N \to N$ でもって，$N$ も左 $A$-加群になる．

もちろん，右 $A$-加群に対してもその部分加群が定義される．以下，記述の煩雑を避けるため，特段の理由がない限り左 $A$-加群についてのみ考えるものとし，右 $A$-加群についての記述は行わないことにしよう．

**例 2.8.7**　単位元付き可換環 $A$ の部分集合 $I$ がイデアルであることは，$A$ 自身を $A$-加群と見たときに $I$ がその部分加群になることと同値である．

このように，イデアルは加群の特別な場合になっており，このことが，加群の理論を構築する一つの大きな動機である．より詳しい説明のために，もう一つ定義を与えておこう．

**定義 2.8.8**　二つの左 $A$-加群 $M, N$ の間のアーベル群としての準同型写像 $f : M \to N$ が

$$f(am) = af(m) \quad (a \in A,\, m \in M)$$

を満たすとき，$f$ を左 $A$-加群の**準同型写像** (homomorphism) とよぶ．$M, N$ の間に全単射な左 $A$-加群の準同型写像 $f : M \to N$ があるとき，$f$ は左 $A$-加群の**同型写像** (isomorphism) であるといい，$M, N$ は左 $A$-加群として**同型** (isomorphic) であるという．

**注意 2.8.9**　$f : M \to N$ を左 $A$-加群の準同型写像とするとき，その核 $\mathrm{Ker}(f)$ と像 $\mathrm{Im}(f)$

$$\mathrm{Ker}(f) = \{m \in M \mid f(m) = 0\}$$

$$\mathrm{Im}(f) = \{f(m) \in N \mid m \in M\}$$

はそれぞれ $M, N$ の部分加群になる（証明は演習 2.8.1）．

**例 2.8.10** 単位元付き可換環 $A$ のイデアル $I$ が有限生成であることは，$I$ がある $A$-加群の準同型写像

$$f : A^{\oplus r} \to A$$

の像になることである．実際，このような準同型写像 $f$ の像は $A$ の部分加群であるから，イデアルになる．さらに，第 $i$ 成分のみが 1 で残りは 0 であるような $A^{\oplus r}$ の元

$$e_i = (0, \ldots, \overset{\overset{i}{\vee}}{1}, \ldots, 0)$$

を考えれば，任意の $m \in I = \mathrm{Im}(f)$ の元はある $(a_1, \ldots, a_r) \in A^{\oplus r}$ を用いて

$$m = f(a_1, \ldots, a_r) = a_1 f(e_1) + \cdots + a_r f(e_r)$$

と書かれるので，$I$ は $f(e_1), \ldots, f(e_r)$ で生成される．逆に $I$ が有限生成であり，$m_1, \ldots, m_r \in A$ で生成される，すなわち $I = (m_1, \ldots, m_r)$ となるとき，写像 $f : A^{\oplus r} \to A$ を

$$f(a_1, \ldots, a_r) = a_1 m_1 + \cdots + a_r m_r$$

によって定義すれば，これは $A$-加群の準同型写像であって，$I = \mathrm{Im}(f)$ である．

この例は，イデアルの有限生成性の概念はまったく「線形代数的」であることを意味している．すなわち，単位元付き可換環 $A$ のイデアル $I$ が $m_1, \ldots, m_r$ で生成されるとは $I$ の任意の元が $m_1, \ldots, m_r$ の $A$-線形結合で表せることであり，線形性は $A$-加群の準同型写像で書き表されるのである．したがって，イデアルの生成という概念は，部分加群の生成の概念に自然に一般化される．

**定義 2.8.11** 左 $A$-加群 $M$ とその部分集合 $S$ に対して，有限和 $\sum a_i m_i$ $(a_i \in A,\ m_i \in S)$ の形で書かれる元のなす $M$ の部分集合は $M$ の部分加群になる．この部分加群を $\langle S \rangle$ で表し，$S$ で**生成される** (generated by) 部分加群とよぶ．$S$ が有限個の要素からなる，すなわち，$S = \{m_1, \ldots, m_r\}$ のように書かれるときは $\langle m_1, \ldots, m_r \rangle$ で表す．

**定義 2.8.12** 左 $A$-加群 $M$ に対して，有限個の元 $m_1, \ldots, m_r$ があって，これらで生成される部分加群 $\langle m_1, \ldots, m_r \rangle$ が $M$ 全体に一致するとき，$M$ は**有限生成** (finitely generated) な加群であるという．また，このとき，$\{m_1, \ldots, m_r\}$ を $M$ の**生成元** (generator) の集合とよぶ．

ここで，例 2.8.10 に戻ろう．この例は，（有限生成な）イデアルを線形代数的な手法で調べることの可能性を示唆していると同時に，一般の加群の構造はベクトル空間に比べるとずっと複雑になりうることをも示唆している．次の例を見てみよう．

**例 2.8.13**　$A = \mathbb{Q}[X, Y]$ とし，そのイデアル $I = (X, Y)$ を考える．例 2.8.10 によれば，これは $A$-加群の準同型写像

$$f : A^{\oplus 2} \to A; \quad (a_1, a_2) \mapsto a_1 X + a_2 Y \ \ (a_1, a_2 \in A = \mathbb{Q}[X, Y])$$

の像である．では，この準同型写像 $f$ の核は何であろうか．以下

$$\mathrm{Ker}(f) = \langle (Y, -X) \rangle$$

すなわち，$\mathrm{Ker}(f)$ が $(Y, -X) \in A^{\oplus 2}$ で生成される $A^{\oplus 2}$ の部分加群であることを証明しよう．まず，

$$f(b(Y, -X)) = f(bY, b(-X)) = bYX + b(-X)Y = 0 \quad (b \in A = \mathbb{Q}[X, Y])$$

となるので，$\langle (Y, -X) \rangle \subset \mathrm{Ker}(f)$ である．逆に $(a_1, a_2) \in \mathrm{Ker}(f)$ としよう．このとき

$$a_1 X = -a_2 Y$$

となるので，$a_1$ は $X$ のみの単項式を含まない，すなわち，$a_1$ のすべての項は $Y$ で割り切れなければならないので $a_1 = bY$ の形であり，したがって $bYX = -a_2 Y$ となる．$A = \mathbb{Q}[X, Y]$ は整域だから $a_2 = -bX$ を得る．よって，

$$(a_1, a_2) = b(Y, -X) \in \langle (Y, -X) \rangle$$

となって，$\mathrm{Ker}(f) \subset \langle (Y, -X) \rangle$ も得られた．

この例では，$I$ は $X, Y$ で生成されるが，生成元の集合 $\{X, Y\}$ は「線形独立」ではないことを意味している．言い換えれば，$I$ は自由加群とは同型にはならない．体 $k$ 上のベクトル空間の場合には（少なくとも有限生成であれば）常に基底が存在したので，任意のベクトル空間は $k$-加群として自由加群であったが，一般の環 $A$ 上の加群の中には，自由加群にならないものがたくさん存在しているのである．しかし，このようなものも自由加群の剰余加群としてとらえられる．

**命題 2.8.14**　左 $A$-加群 $M$ の部分加群 $N$ を単にアーベル群と見ることで剰余群 $M/N$ を考えることができるが，これも自然に左 $A$-加群の構造をもつ．これを**剰余加群** (quotient module) とよぶ．

**[証明]** 剰余群 $M/N$ の元は $m \in M$ によって $m+N$ の形に書かれる．そこで，写像 $A \times (M/N) \to M/N$ を

$$(a, m+N) \mapsto am+N$$

で定めると，これは well-defined になる．実際，$m+N = m'+N$ であれば $m-m' \in N$ であるから，$N$ が部分加群であることより任意の $a \in A$ に対して $a(m-m') = am - am' \in N$．したがって $am+N = am'+N$ である．上に定めた写像 $A \times (M/N) \to M/N$ が左 $A$-加群の定義に現れた (i)–(iv) を満たすことは，$M$ が左 $A$-加群であることからすぐにチェックできる． □

**系 2.8.15（加群の準同型定理）** $f: M \to N$ を左 $A$-加群の準同型写像とするとき，左 $A$-加群としての自然な同型 $M/\operatorname{Ker}(f) \cong \operatorname{Im}(f)$ がある．

**[証明]** 定理 1.9.12 によって，アーベル群としての自然な同型写像

$$\bar{f}: M/\operatorname{Ker}(f) \xrightarrow{\cong} \operatorname{Im}(f); \quad \bar{f}(m+\operatorname{Ker}(f)) = f(m)$$

があることはわかっている．この $\bar{f}$ が左 $A$-加群の準同型写像になることを見ればよいが，これは剰余加群の定義からすぐにわかる． □

**例 2.8.16** 例 2.8.13 によれば，イデアル $I = (X, Y) \subset A = \mathbb{Q}[X, Y]$ は，$A$-加群としては剰余加群 $A^{\oplus 2}/\langle (Y, -X) \rangle$ に同型である．

この例からも想像できることであるが，単位元付き可換環 $A$ のイデアルの構造が複雑になればなるほど $A$-加群の構造はより複雑になりうる．環 $A$ が体ではないような場合で，イデアルができるだけ簡単になるときの $A$-加群の構造を調べようとするのは自然なことであり，最初に考えられる場合の一つは $A$ が PID の場合である．この場合については次節で詳しく調べることとしよう．

最後に加群の直和について述べておこう．1.10 節で二つの群の直積について説明したが，同様の構成が加群に対しても可能である．すなわち，$A$ を環として，$M_1, M_2$ を左 $A$-加群とするとき，その群としての直積 $M_1 \times M_2$ には自然な左 $A$-加群の構造が入る．加群の場合，これを**直和** (direct sum) といい，

$$M_1 \oplus M_2 = \{(m_1, m_2) \mid m_1 \in M_1,\ m_2 \in M_2\}$$

で表す．当然，$a \in A$ に対して $a$ 倍は

$$a \cdot (m_1, m_2) = (am_1, am_2)$$

で定める．このとき，自然な射影

$$p_1 : M_1 \oplus M_2 \to M_1\,; \quad (m_1, m_2) \mapsto m_1$$

$$p_2 : M_1 \oplus M_2 \to M_2\,; \quad (m_1, m_2) \mapsto m_2$$

や単射

$$i_1 : M_1 \to M_1 \oplus M_2\,; \quad m_1 \mapsto (m_1, 0)$$

$$i_2 : M_2 \to M_1 \oplus M_2\,; \quad m_2 \mapsto (0, m_2)$$

が定まる．たとえば，階数 $r$ の自由加群 $A^{\oplus r}$ は，$A$ 自身を左 $A$-加群と見たものを $r$ 個用意して，それらの直和をとったものにほかならない．

## ▶演習問題

**演習 2.8.1**　左 $A$-加群の準同型写像 $f : M \to M'$ に対して，その核 $\mathrm{Ker}(f)$ と像 $\mathrm{Im}(f)$ はそれぞれ $M, M'$ の部分加群になることを示せ．

**演習 2.8.2**　左 $A$-加群の準同型写像 $f : M \to M'$ と $M$ の部分加群 $N \subset M$ に対して，$f(N)$ は $M'$ の部分加群になることを示せ．

**演習 2.8.3**　ガウスの整数環

$$\mathbb{Z}[i] = \{a + bi \mid a, b \in \mathbb{Z}\} \quad (i \text{ は虚数単位})$$

は，$\mathbb{Z}$ を部分環として含むので自然に $\mathbb{Z}$-加群になる．このとき，$\mathbb{Z}$-加群として $\mathbb{Z}[i]$ は $\mathbb{Z}^{\oplus 2}$ と同型であることを示せ．

**演習 2.8.4**　左 $A$-加群 $M$ が $M = \langle m_1, \ldots, m_r \rangle$ と書けたなら，$M$ は $A^{\oplus r}$ の剰余加群と同型であることを示せ．

**演習 2.8.5**　$A$ を整域とし，$M$ を $A$-加群とする．$m \in M$ が**ねじれ元** (torsion element) であるとは，ある 0 でない $a \in A$ が存在して $am = 0$ となることである．$M$ のねじれ元全体は $M$ の部分加群をなすことを示せ．

**演習 2.8.6**　$A$ を単位元付き可換環，$M$ を $A$-加群とする．$m \in M$ に対して

$$\mathrm{Ann}(m) = \{a \in A \mid am = 0\}$$

と定義するとこれは $A$ のイデアルになり，$M$ は $A/\mathrm{Ann}(m)$ と同型な部分加群を含むことを示せ．

## 2.9 単因子論

環 $A$ 上の加群の理論は，技術的には線形代数の一般化とみなせる．環 $A$ が単純な構造をもっていれば，それだけ $A$-加群の性質は簡単になるはずである．その観点から，$A$ が PID の場合の $A$-加群を調べるのは自然なことである．単項イデアル整域上の加群の理論を**単因子論**とよぶ．

単位元付き可換環 $A$ 上の自由加群の間の準同型写像 $f: A^{\oplus m} \to A^{\oplus n}$ を考えよう．$A^{\oplus m}$ の元を $A$ 成分の列ベクトル

$$v = \begin{pmatrix} a_1 \\ \vdots \\ a_m \end{pmatrix}$$

で表す．いま，第 $i$ 成分のみが 1 で残りは 0 であるようなベクトルを $e_i$ とすると，任意の $v \in A^{\oplus m}$ は

$$v = a_1 e_1 + \cdots + a_m e_m$$

とただ一通りに表される．$f$ が $A$-加群の準同型写像であることから

$$f(v) = a_1 f(e_1) + \cdots + a_m f(e_m)$$

が得られるので，$f$ は $f(e_1), \ldots, f(e_n) \in A^{\oplus n}$ によってただ一通りに決まる．そこで

$$f(e_j) = \begin{pmatrix} t_{1j} \\ \vdots \\ t_{nj} \end{pmatrix} \quad (j = 1, \ldots, m)$$

と $t_{ij} \in A$ を用いて表し，$A$ 成分の $n$ 行 $m$ 列の行列 $T$ を

$$T = (f(e_1) \ \cdots \ f(e_m)) = (t_{ij})$$

で定めれば，これは $f$ と 1 対 1 に対応し，

$$f(v) = Tv$$

が成り立つ．ただし右辺は行列の積である．以下，この対応で準同型写像 $f$ と行列 $T$ を同一視して考えることにする．

ここで注意が必要なのは，$A$-加群の準同型写像 $f$ の行列表示は，$f$ が自由加群の間の写像であったから得られた，ということである．自由加群とは限らない $A$-加

群の間の準同型写像は，このように行列でただ一通りに表示することができない．

**命題 2.9.1**　$A$ 成分の $n$ 次正方行列 $P$ によって定まる $A$-加群の準同型写像 $P : A^{\oplus n} \to A^{\oplus n}$ が同型写像であることは，$P$ に逆行列が存在することと同値である．

**[証明]**　$P$ が同型写像を定めるならば，逆写像 $Q : A^{\oplus n} \to A^{\oplus n}$ もまた $A$-加群の準同型写像であって，$P \circ Q$ および $Q \circ P$ が恒等写像になる．しかし，写像の合成は行列の積に対応し，恒等写像 $\mathrm{id} : A^{\oplus n} \to A^{\oplus n}$ に対応する行列は単位行列 $I$ であるから $PQ = I = QP$ となって $Q$ は $P$ の逆行列である．$P$ が逆行列をもてば同型写像 $A^{\oplus n} \to A^{\oplus n}$ を与えることも同様である．　□

**定理 2.9.2**　$A$ を単項イデアル整域とする．$A$-加群の準同型写像 $T : A^{\oplus m} \to A^{\oplus n}$ に対して，同型写像 $P : A^{\oplus m} \to A^{\oplus m}$ および $Q : A^{\oplus n} \to A^{\oplus n}$ が存在して

$$QTP = \begin{pmatrix} e_1 & 0 & 0 & \cdots & 0 & 0 & \cdots & 0 \\ 0 & e_2 & 0 & \cdots & 0 & 0 & \cdots & 0 \\ 0 & 0 & e_3 & \cdots & 0 & 0 & \cdots & 0 \\ \vdots & \vdots & \vdots & \ddots & \vdots & \vdots & \cdots & \vdots \\ 0 & 0 & 0 & \cdots & e_r & 0 & \cdots & 0 \\ 0 & 0 & 0 & \cdots & 0 & 0 & \cdots & 0 \\ \vdots & \vdots & \vdots & \cdots & \vdots & \vdots & \ddots & \vdots \\ 0 & 0 & 0 & \cdots & 0 & 0 & \cdots & 0 \end{pmatrix}$$

となり，しかも $e_1, \ldots, e_r \in A$ は $(e_1) \supset (e_2) \supset (e_3) \supset \cdots \supset (e_r) \supsetneq (0)$ を満たすようにできる．

この $e_1, \ldots, e_r$ を準同型写像 $T$ の**単因子** (elementary divisor) とよぶ．実は単因子の作るイデアルの集合 $\{(e_1), \ldots, (e_r)\}$ は $T$ のみから一意的に定まるのであるが，それは後で証明することにしよう．

この定理は，実数や複素数成分の（一般には体に成分をもつ）行列の階数が矛盾なく定義できるという定理の一般化である（下で与える証明も，体に成分をもつ場合の証明の直接の一般化になっていることに注意してほしい）．$A$ が体の場合は $e_1 = \cdots = e_r = 1$ となって，$r$ は行列 $T$ の階数にほかならない．

**[定理 2.9.2 の証明（ユークリッド整域の場合）]**　ここでは議論の簡単のため，$A$ がユークリッド整域（定義 2.6.3）である場合に証明する．

**Step 0** まず，$A$ 成分の行列 $T$ に対して，(1) 行列のある行に別の行の $a$ 倍 ($a \in A$) を加える操作，(2) 行列の二つの行を入れ替える操作，(3) 行列のある行に $A$ の<u>単元</u> $c$ を一斉に掛ける操作，の三つの操作を，行に関する基本変形と呼んだ．$(i,j)$ 成分のみが 1 で残りは 0 であるような正方行列を $E_{ij}$ で表すとき，これらの操作は

$$I + aE_{ij}, \quad I + (E_{ij} + E_{ji} - E_{ii} - E_{jj}), \quad I + (c-1)E_{ii}$$

を左から掛ける演算に対応している（$I$ は単位行列）．また，同様の操作を $T$ の列に対して行うこと（列に関する基本変形）は，これら 3 種の行列を右から掛ける演算に対応する．これらの行列は可逆行列であるから，$T$ に対して行および列に関する基本変形を繰り返し行って定理の右辺の形にできることを示せばよい．

**Step 1** $T = (t_{ij})$ と表すとき，行や列の入れ替えを行うことで，任意の $i, j$ に対して常に

$$t_{11} \neq 0\,, \quad \delta(t_{11}) \leq \delta(t_{ij})$$

が成り立つようにする（$\delta$ は定義 2.6.3 に現れた写像．$A = \mathbb{Z}$ ならば絶対値，$A$ が体上の 1 変数多項式環ならば多項式の次数に相当する）．

**Step 2** $t_{12}, \ldots, t_{1n}$ を消去する．具体的には，0 でない $t_{1j}$ のうち $j$ が最小のものを $t_{1\ell}$ とするとき，$t_{1\ell}$ を $t_{11}$ で割り算する:

$$t_{1\ell} = q_\ell t_{11} + r_\ell, \quad r_\ell = 0 \text{ または } \delta(r_\ell) < \delta(t_{11}).$$

このとき，$\ell$ 列に 1 列の $-q_\ell$ 倍を加えると，$(1,\ell)$ 成分は $r_\ell$ になる．$r_\ell \neq 0$ ならば「行列の左上の成分 $t_{11}$ の $\delta$ による値が最小である」という条件が崩れる．あるいは，$r_\ell = 0$ であっても，$\ell$ 列のほかの成分の $\delta$ の値が $\delta(t_{11})$ よりも小さくなってしまうかもしれない．このときは Step 1 に戻って操作を繰り返す．この際，必ず左上の成分 $t_{11}$ の $\delta$ の値は<u>真に小さく</u>なることに注意する．$\delta$ の値は常に 0 以上の整数であったので Step 1 に戻る繰り返しが無限に続くことはなく，有限回の操作の後には，$t_{12} = \cdots = t_{1m} = 0$ とできる．

**Step 3** 今度は行についての基本変形で Step 2 と同様の操作を行い，$t_{21}, \ldots, t_{n1}$ を消去する．$t_{\ell 1}$ が $t_{11}$ で割り切れない場合は Step 1 に戻る繰り返しを行うが，このときやはり $\delta(t_{11})$ は真に減少するので，有限回の操作の後には $t_{21} = \cdots = t_{n1} = 0$ となる．

**Step 4** ここまでの操作で，$T$ は

$$\left(\begin{array}{c|ccc} t_{11} & 0 & \cdots & 0 \\ \hline 0 & t_{22} & \cdots & t_{2m} \\ \vdots & \vdots & \ddots & \vdots \\ 0 & t_{n2} & \cdots & t_{nm} \end{array}\right)$$

の形になっている．ここで，さらにすべての $t_{ij}$ は $t_{11}$ で割り切れるようにできる．たとえば，もし $i$ 行に $t_{11}$ で割り切れない成分があったならば，1 行に $i$ 行を加えて Step 2 の操作を行う．そうすれば，有限回の基本変形の後にはすべての $t_{ij}$ は $t_{11}$ で割り切れるようにできるわけである．

**Step 5**　$n, m$ の小さいほうに関する帰納法で証明を完了する．まず，$n, m$ のうち小さいほうが 1 であるような場合，たとえば

$$T = (t_{11}\ \cdots t_{1m})$$

となるような場合，Step 1 から Step 2 までの操作により，

$$(e\,0\ \cdots\ 0)\quad (e\text{ は }t_{11}, \ldots, t_{1m}\text{の最大公約元})$$

とできるので定理は成り立っている．$n, m$ が一般の場合，Step 1 から Step 4 までの操作の後に現れた行列の右下の $(n-1) \times (m-1)$ 行列に帰納法の仮定を用いれば，2 列から $m$ 列と 2 行から $n$ 行のみの基本変形によって

$$\begin{pmatrix} t_{22} & \cdots & t_{2m} \\ \vdots & \ddots & \vdots \\ t_{n2} & \cdots & t_{nm} \end{pmatrix} \longrightarrow \begin{pmatrix} e_2 & 0 & \cdots & 0 & 0 & \cdots & 0 \\ 0 & e_3 & \cdots & 0 & 0 & & 0 \\ \vdots & \vdots & \ddots & \vdots & \vdots & & \vdots \\ 0 & 0 & \cdots & e_r & 0 & \cdots & 0 \\ 0 & 0 & \cdots & 0 & 0 & \cdots & 0 \\ \vdots & \vdots & & \vdots & \vdots & \ddots & \vdots \\ 0 & 0 & \cdots & 0 & 0 & \cdots & 0 \end{pmatrix}$$

と基本変形され，$(e_2) \supset (e_3) \supset \cdots \supset (e_r)$ を満たす．この際，すべての成分が $t_{11}$ で割り切れるという条件は保たれるので，$e_1 = t_{11}$ とすれば，定理の式の右辺の形にできることが証明できた．　□

上の証明では，「操作の繰り返しが有限回で止まる」ことを証明するところで $A$ がユークリッド整域であることを本質的に用いている（ユークリッドの互除法）．$A$ が一般の単項イデアル整域の場合も同様の方針で証明できるが，操作の繰り返しの

有限性を示すところで，定理 2.7.5 の証明と同様のより技巧的な議論が必要である．詳しくは森田 [4] などを参照してほしい．

**例 2.9.3** 整数行列 $\begin{pmatrix} 2 & 10 & 4 \\ 6 & 2 & 8 \end{pmatrix}$ の単因子を求めてみよう．基本変形によって

$$\begin{pmatrix} 2 & 10 & 4 \\ 6 & 2 & 8 \end{pmatrix} \longrightarrow \begin{pmatrix} 2 & 0 & 0 \\ 6 & -28 & -4 \end{pmatrix} \longrightarrow \begin{pmatrix} 2 & 0 & 0 \\ 0 & 4 & 28 \end{pmatrix} \longrightarrow \begin{pmatrix} 2 & 0 & 0 \\ 0 & 4 & 0 \end{pmatrix}$$

となるので，単因子は $\{2, 4\}$ である．

すでに注意したように，行列によって $A$-加群の間の準同型写像を理解するには，その写像が自由加群の間の準同型写像でなければならない．だから，定理 2.9.2 はそれ自体意味のある定理であるが，一見すると一般の自由加群とは限らない $A$-加群の構造の理解には役立たないようにも思われる．しかし，次の定理と組み合わせることで，定理 2.9.2 は単項イデアル整域 $A$ 上の任意の有限生成加群の構造を明らかにする．

**定理 2.9.4** 単項イデアル整域 $A$ 上の階数 $n$ の自由加群 $M = A^{\oplus n}$ の部分加群 $N \subset M$ は自由加群 $A^{\oplus r}$ に同型である．また，このとき $r \leq n$ が成り立つ．

この定理は $A$ が単項イデアル整域でなければ成り立たない．たとえば，2 変数多項式環 $A = \mathbb{Q}[X, Y]$ に対して $A$ 自身は階数が 1 の自由加群であるが，その部分加群，すなわちイデアル $I = (X, Y)$ は単項イデアルではなく，自由加群と同型でない（例 2.8.13 参照）．

**[証明]** 自由加群 $M = A^{\oplus n}$ の階数 $n$ についての帰納法で証明する．$n = 1$ のとき，部分加群 $0 \neq N \subset M = A$ は $A$ のイデアルである．$A$ が PID であることから $N$ は単項イデアル

$$N = (c) = \{ac \in A \mid a \in A\} \quad (c \neq 0)$$

であるが，これは <u>$A$-加群の準同型写像</u>

$$f : A \to A; \quad f(a) = ac$$

の像である: $N = \mathrm{Im}(f)$．$A$ は整域であるので $f$ は単射になるから，準同型定理より $f$ は同型 $A \cong N$ を与える．このとき $r = 1$ であるから，$r \leq n$ も確かに成り立っている．

次に，階数が $n-1$ のときに定理が成立すると仮定しよう．いま，$A$-加群の準同型写像

$$p : M = A^{\oplus n} \to A; \quad (a_1, \ldots, a_n) \mapsto a_n$$

を考える．このとき

$$\mathrm{Ker}(p) = \{(a_1, \ldots, a_{n-1}, 0) \mid a_1, \ldots, a_{n-1} \in A\} \cong A^{\oplus n-1}$$

である．$N$ の $p$ による像 $p(N) \subset A$ は部分加群であるから（演習 2.8.2），$A$ のイデアルであり，$A$ が PID であることからある $b \in A$ を用いて

$$p(N) = (b)$$

と単項イデアルの形で書かれる．$b=0$ であれば $N \subset \mathrm{Ker}(p) \cong A^{\oplus n-1}$ であるから，帰納法の仮定によって $N$ は階数が $(n-1)$ 以下の自由加群となる．そこで $b \neq 0$ としよう．

$$N' = N \cap \mathrm{Ker}(p)$$

とおくと $N'$ は $\mathrm{Ker}(p) \cong A^{\oplus n-1}$ の部分加群であり，帰納法の仮定から，ある $r \leq n-1$ に対して $A$-加群の同型写像

$$g : A^{\oplus r} \xrightarrow{\cong} N'$$

が存在する．さらに，$m \in N$ であって $p(m) = b$ となるものがとれる．そこで $A$-加群の準同型写像を

$$f : A^{\oplus r+1} \to N; \quad f(c_1, \ldots, c_r, c_{r+1}) = g(c_1, \ldots, c_r) + c_{r+1}m$$

で定義する．この $f$ が全単射であることが示せれば，$N$ は階数 $(r+1)$ の自由加群と同型であり，$r \leq n-1$ より $r+1 \leq n$ となって定理の証明が完了する．任意の $\nu \in N$ に対して $d = p(\nu) \in A$ とおく．$d \in p(N) = (b)$ だから，ある $c_{r+1} \in A$ が存在して $d = c_{r+1}b$ と表される．このとき，

$$p(\nu - c_{r+1}m) = p(\nu) - c_{r+1}b = 0$$

となるので $\nu - c_{r+1}m \in \mathrm{Ker}(p) \cap N = N'$ となる．したがって，$g$ が同型写像であることから $(c_1, \ldots, c_r) \in A^{\oplus r}$ がただ一つ存在して

$$\nu - c_{r+1}m = g(c_1, \ldots, c_r)$$

となり，

$$\nu = g(c_1, \ldots, c_r) + c_{r+1}m = f(c_1, \ldots, c_r, c_{r+1})$$

が得られて，$f$ が全射であることがわかった．最後に $f$ が単射であることを示そう．

$$f(c_1, \ldots, c_r, c_{r+1}) = g(c_1, \ldots, c_r) + c_{r+1}m = 0$$

を仮定すると，とくに $c_{r+1}m = -g(c_1, \ldots, c_r) \in N' \subset \mathrm{Ker}(p)$ となるから，両辺を $p$ でうつして $c_{r+1}b = 0$ を得る．$b \neq 0$ であり $A$ は整域であるから $c_{r+1} = 0$. よって $g(c_1, \ldots, c_r) = 0$ である．しかし $g$ は同型写像であったので，これは $(c_1, \ldots, c_r) = (0, \ldots, 0)$ を意味する．よって $c_1 = \cdots = c_r = c_{r+1} = 0$ が得られたので，$f$ は単射である． □

では，定理 2.9.2 および定理 2.9.4 を用いて，単項イデアル整域 $A$ 上の有限生成加群の構造を調べてみよう．まず，$A$-加群 $M$ が有限生成であるならば，全射な $A$-加群の準同型写像

$$g : A^{\oplus n} \to M$$

があり，$g$ の核を $N = \mathrm{Ker}(g)$ とすれば，$M \cong A^{\oplus n}/N$ のように剰余加群の形に書かれる（演習 2.8.4）．一方，$N$ は $A^{\oplus n}$ の部分加群であるから，定理 2.9.4 によって同型写像 $f : A^{\oplus m} \to N$ がある．合成写像

$$A^{\oplus m} \overset{\cong}{\to} N \hookrightarrow A^{\oplus n}$$

も $f$ で表すことにして，これに定理 2.9.2 を適用すると，$f$ は初めから定理 2.9.2 に現れた対角行列で与えられているとしてよい．$M \cong A^{\oplus n}/\mathrm{Im}(f)$ より，次の定理が得られた（最後の部分は演習 2.9.1 も参照）．

**定理 2.9.5（PID 上の有限生成加群の構造定理 (1)）** $A$ を PID，$M$ を有限生成 $A$-加群とすると，$e_1, \ldots, e_r \in A$ であって $(e_1) \supset (e_2) \supset \cdots \supset (e_r) \supsetneq (0)$ を満たすものと 0 以上の整数 $s$ が存在して，

$$M \cong A/(e_1) \oplus A/(e_2) \oplus \cdots \oplus A/(e_r) \oplus A^{\oplus s}$$

の形に書かれる．

**系 2.9.6** $A$ を PID，$M$ を有限生成な $A$-加群とし，$t(M)$ を $M$ のねじれ元全体のなす $M$ の部分加群とする（演習 2.8.5）．このとき，$e_1, \ldots, e_r \in A$ であって $(e_1) \supset (e_2) \supset \cdots \supset (e_r) \supsetneq (0)$ を満たすものが存在して，

$$t(M) \cong A/(e_1) \oplus A/(e_2) \oplus \cdots \oplus A/(e_r)$$

が成り立つ．

**系 2.9.7**　$A$ を PID，$M$ を有限生成な $A$-加群とし，$t(M)$ を $M$ のねじれ元全体のなす $M$ の部分加群とする．このとき，剰余加群 $M/t(M)$ は有限生成な自由加群である．とくに，定理 2.9.5 における $s$ は $M$ のみから一意的に定まる．この $s$ を $M$ の**階数** (rank) とよぶ．

定理 2.9.5 によって，単項イデアル整域 $A$ 上の有限生成加群を理解するためには，自由加群と $A/(e)$ の形の剰余加群（剰余環）を理解すればよいことがわかった．$A/(e)$ の形の剰余環は，しかし，さらに分解できることもある．たとえば，例 1.10.4 で見たように

$$\mathbb{Z}/(6) \cong \mathbb{Z}/(2) \oplus \mathbb{Z}/(3)$$

のような直和分解がある．これは次の命題の形に一般化される．

**命題 2.9.8（中国剰余定理; Chinese remainder theorem）**　$A$ を PID とし，$p, q \in A$ は互いに素であるとする．このとき，$A$-加群の同型

$$A/(pq) \cong A/(p) \oplus A/(q)$$

が成り立つ．

**［証明］**　$A$-加群の準同型写像 $\varphi : A \to A/(p) \oplus A/(q)$ を

$$\varphi(a) = (a + (p), a + (q))$$

で定める．まず，この $\varphi$ が全射であることを証明しよう．それには，任意の $b, c \in A$ に対して $a \in A$ が存在して，

$$(a + (p), a + (q)) = (b + (p), c + (q))$$

を満たすことを示せばよい．いま，$p, q$ は互いに素であるから，$s, t \in A$ が存在して $sp + tq = 1$ を満たす（演習 2.6.1 参照）．そこで

$$a = scp + tbq$$

とおく．すると

$$a + (p) = tbq + (p) = b(1 - sp) + (p) = b + (p).$$

同様に $a+(q) = c+(q)$ である．よって $\varphi$ は全射になる．一方，$\mathrm{Ker}(\varphi) = (p) \cap (q)$

である．PID は UFD であるので，$p, q$ の素元分解を考える．$p, q$ が互いに素であるので，これらは共通因子をもたない．よって $p$ で割り切れ，かつ $q$ でも割り切れる元は $pq$ で割り切れる，すなわち $(p) \cap (q) = (pq)$ が成り立つ．したがって，準同型定理によって次を得る:

$$A/(pq) = A/\operatorname{Ker}(\varphi) \cong \operatorname{Im}(\varphi) = A/(p) \oplus A/(q). \qquad \square$$

中国剰余定理を繰り返し用いることで次の系が得られる．

**系 2.9.9** $A$ を単項イデアル整域とし，$e \in A$ が素元 $p_1, \ldots, p_r \in A$ および正の整数 $d_1, \ldots, d_r$ によって $e = p_1^{d_1} \cdots p_r^{d_r}$ と素元分解されるとき

$$A/(e) \cong A/(p_1^{d_1}) \oplus \cdots \oplus A/(p_r^{d_r}).$$

**系 2.9.10（PID 上の有限生成加群の構造定理 (2)）** $A$ を PID とする．有限生成 $A$-加群 $M$ に対して，同型

$$M \cong \left( \bigoplus_{i=1}^{m} A/(p_i^{d_i}) \right) \oplus A^{\oplus s}$$

が成り立つ．ただし，$s$ は 0 以上の整数，$d_i$ は正の整数，$p_i \in A$ は素元であり，$p_i$ には重複があってもよい．

この形まで分解することで，有限生成 $A$-加群の直和分解や単因子の一意性が証明できる．まず，次の定理を証明しよう．

**定理 2.9.11** 系 2.9.10 の直和分解において，重複を許したイデアルの集合

$$\{(p_i^{d_i}) \mid i = 1, \ldots, m\}$$

は $M$ からただ一通りに定まる．

**[証明]** $M$ のねじれ部分のみに関する主張なので，

$$M = \bigoplus_{i=1}^{m} A/(p_i^{d_i})$$

であると仮定する．この直和分解に現れる素元 $p$（で互いに単元倍でうつり合うもの）を一つとって，その指数の集合が $M$ のみから定まることを見ればよい．より具体的には，$p_1 = \cdots = p_r = p$ であるとし，順番を並び替えて $d_1 \geq d_2 \geq \cdots \geq d_r$ となるようにしておく．このとき，列 $d_1, \ldots, d_r$ が $M$ から一意的に定まることを見ればよい．いま，$M$ の部分加群

$$p^\ell M = \{p^\ell m \in M \mid m \in M\}$$

を考える．このとき，部分加群の列

$$M \supset pM \supset p^2M \supset \cdots \supset p^\ell M \supset \cdots$$

が得られる．ここで，剰余加群

$$\mathrm{Gr}^\ell_{(p)}(M) = p^\ell M / p^{\ell+1} M$$

を計算してみよう．$q$ が $p$ と互いに素であれば $A/(q)$ において $p + (q)$ は単元であるので

$$A/(q) = p(A/(q)) = p^2(A/(q)) = \cdots = p^\ell(A/(q)) = \cdots .$$

また，$A/(p^d)$ の形のものに対しては $p^d(A/(p^d)) = 0$ であり，$\ell < d$ に対して

$$\mathrm{Gr}^\ell_{(p)}(A/(p^d)) \cong (p^\ell)/(p^{\ell+1}) \cong A/(p)$$

となるから，$\ell = 0, 1, 2, \ldots$ に対して $\nu_\ell = \#\{i \mid d_i > \ell\}$ と定めれば

$$\mathrm{Gr}^\ell_{(p)}(M) \cong (A/(p))^{\oplus \nu_\ell}$$

である．しかし，$p$ は $A$ の $0$ でない素元であり，$(p)$ は極大イデアルである（定理 2.6.8 参照）から $A/(p)$ は体であり，この右辺は $A/(p)$-加群であるから $A/(p)$-ベクトル空間である．$\nu_\ell$ はベクトル空間としての次元にほかならない．つまり

$$\nu_\ell = \dim_{A/(p)} \mathrm{Gr}^\ell_{(p)} M.$$

とくに，$\nu_\ell$ は $M$ のみから定まる．一方で，$d_1 \geq \cdots \geq d_r$ は広義単調減少有限数列 $\{\nu_\ell\}$ から決まってしまう．実際，$d_i = \#\{\ell \mid \nu_\ell \geq i\}$ として得られる広義単調減少有限数列が $\{d_i\}$ である．$\{d_i\}$ の作り方は一見複雑であるが，図形的に説明すれば次のように簡単に理解できる．箱を縦に $\nu_\ell$ 個積んだものを左から順番に並べる．このとき，横に並んでいる箱の数を一番下から数えれば $d_1, d_2, \ldots$ となる:

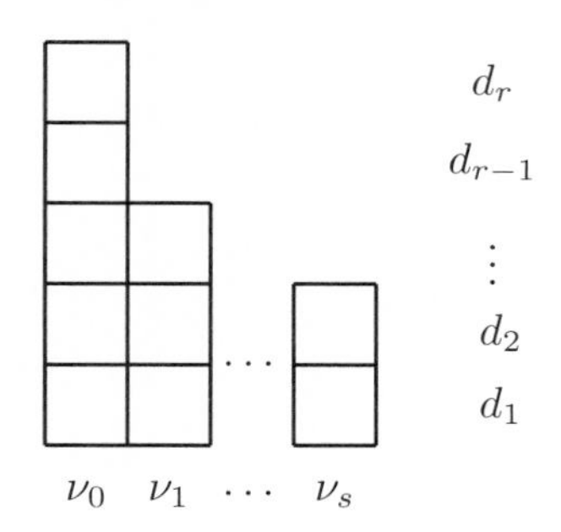

(たとえば $\{\nu_\ell\}$ が $\{5,3,2,2\}$ で与えられれば $\{d_i\} = \{4,4,2,1,1\}$ となる). 以上によって証明が完了した. □

この定理から簡単な議論で定理 2.9.2 および定理 2.9.5 の単因子 $\{e_1, \ldots, e_r\}$ の一意性が従うが, これは演習 2.9.4 で考えることとしよう. 正確な主張を命題として明確に述べておく.

**系 2.9.12** 定理 2.9.2 および定理 2.9.5 に現れた単因子 $\{e_1, \ldots, e_r\}$ から作られるイデアルの集合 $\{(e_1), \ldots, (e_r)\}$ は, $T$ あるいは $M$ から一意的に定まる.

最後に, 単因子論の応用をいくつか述べよう. まず, $A = \mathbb{Z}$ は PID の最も身近な例であった. このとき, $\mathbb{Z}$-加群とはアーベル群のことにほかならない. 実際, $M$ をアーベル群とし, $a \in \mathbb{Z}$ を正の整数とするとき, $m \in M$ に対して

$$am = \underbrace{m + m + \cdots + m}_{a\ 回}, \quad (-a)m = -(am)$$

と定めることによって, $M$ は $\mathbb{Z}$-加群になるのである. 定理 2.9.5 あるいは系 2.9.10 は, 有限生成なアーベル群の構造を決定する. 有限生成なアーベル群 $M$ が有限群であるためには, $M$ がそのねじれ部分加群に一致することが必要十分である. さらに, 定理 2.9.11 の一意性も含めて, 次の定理が得られる.

**定理 2.9.13 (有限アーベル群の構造定理)** $M$ を有限アーベル群とする. このとき, $M$ は素数 $p_i$ と正の整数 $d_i$ によって

$$M \cong \bigoplus_{i=1}^{m} \mathbb{Z}/(p_i^{d_i})$$

とただ一通りに書かれる.

次に, 複素数係数の 1 変数多項式環 $A = \mathbb{C}[X]$ の場合を考えよう. **代数学の基本定理** (定理 3.5.5) によれば, 複素数係数の多項式は 1 次式の積に分解するので, $\mathbb{C}[X]$ の素元 (= 既約多項式) は 1 次式である. したがって, 系 2.9.10 および定理 2.9.11 によって, 有限生成 $\mathbb{C}[X]$-加群 $M$ は

$$M \cong \left( \bigoplus_{i=1}^{m} \mathbb{C}[X]/((X - \alpha_i)^{d_i}) \right) \oplus \mathbb{C}[X]^{\oplus r} \quad (\alpha_i \in \mathbb{C})$$

と一通りに分解される.

いまとくに，$M=\mathbb{C}^n$ とし，$T$ を複素数成分の $n$ 次正方行列とする．このとき，$M$ は

$$\mathbb{C}[X]\times M\to M;\quad (f(X),m)\mapsto f(T)m$$

で有限生成 $\mathbb{C}[X]$-加群になる（ただし，$f(T)$ は $f(X)$ に $T$ を代入して得られる $n$ 次正方行列（演習 2.2.3 参照），$f(T)m$ は $m$ を列ベクトルで表したときの行列としての積である）．このとき，$M$ は $\mathbb{C}$-ベクトル空間として有限次元であるから，$M$ はそのねじれ部分加群 $t(M)$ と一致しなければならない（$\mathbb{C}[X]$ 上の有限生成自由加群は，$\mathbb{C}$-ベクトル空間としては無限次元である）．したがって

$$M\cong\bigoplus_{i=1}^{m}\mathbb{C}[X]/((X-\alpha_i)^{d_i})$$

と書かれる．そこで，直和成分に注目して $N=\mathbb{C}[X]/((X-\alpha)^d)$ としよう．このとき，$N$ の $\mathbb{C}$ 上の基底として

$$v_1=(X-\alpha)^{d-1},\, v_2=(X-\alpha)^{d-2},\ldots,v_{d-1}=X-\alpha,\, v_d=1$$

がとれる．$N$ において $X$ 倍する写像 $m_X:N\to N$ は $\mathbb{C}$-線形写像であり，$X=(X-\alpha)+\alpha$ に注意すれば，

$$m_X(v_1)=\alpha v_1,\quad m_X(v_i)=v_{i-1}+\alpha v_i\quad (1<i\le d)$$

となるので，この基底に関する $m_X$ の行列表示は

$$J(\alpha,d)=\begin{pmatrix}\alpha & 1 & 0 & \cdots & 0 & 0\\ 0 & \alpha & 1 & \cdots & 0 & 0\\ 0 & 0 & \alpha & \ddots & 0 & 0\\ \vdots & \vdots & \vdots & \ddots & \ddots & \vdots\\ 0 & 0 & 0 & \cdots & \alpha & 1\\ 0 & 0 & 0 & \cdots & 0 & \alpha\end{pmatrix}$$

の形の $d$ 次正方行列になる（いわゆる**ジョルダン細胞** (Jordan cell)）．上で考えた $M$ は，このような $N$ の形の $\mathbb{C}[X]$-加群の有限個の直和である．$T$ 倍で定まる線形写像は $\mathbb{C}[X]$-加群として見たときの $X$ 倍のことであったから，上でとった基底 $\{v_i\}$ を集めてできる $M$ の基底に関する線形変換 $T$ の行列表示は，ジョルダン細胞を対角線に並べた

$$\begin{pmatrix} J(\alpha_1, d_1) & O & \cdots & O \\ O & J(\alpha_2, d_2) & \cdots & O \\ \vdots & \vdots & \ddots & \vdots \\ O & O & \cdots & J(\alpha_m, d_m) \end{pmatrix}$$

の形になる．これが $T$ の**ジョルダン標準形** (Jordan normal form) である．ジョルダン標準形は，広義固有空間分解を考え，純粋に線形代数的にも求めることができるが，単因子論の簡単な応用としても得ることができるのである．

## ▶演習問題

**演習 2.9.1** $A$ を単位元付き可換環，$M_1$, $M_2$ を $A$-加群とし，$N_1 \subset M_1$, $N_2 \subset M_2$ をそれぞれ部分加群とする．このとき，

(1) $N = N_1 \oplus N_2$ は自然に $M = M_1 \oplus M_2$ の部分加群とみなせることを示せ．
(2) さらにこのとき，$M/N \cong M_1/N_1 \oplus M_2/N_2$ を証明せよ．

**演習 2.9.2** 位数が 60 のアーベル群をすべて求めよ．

**演習 2.9.3** $M = \mathbb{Z}/(2) \oplus \mathbb{Z}/(2) \oplus \mathbb{Z}/(3) \oplus \mathbb{Z}/(9) \oplus \mathbb{Z}/(5)$ の単因子を（系 2.9.12 を認めて）定理 2.9.5 の形に表せ．

**演習 2.9.4** 定理 2.9.11 から，定理 2.9.2 および定理 2.9.5 の単因子の一意性（系 2.9.12）を導け．

**演習 2.9.5** ガウスの整数環 $\mathbb{Z}[i] = \{a + bi \mid a, b \in \mathbb{Z}\}$ は $\mathbb{Z}$ 上の階数 2 の自由加群である．その剰余環 $\mathbb{Z}[i]/(c + di)$ は位数が $c^2 + d^2$ のアーベル群になることを示せ．

**演習 2.9.6** $k$ を体とし，$T \in M(n, k)$ を $k$ 成分の $n$ 次正方行列とする．このとき，$k[X]$-加群の準同型写像 $F : k[X]^{\oplus n} \to k[X]^{\oplus n}$ を $(XI - T)$ 倍（$I$ は $n$ 次の単位行列）で定義し，$e_1, \ldots, e_r \in k[X]$ を $F$ の単因子とし，$e_1, \ldots, e_r$ はすべて最高次の係数が 1 になるようにとる．このとき，

(1) $n = \deg e_1 + \cdots + \deg e_r$
(2) $T$ の固有多項式は $e_1 \cdots e_r$
(3) $T$ の最小多項式は $e_r$

を示せ．さらに，$e_r$ が $k[X]$ の中で 1 次式の積に分解され，方程式 $e_r(X) = 0$ が重解をもたないならば，$T$ は $k$ 成分の行列の範囲で対角化可能であることを示せ．

## 2.10 ネーター環

体 $k$ 上の 1 変数多項式環 $k[X]$ は PID であった．このことから，$k[X]$ が UFD であることがわかったし，有限生成 $k[X]$-加群の構造（単因子論）までが完全に決定できた．しかし，変数の数を一つ増やして 2 変数の多項式環 $k[X, Y]$ を考えると，これは極大イデアル $(X, Y)$ のように単項でないイデアルを含むので，PID ではなく，その理論は 1 変数の多項式環とは違った様相を呈してくる．多変数の多項式環を含む「自然な環の種類」は何であるかという問いを立てるのは，整数環 $\mathbb{Z}$ や多項式環 $k[X]$ の抽象化として PID を考えたのと同じように自然なことである．この問いに非常に有効な回答を与えるのがネーター環の概念である．本節では，環としては単位元をもつ可換環のみを考える．

**定義 2.10.1**　環 $A$ が**ネーター環** (noetherian ring) であるとは，$A$ の任意のイデアル $I$ が有限生成になること，すなわち，有限個の $a_1, \ldots, a_r$ によって $I = (a_1, \ldots, a_r)$ と書けることである．

**例 2.10.2**　単項イデアル整域はネーター環である．

ネーター環の概念は，一見 PID の概念の安直な一般化のようにも見えるが，よく調べていくと非常によい概念であることがわかる．とくに，ネーター環においては，一般の環に比べてそのイデアルが非常によくふるまうことが知られている．ネーター環のイデアル論は古典的な可換環論の中心的なトピックであり，今日でも非常に重要である．以下では，ネーター環とその上の加群にまつわるごく基本的な事項をまとめることにしよう．

**定理 2.10.3**　次は同値である．

(a) $A$ はネーター環である．

(b) $A$ のイデアルの増大列

$$I_0 \subset I_1 \subset \cdots I_n \subset \cdots$$

があったならば，ある自然数 $N$ が存在して $I_N = I_{N+1} = \cdots$ となる（昇鎖律）．

(c) $\mathcal{I}$ を $A$ のイデアルからなる空でない集合とすると，$\mathcal{I}$ には包含関係に関して極大なものが存在する．すなわち，$J \in \mathcal{I}$ であって，別のイデアル $I \in \mathcal{I}$ が $J \subset I$ を満たしたならば $I = J$ となるようなものが存在する．

**[証明]** まず (a)⇒(b) を示す．イデアルの増大列 $I_0 \subset I_1 \subset \cdots I_n \subset \cdots$ に対して

$$J = \bigcup_{n=0}^{\infty} I_n$$

とおくと，これもまたイデアルになる．いま (a)，すなわち $A$ がネーター環であることを仮定したので，$J$ は有限生成であり $J = (a_1, \ldots, a_r)$ と表される．このとき，$a_i \in J = \bigcup_{n=0}^{\infty} I_n$ であるから，各 $a_i$ はある自然数 $n_i$ に対して $a_i \in I_{n_i}$ を満たす．$N$ を $n_i$ の最大値とすれば任意の $a_i$ は $I_N$ の元であり，$J \subset I_N$．しかし，$J$ の定義によって任意の $n$ に対して $I_n \subset J$ であったから，$J \subset I_N \subset I_{N+1} \subset \cdots \subset J$ となって $I_N = I_{N+1} = \cdots = J$ を得る．

次に (b)⇒(c) を示す．$\mathcal{I}$ が極大元をもたないとする．$\mathcal{I}$ は空ではないので $I_0 \in \mathcal{I}$ を任意に一つとろう．すると，$I_0$ は $\mathcal{I}$ の極大元ではないので，$I_1 \in \mathcal{I}$ であって $I_0 \subsetneq I_1$ となるものが存在する．さらに $I_1$ は極大元ではないので，$I_2 \in \mathcal{I}$ であって $I_1 \subsetneq I_2$ となるものがとれる．これを繰り返していくと，$\mathcal{I}$ に属するイデアルの真の増大列

$$I_0 \subsetneq I_1 \subsetneq \cdots \subsetneq I_n \subsetneq \cdots$$

が得られるが，これは (b) に反する．

最後に (c)⇒(a) を示そう．$I$ を $A$ の任意のイデアルとして，$\mathcal{I}$ を $A$ の有限生成イデアル $I'$ であって，$I' \subset I$ となるもの全体としよう．このとき，零イデアル (0) は $\mathcal{I}$ に属するので $\mathcal{I}$ は空ではなく，(c) を仮定したので $\mathcal{I}$ には極大元 $J$ が存在する．$J \in \mathcal{I}$ であるから，$J \subset I$ であり，$J$ は有限生成である．もし $J \subsetneq I$ であれば，$b \in I \setminus J$ がとれる．しかし，イデアルの和 $J' = J + (b)$ を考えると，$J'$ は有限生成であり $J' \subset I$ を満たすので，$J' \in \mathcal{I}$ かつ $J \subsetneq J'$ となってしまう．これは $J$ が $\mathcal{I}$ の極大元であったことに矛盾する．したがって，$J = I$ でなければならず，これにより $I$ が有限生成であることが証明された． □

上の定理の (a)⇒(b) の証明の議論は定理 2.7.5 の証明に現れた議論とほとんど同じもの（ネーター的帰納法）であることに注意してほしい．この一点をとってみても，ネーター環の概念が自然なものであることがうかがい知れる．

ネーター環を PID の一般化ととらえる観点からは，次の定理も重要である．この定理は内容そのものが定理 2.9.4 の一般化とみなせるし，証明も定理 2.9.4 の証明と同じ筋によってなされる．

**定理 2.10.4** $A$ をネーター環とし，$M = A^{\oplus n}$ とする．このとき，任意の部分加群 $N \subset M$ は有限生成である．

**[証明]** $n$ についての帰納法で証明する．$n=1$ のときは $M=A$ であり，$M$ の部分加群 $N$ とは $A$ のイデアルにほかならないので，$A$ がネーター環であることからこれは有限生成になる．そこで，$A^{\oplus n-1}$ の任意の部分加群が有限生成であると仮定しよう．このとき

$$p: M = A^{\oplus n} \to A; \quad (a_1, \ldots, a_n) \mapsto a_n$$

を考えると，これは $A$-加群の全射な準同型写像であり $\mathrm{Ker}(p) \cong A^{\oplus n-1}$ である．部分加群 $N \subset M = A^{\oplus n}$ の $p$ による像 $p(N)$ は $A$ の部分加群，すなわちイデアルであるから，これは有限生成である: $p(N) = (b_1, \ldots, b_s)$．さらに，$N \cap \mathrm{Ker}(p) \subset \mathrm{Ker}(p) \cong A^{\oplus n-1}$ は部分加群であるので，帰納法の仮定から $N \cap \mathrm{Ker}(p)$ は有限生成で

$$N \cap \mathrm{Ker}(p) = \langle n_1, \ldots, n_r \rangle$$

のように表される．いま，$n_{r+j} \in N$ を $p(n_{r+j}) = b_j$ $(j = 1, \ldots, s)$ となるようにとると，$N$ は $n_1, \ldots, n_r, n_{r+1}, \ldots, n_{r+s}$ で生成される．実際，任意の $n \in N$ に対して $c_1, \ldots, c_s \in A$ が存在して

$$p(n) = c_1 b_1 + \cdots + c_s b_s$$

と表されるので，$n - c_1 n_{r+1} - \cdots - c_s n_{r+s} \in N \cap \mathrm{Ker}(p)$ となる．今度は $a_1, \ldots, a_r \in A$ が存在して

$$n - c_1 n_{r+1} - \cdots - c_s n_{r+s} = a_1 n_1 + \cdots + a_r n_r$$

と表される．移項すれば

$$n = a_1 n_1 + \cdots + a_r n_r + c_1 n_{r+1} + \cdots + c_s n_{r+s}$$

となり，$N = \langle n_1, \ldots, n_{r+s} \rangle$ が証明された． □

**系 2.10.5** $A$ をネーター環とし，$M$ を有限生成 $A$-加群とする．このとき，任意の部分加群 $N \subset M$ もまた有限生成である．

**[証明]** $M$ が有限生成 $A$-加群であれば，演習 2.8.4 によって，ある自然数 $n$ に対して $A$-加群の全射準同型写像

$$\pi: A^{\oplus n} \to M$$

が得られる．いま，部分加群 $N \subset M$ に対して $N' = \pi^{-1}(N)$ は合成 $A^{\oplus n} \to M \to$

$M/N$ の核であるから $A^{\oplus n}$ の部分加群になるので，定理 2.10.4 によって $N'$ は有限生成で $N' = \langle n_1, \ldots, n_r \rangle$ のように表せる．いま，$\pi$ の $N'$ への制限 $\pi_{|N'} : N' \to N$ は全射な準同型写像であるから，$N$ は $\pi(n_1), \ldots, \pi(n_r)$ で生成され，とくに $N$ は有限生成である． □

最後に，ネーター環であるという性質が，多項式環を作る操作で「遺伝」することを示しておこう．

**定理 2.10.6（ヒルベルトの基底定理; Hilbert's basis theorem）** $A$ がネーター環であれば，それを係数とする多項式環 $A[X]$ もネーター環である．

変数を一つずつ増やしていく帰納法で，すぐに次がわかる．

**系 2.10.7** 体 $k$ 上の多項式環 $k[X_1, \ldots, X_n]$ はネーター環である．

**[定理の証明]** $I \subset A[X]$ をイデアルとする．この $I$ が有限生成になることを証明すればよい．任意の非負整数 $n$ に対して $I_n \subset A$ を，$I$ に含まれる $n$ 次以下の多項式の $n$ 次の係数の集合とする．すなわち，

$$I_n = \{ a_n \in A \mid f(X) = a_n X^n + a_{n-1} X^{n-1} + \cdots \in I \text{ が存在} \}$$

とおく．このとき，$I_n$ は $A$ のイデアルになる．実際，$a_n, b_n \in I_n$ ならば $f(X) = a_n X^n +$ (低次の項), $g(X) = b_n X^n +$ (低次の項) $\in I$ がとれるが，$f(X) - g(X) = (a_n - b_n) X^n +$ (低次の項) $\in I$ より $a_n - b_n \in I_n$ であり，また，任意の $r \in A$ に対して $r \cdot f(X) = r a_n X^n +$ (低次の項) $\in I$ であるから $r a_n \in I_n$ が成り立つ．さらに，

$$I_0 \subset I_1 \subset \cdots \subset I_n \subset \cdots$$

が成り立つ．実際，$a_n \in I_n$ であれば，ある $f(X) = a_n X^n +$ (低次の項) $\in I$ がとれるが，$X \cdot f(X) = a_n X^{n+1} +$ (低次の項) $\in I$ となることから，$a_n \in I_{n+1}$ である．ここで，定理 2.10.3 の (b) を適用すれば，十分大きな自然数 $N$ に対して $I_N = I_{N+1} = \cdots$ が成り立つ．一方，$I_0, I_1, \ldots, I_N \subset A$ はすべてネーター環 $A$ のイデアルであるから有限生成であり，

$$I_j = (a_{j,1}, \ldots, a_{j,r(j)})$$

のように書け，多項式 $f_{j,k}(X) = a_{j,k} X^j +$ (低次の項) $\in I$ がとれる．このとき，$I$ が

$$\{f_{j,k} \mid 0 \leq j \leq N,\ 1 \leq k \leq r(j)\}$$

で生成されることを証明すれば十分である．そこで，任意の $g(X) \in I$ が $\{f_{j,k}\}$ で生成されるイデアルに含まれることを，$g(X)$ の次数 $d$ についての帰納法で証明しよう．$d = 0$ のときは，$g(X)$ は定数であり $g \in I_0 = (a_{0,1}, \ldots, a_{0,r(0)}) = (f_{0,1}, \ldots, f_{0,r(0)})$ となるので，$\{f_{j,k}\}$ で生成されるイデアルに含まれている．そこで，次数が $d$ 未満の $I$ の多項式が $\{f_{j,k}\}$ で生成されるイデアルに含まれると仮定しよう．まず $g(X)$ の次数 $d$ が $N$ 以下であったならば，

$$g(X) = cX^d + (\text{低次の項})$$

と表すと $c \in I_d = (a_{d,1}, \ldots, a_{d,r(d)})$ となるので，$t_1, \ldots, t_{r(d)} \in A$ が存在して $c = t_1 a_{d,1} + \cdots + t_{r(d)} a_{d,r(d)}$ と表される．そこで，

$$h(X) = g(X) - (t_1 f_{d,1} + \cdots + t_{r(d)} f_{d,r(d)}) \in I$$

を考えると，$\deg h < \deg g = d$ であるから，帰納法の仮定によって $h(X)$ は $\{f_{j,k}\}$ で生成されるイデアルに含まれ，したがって $g(X)$ も $\{f_{j,k}\}$ で生成されるイデアルに含まれる．$g(X)$ の次数が $N$ よりも大きい場合も同様である．このときも

$$g(X) = cX^d + (\text{低次の項})$$

と表すと $c \in I_d = I_N = (a_{N,1}, \ldots, a_{N,r(N)})$ であるから，$t_1, \ldots, t_{r(N)} \in A$ が存在して $c = t_1 a_{N,1} + \cdots + t_{r(N)} a_{N,r(N)}$ となる．すると，

$$h(X) = g(X) - X^{d-N}(t_1 f_{N,1} + \cdots + t_{r(N)} f_{N,r(N)}) \in I$$

であり $\deg h < \deg g$ となるから，帰納法の仮定によって $h(X)$ は $\{f_{j,k}\}$ で生成されるイデアルに含まれ，したがって $g(X)$ も $\{f_{j,k}\}$ で生成されるイデアルに含まれる．

□

## ▶演習問題

**演習 2.10.1**　$A$ をネーター環とし，$M$ を有限生成 $A$-加群とする．このとき，自由加群の間の準同型写像 $f : A^{\oplus m} \to A^{\oplus n}$ が存在して $M \cong A^{\oplus n} / \operatorname{Im}(f)$ が成り立つことを示せ．

**演習 2.10.2**　無限個の多項式 $f_1(X, Y), f_2(X, Y), \ldots \in \mathbb{C}[X, Y]$ に対して

$$V = \{(a, b) \in \mathbb{C}^2 \mid f_i(a, b) = 0\ (i = 1, 2, \ldots)\}$$

と定める．このとき，有限個の多項式 $g_1(X, Y), \ldots, g_r(X, Y) \in \mathbb{C}[X, Y]$ が存在して

$$V = \{(a, b) \in \mathbb{C}^2 \mid g_1(a, b) = \cdots = g_r(a, b) = 0\}$$

と書けることを示せ.

**演習 2.10.3** 環 $A$ を

$$A = \{a + Xf(X, Y) \mid a \in \mathbb{C},\ f(X, Y) \in \mathbb{C}[X, Y]\}$$

で定義すると，これは $\mathbb{C}[X, Y]$ の部分環になる．いま，$I = (X)$ を $\mathbb{C}[X, Y]$ のイデアルとし $J = A \cap I$ とすると，$J$ は $A$ のイデアルであるが，$A$ のイデアルとして有限生成でないことを示せ（このことから，ネーター環の部分環はネーター環とは限らないことがわかる）.

# 第 3 章

# 体

体は自明なイデアルと零イデアルしかもたない環であるから，イデアル論的にはあまり興味のない対象であるが，方程式論においては中心的な役割を果たす．1 次方程式

$$ax + b = 0 \quad (a \neq 0)$$

は係数 $a, b$ が体 $k$ の元であれば，$x = -\frac{b}{a} \in k$ をただ一つの解としてもつ．ここでは，体において 0 でない元による割り算が可能であることがポイントである．同様に，2 次方程式

$$x^2 - 2 = 0$$

を考えよう．これは有理数の範囲では解をもたないが，$\sqrt{2} \in \mathbb{R}$ であるから実数の範囲では $x = \pm\sqrt{2}$ として解が求まる．体 $\mathbb{Q}$ は体 $\mathbb{R}$ の部分環になっており，方程式の解として許す数の範囲を有理数から実数へ拡げることで解を得たのである．このように，体の理論においては体の拡大に興味の焦点があり，方程式論との関連では代数拡大が考えるべき対象である．そして，体の拡大を通して代数方程式の構造を明らかにしたガロワ理論は，近代代数学の最初の大きな達成の一つとしてあまりにも有名である．本章では，最初の節で体の拡大についての初歩的な事項について学んだ後，5 次以上の代数方程式にベキ根による解の公式が存在しないことの証明までを含むガロワ理論の初歩について概観する．

## 3.1 体の拡大

体の理論において中心的な役割を果たすのは，体の拡大の概念である．

**定義 3.1.1** $k$ および $K$ が体であり，$k$ が $K$ の部分環であるとき，$k$ は $K$ の**部分体** (subfield) であるといい，また $K$ を $k$ の**拡大体** (extension field) であるともいう．

**注意 3.1.2** 任意の体 $k$ は乗法に関する単位元 1 を含んでいる．このことから，$k$ が含む最小の部分体が決定できる．いま，$k$ を体として，環の準同型写像

$$\varphi : \mathbb{Z} \to k$$

を，非負整数 $n$ に対して

$$\varphi(n) = \underbrace{1 + \cdots + 1}_{n \text{ 個}} \in k,$$

また，$\varphi(-n) = -\varphi(n)$ とすることで定めよう．$\varphi$ の像は体 $k$ の部分環であるから整域になり，したがって $\mathrm{Ker}(\varphi)$ は素イデアルになる．一方，$\mathbb{Z}$ は単項イデアル整域であったので，$\varphi$ の核は $\mathrm{Ker}(\varphi) = (p)$ と単項イデアルの形で書かれる．このとき，$p$ は 0 または（正の）素数であるとしてよい．

**定義 3.1.3** 上の注意 3.1.2 における $p$ を体 $k$ の**標数** (characteristic) とよび，$\mathrm{char}\, k$ などと書く．

体 $k$ の標数が 0 のとき，上の $\varphi : \mathbb{Z} \to k$ は単射になるので，$k$ は $\mathbb{Z}$ を部分環として含む．すると，任意の $a \in \mathbb{Z} \subset k$ に対して $\frac{1}{a} \in k$ となるので，結局 $k$ は $\mathbb{Q}$ を部分体として含む．一方，体 $k$ の標数 $p$ が 0 でないときは $\varphi$ の像は $\mathbb{Z}/(p)$ の形をしており，$(p)$ が極大イデアルになる（定理 2.6.8）ことから，これは体である．この体 $\mathbb{Z}/(p)$ を $\mathbb{F}_p$ で表す．このように，任意の体 $k$ は $\mathbb{Q}$ あるいは $\mathbb{F}_p$ を最小の部分体として含んでいる．この $\mathbb{Q}$ や $\mathbb{F}_p$ を**素体** (prime field) とよぶ．

**注意 3.1.4** 体 $k$ の標数 $p$ が素数になる，すなわち $p \neq 0$ のとき，体 $k$ は**正標数** (positive characteristic) の体とよばれる．標数 $p$ が正の体では，$p = p \cdot 1 = \varphi(p) = 0$ より，任意の元 $a \in k$ に対して $pa = 0$ が成り立つ．このことによって，中学・高校で慣れ親しんできた式の操作がうまくいかなくなることがある．たとえば，標数が 3 の体では

$$(a+b)^3 = a^3 + 3a^2b + 3ab^2 + b^3 = a^3 + b^3$$

となる．一般に，正標数の体ではその標数 $p$ に関して

$$(a+b)^p = a^p + b^p$$

が成り立つ（演習 3.1.1）．標数 $p$ の体では「$p$ で割る」操作は「0 で割る」操作と同じことであるから，これを行うことができない．このことから，たとえば，標数が 2 の体では平方完成

$$x^2 + ax + b = \left(x + \frac{a}{2}\right)^2 + b - \frac{a^2}{4}$$

を行うことはできない．このような現象が，しばしば正標数の体にまつわる代数学を，標数が 0 の場合よりも難しくする．

体 $k$ が含む素体を求めたときの方法は，任意の体の拡大 $k \subset K$ と元 $\alpha \in K$ に対しても適用できる．すなわち，環の準同型写像 $\varphi_\alpha : k[X] \to K$ が代入 $\varphi_\alpha(f(X)) = f(\alpha)$ で定まるので，この核 $\mathrm{Ker}(\varphi_\alpha)$ を考える．注意 3.1.2 と同様にこれは素イデアルであり，また多項式環 $k[X]$ は PID であるから，$\mathrm{Ker}(\varphi_\alpha) = (p_\alpha(X))$ と単項イデアルとして書かれる．ここで，$p_\alpha(X)$ は 0 であるか既約多項式になるかのどちらかである．もし $p_\alpha(X) = 0$ となるならば，$\alpha$ は $k$ 上**超越的** (transcendental) であるという．このときは，$k[X]$ の商体 $k(X)$（すなわち，変数 $X$ についての $k$ 係数の分数関数の体）に対して $X$ に $\alpha$ を代入する写像は単射であり，$K$ は $k(X)$ と同型な体を部分体として含んでいる．一方，$p_\alpha(X)$ が 0 でないときは，$\alpha$ は $k$ 上**代数的** (algebraic) であるという．このとき，単元倍の差は無視してよいので，$p_\alpha(X)$ は最高次の係数が 1 であるとしてよい．$f(X) \in \mathrm{Ker}(\varphi_\alpha)$ に対しては定義より $f(\alpha) = 0$ が成り立つ．逆に，$p_\alpha(X)$ は $f(\alpha) = 0$ を満たす $k$ 係数の多項式 $f(X)$ を常に割り切る，すなわちそのようなものの中で次数が最小のものである．この $p_\alpha(X)$ を $\alpha$ の（$k$ 上の）**最小多項式** (minimal polynomial) とよぶ．

$K$ を $k$ の拡大体とし，$\alpha \in K \setminus k$ は $k$ 上代数的な元とする．このとき，上で考えた $\varphi_\alpha$ の像

$$k[\alpha] = \{f(\alpha) \in K \mid f(X) \in k[X]\}$$

は，$k$ を部分体として含む $K$ の部分体になる．実際，準同型定理によってこれは剰余環 $k[X]/(p_\alpha(X))$ と同型な $K$ の部分環であるが，$p_\alpha(X) \in k[X]$ は単項イデアル整域 $k[X]$ の 0 でない既約元であるので，$(p_\alpha(X))$ は $k[X]$ の極大イデアルであり，したがって $k[\alpha] \cong k[X]/(p_\alpha(X))$ は体になる．この体 $k[\alpha]$ を，$k$ に $\alpha$ を添加した**単拡大** (simple extension) といい，$k(\alpha)$ とも書く．

**定義 3.1.5** $K$ が $k$ の拡大体であり，$K$ の任意の元が $k$ 上代数的であるとき，$K$ は $k$ の**代数拡大** (algebraic extension) であるといい，代数拡大でない体の拡大を**超越拡大** (transcendental extension) とよぶ．

体 $k$ に対して代数的な元 $\alpha$ を添加した体 $K = k(\alpha)$ を作ることは，体の拡大の基本的な構成方法である．たとえば，

$$\mathbb{C} = \mathbb{R}(\sqrt{-1}) = \mathbb{R}[X]/(X^2+1)$$

が成り立つ．しかし，一般に $K = k(\alpha)$ なる単拡大に対して $\alpha \in K$ が $k$ 上代数的であるのはよいとして，$\alpha$ 以外の $K$ の元がすべて $k$ 上代数的であるかどうかを知るには若干の議論を要する．そのために，次の概念を導入する．

**定義 3.1.6** $k \subset K$ を体の拡大とする．$K$ が $k$ 上**有限次拡大** (finite extension) であるとは，$K$ を $k$-ベクトル空間と見たとき有限次元になることである．有限次拡大 $k \subset K$ に対しては，$K$ を $k$-ベクトル空間と見たときの次元を**拡大次数** (extension degree) といい，$[K:k]$ で表す．

**定理 3.1.7** 有限次拡大 $k \subset K$ は代数拡大である．

**[証明]** $\alpha \in K$ が $k$ 上超越的な元であったとすると，任意の自然数 $n$ に対して

$$1, \alpha, \alpha^2, \ldots, \alpha^n \in K$$

は $k$ 上一次独立である．なぜならば，もしこれらが一次従属であったとすると，すべてが 0 ではない $a_0, a_1, \ldots, a_n \in k$ が存在して

$$a_0 + a_1\alpha + \cdots + a_n\alpha^n = 0$$

となる．これは $g(X) = a_0 + a_1X + \cdots + a_nX^n \in k[X]$ に対して $g(\alpha) = 0$ が成り立つことと同値で，p.120 で考えた $\alpha$ を代入する写像 $\varphi_\alpha : k[X] \to K$ の核が 0 でない多項式 $g(X)$ を含むことになる．これは $\alpha$ が超越的であることに反する．したがって，$K$ が $k$ 上有限次拡大，すなわち $k$-ベクトル空間として有限次元であれば，$K$ は $k$ 上超越的な元を含みえない． □

**命題 3.1.8** 体 $k$ に $k$ 上代数的な元 $\alpha$ を添加する単拡大 $K = k(\alpha)$ は有限次拡大であり，その拡大次数 $[K:k]$ は $\alpha$ の最小多項式 $p_\alpha(X)$ の次数と一致する．

**系 3.1.9** 体 $k$ に $k$ 上代数的な元 $\alpha$ を添加する単拡大 $K = k(\alpha)$ は代数拡大である．

**[命題 3.1.8 の証明]** $\alpha$ が $k$ 上代数的であることから，単拡大 $K = k(\alpha)$ に対して $\alpha$ を代入する写像 $\varphi_\alpha : k[X] \to K$ は全射な環の準同型写像である．つまり，$K$ の任意の元は $\alpha$ の式として書ける．$\alpha$ の最小多項式を

$$p_\alpha(X) = X^n + a_{n-1}X^{n-1} + \cdots + a_1X + a_0$$

とすると，$K = k(\alpha) \cong k[X]/(p_\alpha(X))$ であり，$K$ の元は $k[X]$ の元を $p_\alpha(X)$ で割った余りと1対1に対応するので，$K$ は $k$-ベクトル空間の基底として $1, \alpha, \ldots, \alpha^{n-1}$ がとれる．したがって，$K$ は $k$ 上有限次拡大であり，$[K:k] = n$ がわかる．　□

以上の議論からもわかるように，代数拡大の議論は，1変数の代数方程式の解のふるまいと関連してとらえることができ，これを突き詰めていくと**ガロワ理論**に到達するのである．

以下で学ぶように，体の代数拡大はそれなりに複雑な構造をもつので，体の拡大からくる煩雑を避けて議論を行いたいことがある．そのようなときは，それ以上代数拡大ができない体を考えると都合がよい．

**定義 3.1.10**　体 $k$ が $k$ 自身よりほかに代数拡大をもたないとき，$k$ は**代数的に閉** (algebraically closed) であるという．

**例 3.1.11**　複素数体 $\mathbb{C}$ は代数的に閉である．これを**代数学の基本定理** (fundamental theorem of algebra) とよぶ．後の節でガロワ理論を応用した証明を述べる（定理 3.5.5）．

**定理 3.1.12**　任意の体 $k$ に対して，$k$ の代数拡大 $K$ であって $K$ が代数的に閉なものが存在する．

この定理で得られる代数的閉体 $K$ を $k$ の**代数閉包** (algebraic closure) とよび，しばしば $\bar{k}$ で表す．この定理の証明はツォルンの補題（選択公理）を用いるもので込み入っているので，その証明は巻末の付録 A.3 で与える．

**例 3.1.13**　$\mathbb{C}$ は $\mathbb{R}$ の代数閉包である．

## ▶演習問題

**演習 3.1.1**　体 $k$ の標数 $p$ が正であるとき，$a, b \in k$ に対して

$$(a+b)^p = a^p + b^p$$

が成り立つことを証明せよ．

**演習 3.1.2**　$\alpha = 1 + \sqrt{2}$ に対して拡大体 $\mathbb{Q}(\alpha)$ を考える．$\alpha$ の $\mathbb{Q}$ 上の最小多項式を求めよ．

**演習 3.1.3**　(1) $\mathbb{F}_3[X]$ の元 $X^2 + 1$ は既約であることを示せ．

(2) 単拡大 $K = \mathbb{F}_3[X]/(X^2+1)$ は $\#(K) = 9$ の体になることを示せ.

**演習 3.1.4** $K \supset k$ および $L \supset K$ が体の有限次拡大であるとし, $\alpha_1, \ldots, \alpha_r \in K$ を $K$ の $k$-ベクトル空間としての基底, $\beta_1, \ldots, \beta_s \in L$ を $L$ の $K$-ベクトル空間としての基底とする. このとき, $rs$ 個の元 $\alpha_i\beta_j$ $(1 \leq i \leq r,\, 1 \leq j \leq s)$ は $L$ の $k$-ベクトル空間としての基底になることを示せ. とくに, 拡大次数に対して

$$[L:k] = [L:K]\,[K:k]$$

が成り立つ.

**演習 3.1.5** $K \supset k$ を体の拡大とする.

(1) $\alpha \in K$ に対して $L = k(\alpha)$ が $k$ 上代数拡大であることと, $L$ が $k$ 上有限次拡大であることが同値であることを示せ.
(2) $\alpha_1, \ldots, \alpha_r \in K$ に対して, $k$ に $\alpha_1, \ldots, \alpha_r$ を次々に添加してできる体 $L$ が $k$ の代数拡大であることと, $L$ が $k$ 上有限次拡大であることは同値であることを証明せよ.
(3) 体の拡大の列 $K \supset L \supset k$ が与えられたとき, $L$ が $k$ の代数拡大であり $K$ が $L$ の代数拡大であれば, $K$ は $k$ の代数拡大になることを示せ.

**演習 3.1.6** 体 $k$ が代数的に閉であることと, 任意の $k[X]$ の既約元が 1 次式に限られることが同値であることを示せ.

**演習 3.1.7** $K \supset k$ を有限次拡大とし, $L$ は $k$ を部分体として含む $K$ の部分体とする. $\alpha \in K$ の $k$ 上の最小多項式を $f(X) \in k[X]$, $L$ 上の最小多項式を $g(X) \in L[X]$ とする. このとき, $L[X]$ の中で $f(X)$ は $g(X)$ で割り切れることを示せ.

## 3.2 体の埋め込みとその拡張*

代数拡大の性質を知るにあたっては, 体の準同型写像を観察することが鍵となる.

**命題 3.2.1** $K, L$ を体とし, $g: K \to L$ を (環としての) 準同型写像とする. このとき, $g$ は単射であり, $g$ の像は $K$ と同型な $L$ の部分体になる. とくに, $K, L$ の標数は一致する.

**[証明]** $K, L$ は定義により乗法についての単位元 1 をもつから, 環の準同型写像の定義 (定義 2.2.8) での約束により, $g(1) = 1$ でなければならない. したがって, $\mathrm{Ker}(g)$ は $K$ の自明でないイデアルであるから, $\mathrm{Ker}(g) = \{0\}$ でなければならず (演習 2.3.5), $g$ は単射である. □

このことから, 体の間の準同型写像を体の**埋め込み** (embedding) とよぶことが

多い．体の埋め込み $g : K \to L$ が全射であれば，もちろん同型写像である．体の埋め込み $g : K \to L$ に対しては，上で見たように $g(1) = 1$ であるから，$K$ の素体 $k_0$（もし $K$ の標数が 0 ならば $k_0 = \mathbb{Q}$，標数が $p$ ならば $k_0 = \mathbb{F}_p$）に制限した準同型写像 $g_{|k_0} : k_0 \to k_0$ は恒等写像になる．この一般化として，次の定義は自然なものである．

**定義 3.2.2** $k$ を体とし，$K, L$ を $k$ の二つの拡大体とする．埋め込み $g : K \to L$ は，$g$ の $k$ への制限が恒等写像になるとき，$k$ 上の埋め込みであるという．とくに，$g$ が同型写像であるとき，$g$ は $k$-**同型**とよばれる．

これらの概念が代数拡大を調べることとどう関係しているかは，次の簡単な例からうかがい知ることができる．

**例 3.2.3** 複素共役をとる写像

$$g : \mathbb{C} \to \mathbb{C}\,; \quad \alpha = a + b\sqrt{-1} \mapsto \bar{\alpha} = a - b\sqrt{-1}$$

は $\mathbb{R}$-同型である．実際 $g$ が準同型写像であることは，複素共役のよく知られた性質 $\overline{\alpha + \beta} = \bar{\alpha} + \bar{\beta}$, $\overline{\alpha\beta} = \bar{\alpha}\bar{\beta}$ にほかならない．$g \circ g = \mathrm{id}_{\mathbb{C}}$ だから $g^{-1} = g$ で $g$ は同型写像である．また，複素数 $\alpha$ が実数であることは $\bar{\alpha} = \alpha$ と同値であり，とくに $g$ は $\mathbb{R}$ 上の同型写像である．

複素数体 $\mathbb{C}$ は実数の体 $\mathbb{R}$ に $X^2 + 1 \in \mathbb{R}[X]$ の根 $\sqrt{-1}$ を付け加えた単拡大であったが，$-\sqrt{-1}$ も $X^2 + 1 = 0$ の根であるから，$\sqrt{-1}$ を $-\sqrt{-1}$ で置き換えてもまったく「同じ」拡大体が得られる．複素共役写像 $g$ はこのことを記述する「データ」なのであり，この考え方を一般化したものがまさにガロワ理論である．

**注意 3.2.4** 体の埋め込み $g : K \to L$ は多項式環の間の準同型写像 $\tilde{g} : K[X] \to L[X]$ を

$$\tilde{g}(a_n X^n + \cdots + a_1 X + a_0) = g(a_n) X^n + \cdots + g(a_1) X + g(a_0) \quad (a_0, \ldots, a_n \in K)$$

で定める．$K$ の $g$ による像 $g(K) = \{g(\alpha) \mid \alpha \in K\}$ を $K' \subset L$ で表すならば，$\tilde{g}$ は多項式環の間の同型 $K[X] \cong K'[X]$ を定める．

**定理 3.2.5** $k$ を体とし，$K = k(\alpha)$ は $k$ 上代数的な元 $\alpha$ を付け加えた単拡大であるとする．さらに，埋め込み $g : k \to L$ が与えられており，$f(X) \in k[X]$ を $\alpha$ の最小多項式とするとき，方程式 $\tilde{g}(f(X)) = 0$ は $L$ 内に少なくとも一つの根 $\beta$ をもつと仮定する．このとき，体の埋め込み $G : K \to L$ であって，$G(\alpha) = \beta$ であり，かつ，その $k$ への制限が $g$ と一致するものが存在する．

一般に，体の拡大 $k \subset K$ と埋め込み $g : k \to L$ に対して埋め込み $G : K \to L$ であって $G$ の $k$ への制限が $g$ と一致するようなものを，埋め込み $g$ の**拡張** (extension) とよぶ.

**[定理 3.2.5 の証明]** $k$ と $g(k) \subset L$ を同一視することで，$L$ も $k$ の拡大体であり，$g = \mathrm{id}$ と仮定してよい．$\alpha$ の最小多項式 $f(X)$ に対して，$f(\beta) = 0$ となる $\beta \in L$ が存在すると仮定してあった．$f(X) \in k[X]$ の既約性により，$f(X)$ は $\beta$ の最小多項式でもあるから，体 $K = k(\alpha)$, $k(\beta) \subset L$ はともに単拡大 $k[X]/(f(X))$ と $k$-同型である．したがって，合成

$$K = k(\alpha) \to k[X]/(f(X)) \to k(\beta)\ ;\quad \alpha \mapsto X + (f(X)) \mapsto \beta$$

は $k$-同型写像 $G' : K = k(\alpha) \to k(\beta)$ を定める．これに包含写像 $i : k(\beta) \hookrightarrow L$ を合成して得られる $G = i \circ G' : K \to L$ が，求める埋め込みである. □

この定理を繰り返し使うことで，単拡大とは限らない有限次拡大の埋め込み定理を導くことができる.

**注意 3.2.6** $K \supset k$ を体の拡大とする．このとき，$k$ 上 $\alpha_1, \ldots, \alpha_r \in K$ で生成される体 $k(\alpha_1, \ldots, \alpha_r)$ とは，$k$ の元と $\alpha_1, \ldots, \alpha_r$ をすべて含む $K$ の部分体のうち最小のもののことである．もし，$\alpha_1, \ldots, \alpha_r \in K$ が $k$ 上代数的な元であったならば，これは単拡大の繰り返し

$$k(\alpha_1, \ldots, \alpha_{i-1}, \alpha_i) = k(\alpha_1, \ldots, \alpha_{i-1})(\alpha_i) \quad (i = 1, \ldots, r)$$

で得られる体と一致することに注意しよう．また，任意の有限次拡大 $K \supset k$ に対して $K = k(\alpha_1, \ldots, \alpha_r)$ が成り立つような $\alpha_1, \ldots, \alpha_r \in K$ は存在する．実際，$\alpha_1, \ldots, \alpha_r$ として $K$ を $k$-ベクトル空間と見たときの基底をとればよい.

**系 3.2.7** $k$ を体，$K$ をその有限次拡大体とする．$K = k(\alpha_1, \ldots, \alpha_r)$ と表し，$f_i(X) \in k[X]$ を $\alpha_i$ の $k$ 上の最小多項式とする．さらに，体 $L$ への埋め込み $g : k \to L$ があり，$g$ により誘導される写像 $\tilde{g} : k[X] \to L[X]$（注意 3.2.4）に関して，$\tilde{g}(f_i(X))$ は $L[X]$ の中で 1 次式の積に分解したと仮定する．このとき，体の埋め込み $G : K \to L$ であって，$G$ の $k$ への制限が $g$ と一致するものが存在する.

**[証明]** $r$ についての帰納法で示す．$K = K_1 = k(\alpha_1)$ のときは定理 3.2.5 からただちに従う．そこで, $g : k \to L$ の拡張 $G_{i-1} : K_{i-1} = k(\alpha_1, \ldots, \alpha_{i-1}) \to L$ まで存

在が示されたとしよう．このとき，$K_i = k(\alpha_1, \dots, \alpha_{i-1}, \alpha_i)$ は $K_i = K_{i-1}(\alpha_i)$ と表される．定理 3.2.5 を $k = K_{i-1}$, $\alpha = \alpha_i$ の場合に適用したい．$\alpha_i$ の $K_{i-1}$ 上の最小多項式 $F_i(X) \in K_{i-1}[X]$ を考えよう．演習 3.1.7 より，$f_i$ は $F_i$ で割り切れる，すなわち，$F_i$ は $f_i$ を $K_{i-1}[X]$ で因数分解したときの既約因子（の一つ）である．$L$ は $\tilde{g}(f_i(X)) = 0$ の根をすべて含むと仮定したので，$\tilde{G}_{i-1}(F_i(X)) = 0$ の根 $\beta_i$ を含む．そこで，定理 3.2.5 が適用でき，$G_{i-1}$ は埋め込み $G_i : K_i = K_{i-1}(\alpha_i) \to L$ に拡張される．　□

## ▶演習問題

**演習 3.2.1**　$f(X) = X^m - a \in \mathbb{Q}[X]$ を既約多項式とし，$K = \mathbb{Q}[X]/(f(X)) \supset \mathbb{Q}$ を単拡大とする．このとき，$\mathbb{Q}$ 上の埋め込み $K \to \mathbb{C}$ で互いに異なるものがちょうど $m$ 個存在することを示せ（ヒント：$f(X) = 0$ の $\mathbb{C}$ での解は，1 の原始 $m$ 乗根 $\zeta$ を用いて $\zeta^r \sqrt[m]{a}$ $(r = 0, 1 \dots, m-1)$ と表される）．

**演習 3.2.2**　$k$ を標数が $p > 0$ の体とし，$f(X) = X^p - a \in k[X]$ を既約多項式とする．$K = k[X]/(f(X))$ を対応する単拡大，$L$ を $f(X)$ が $L[X]$ 内で 1 次式の積に分解するような $k$ の拡大体とすると，$K$ の $k$ 上の埋め込み $K \to L$ はただ一つであることを示せ．

# 3.3　分解体*

体 $k$ の有限次拡大は，既約な $k$ 係数多項式の根を $k$ に付け加える操作（単拡大）を何回か繰り返すことで得られるのだった．ある多項式 $f(X) \in k[X]$ が与えられたとき，そのすべての根を含むような体 $L$ を考えることは自然である．実際，そのような $L$ が存在することは簡単に確かめられる．

**命題 3.3.1**　体 $k$ に係数をもつ（既約とは限らない）多項式 $f(X) \in k[X]$ に対して，有限次拡大体 $L \supset k$ であって，$f(X)$ を $L[X]$ の元として見たとき 1 次式の積に分解するようなものが存在する．

**[証明]**　$f(X)$ を既約な多項式の積に分解する．すべての既約因子が 1 次式であったなら $L = k$ でよい．$f(X)$ が 2 次以上の既約因子をもったとして，その一つを $g(X)$ としよう．単拡大 $L_1 = k[X]/(g(X))$ において $X$ が定める剰余類を $\alpha_1$ とすると，$g(\alpha_1) = 0$ だから $f(\alpha_1) = 0$ となる．$f(X)$ を $L_1[X]$ の元として見たときの 2 次以上の既約因子の次数の和は，$g(X)$ が $L_1[X]$ の中で 1 次の因子をもつので，$k[X]$ の多項式として見たときのそれよりも小さい．よって $k$ を $L_1$ で取り替えて

議論を続け，有限回の単拡大を繰り返したのちに得られた有限次拡大体 $L$ に対して，$f(X)$ は $L[X]$ の中で 1 次式に分解する． □

与えられた多項式 $f(X) \in k[X]$ に対して，有限次拡大体 $L \supset k$ であって，$f(X)$ が $L[X]$ の中で 1 次式の積に分解するようなものはいろいろあるかもしれない．たとえば，そのような $L$ を一つ選んだならば，$L$ の任意の有限次拡大体も同じ性質をもつ．しかし，そのような $L$ の中で「最小のもの」は特別によい性質をもつ．最高次の係数が 1 の多項式 $f(X) \in k[X]$ が $L[X]$ の中で

$$f(X) = (X - \alpha_1) \cdots (X - \alpha_n) \quad (\alpha_1, \ldots, \alpha_n \in L)$$

と分解したとして，$K = k(\alpha_1, \ldots, \alpha_n) \subset L$ と定める．$K$ は $k$ の有限次拡大体になり，上の $f(X)$ の 1 次式への分解は $K[X]$ の中での分解でもある．別の拡大体 $L' \supset k$ があって $f(X)$ が $L'[X]$ の中で 1 次式の積に分解したとすると，系 3.2.7 によって恒等写像 $\mathrm{id} : k \to k \subset L'$ を拡張して得られる埋め込み $g : K \to L'$ が存在する．$g$ は <u>$k$ 上の</u>埋め込みだから，$g$ の誘導する多項式環の準同型写像 $\tilde{g} : K[X] \to L'[X]$（注意 3.2.4）に関して $\tilde{g}(f(X)) = f(X)$ であるが，一方 $K[X]$ の中での $f(X)$ の 1 次式への分解は

$$f(X) = \tilde{g}(f(X)) = (X - g(\alpha_1)) \cdots (X - g(\alpha_n))$$

となる．$n$ 次方程式 $f(X) = 0$ の $L'$ 内での根は高々 $n$ 個であるから（演習 3.3.1），$\{\beta_i = g(\alpha_i) \mid i = 1, \ldots, n\}$ は $L'$ の中での $f(X) = 0$ の根全体の集合に一致し，$g$ による $K$ の像 $K' = g(K)$ は $k$ に $\beta_1, \ldots, \beta_n$ を付け加えた体 $k(\beta_1, \ldots, \beta_n)$ になる．したがって，$f(X) \in k[X]$ に対して，十分大きな有限次拡大 $L$ の中で $k$ の元と $f(X) = 0$ の根 $\{\alpha_j\}$ で生成される体 $K = k(\alpha_1, \ldots, \alpha_n)$ は，$L$ のとり方によらず互いに $k$-同型である．

**定義 3.3.2** 体 $k$ に係数をもつ多項式 $f(X) \in k[X]$ に対して，方程式 $f(X) = 0$ の根をすべて $k$ に付け加えた体を $f(X)$ の**分解体** (splitting field) あるいは**最小分解体** (minimal splitting field) とよぶ．$f(X)$ の最小分解体は存在し，その $k$-同型類はただ一つに定まる．

**定理 3.3.3** 体 $k$ の有限次拡大 $K \supset k$ に対して，次の 2 条件は同値である．

(i) 任意の体の有限次拡大 $L \supset K$ と，その $k$-同型 $g : L \to L$ に対して，$g(K) = \{g(\alpha) \mid \alpha \in K\} \subset L$ は $K \subset L$ と一致する．

(ii) 既約な多項式 $f(X) \in k[X]$ が $K$ 内に一つ根をもてば，$f(X)$ は $K[X]$ の中で 1 次式の積に分解する．

**[証明]**　まず (i)⇒(ii) を示す．$f(X)$ の最高次の係数は 1 であるとしてよい．命題 3.3.1 により，$K$ の十分大きな有限次拡大体 $L$ であって，$f(X)$ が $L[X]$ 内で $f(X) = (X - \alpha_1)\cdots(X - \alpha_n)$ と分解するものがとれる．$f(X) = 0$ の $K$ 内の根を $\gamma$ とする．$f(X)$ が既約であることから，$\alpha_i$ $(i = 1, \ldots, n)$, $\gamma$ のいずれに対しても $f(X)$ はその $k$ 上の最小多項式になる．したがって，$\gamma$ を $\alpha_i$ に送る単拡大の $k$-同型 $k(\gamma) \to k(\alpha_i)$ があるので，包含写像 $k(\alpha_i) \hookrightarrow L$ を合成して，$k$ 上の埋め込み $g_i : k(\gamma) \to L$ を得る．$K = k(\gamma, \gamma_2, \ldots, \gamma_m)$ と表されたとしよう．$L$ を，$\gamma_i$ の最小多項式がどれも 1 次式の積に分解するような十分大きい $K$ の有限次拡大に置き換えよう．すると，系 3.2.7 によって，$g_i$ はさらに $k$-同型 $G_i : L \to L$ に拡張される．仮定 (i) により $G_i(K) = K$ であるが，$\alpha_i = G_i(\gamma) \in G_i(K) = K$ だから，結局任意の $i$ に対して $\alpha_i \in K$ がわかる．すなわち，$f(X)$ は $K[X]$ の中で 1 次式の積に分解する．

次に (ii)⇒(i) を示す．任意の元 $\gamma \in K$ に対して，その $k$ 上の最小多項式 $f(X) \in k[X]$ を考える．$f(\gamma) = 0$ であるから，仮定 (ii) により $\alpha_1 = \gamma, \alpha_2, \ldots, \alpha_n \in K$ が存在して $f(X) = (X - \gamma)(X - \alpha_2)\cdots(X - \alpha_n)$ と $K[X]$ 内で 1 次式の積に分解する．任意の $k$-同型 $g : L \to L$ をとり，それが誘導する準同型写像 $\tilde{g} : L[X] \to L[X]$ を考えると，$f(X) \in k[X]$ であり，$g$ が $k$ の元を動かさないことから $f(X) = \tilde{g}(f(X)) = (X - g(\alpha_1))\cdots(X - g(\alpha_n))$ となる．$L[X]$ は UFD で素元分解は単元倍の違いを除いて一意的であるから，$f(X)$ の因子 $(X - \gamma)$ はいずれかの $i$ に対して $(X - g(\alpha_i))$ と一致し，とくに $\gamma = g(\alpha_i) \in g(K)$ である．$\gamma \in K$ は任意であったから $K \subset g(K)$ である．同じことを $g^{-1}$ に対して行えば，$K = g(K)$ でなければならないことが導かれる．□

**定義 3.3.4**　体 $k$ の有限次拡大 $K$ で，定理 3.3.3 の (i)（したがって (ii)）の条件を満たすものを $k$ の**正規拡大** (normal extension) とよぶ．

**注意 3.3.5**　有限次拡大 $K \supset k$ が正規拡大であることは，次の条件とも同値である．

(i′) $K$ を部分体として含むような正規拡大 $L \supset k$ が存在して，任意の $k$-同型 $g : L \to L$ に対して $g(K) = K$.

実際，(i)⇒(i′) は明らかである．また，定理 3.3.3 の (i)⇒(ii) の証明において，$L$ を (i′) の条件を満たす正規拡大として，(i) の代わりに (i′) を仮定すれば，$L$ が正規拡大であることから，$L$ に条件 (ii) を用いることで $\gamma, \gamma_2, \ldots, \gamma_m$ の最小多項式はい

ずれも $L[X]$ で 1 次式の積に分解し，$k$ 上の埋め込み $g_i : k(\gamma) \to L$ は $G_i : L \to L$ に拡張されるので，$K$ に対する (ii) が導ける．このことは後に用いる．

次の形の正規拡大の特徴付けは便利である．

**系 3.3.6** 体 $k$ の有限次拡大 $K$ が正規拡大であることは，$K$ が（既約とは限らない）ある $k$ 係数多項式の最小分解体になることと同値である．

**[証明]** $K$ が正規拡大であると仮定する．$K$ は有限次拡大であるから，$\alpha_1, \ldots, \alpha_r \in K$ を用いて $K = k(\alpha_1, \ldots, \alpha_r)$ と表される（注意 3.2.6）．各 $\alpha_i$ の最小多項式を $f_i(X) \in k[X]$ とし，$f(X)$ をそれらの積 $f_1(X) \cdots f_r(X)$ とする．$K$ が正規拡大であると仮定したので定理 3.3.3, (ii) により $f(X)$ は $K[X]$ の中で 1 次式の積に分解し，$K$ は $k$ 上 $f(X) = 0$ の根全体で生成される体と一致するから，$K$ は $f(X)$ の最小分解体である．

逆に，$K$ がある多項式 $f(X) \in k[X]$ の最小分解体であったと仮定し，$L \supset K$ を任意の有限次拡大とする．$k$-同型 $g : L \to L$ を任意にとるとき，$g$ が誘導する多項式環の準同型写像 $\tilde{g} : L[X] \to L[X]$ は $f(X)$ を動かさない．一方，$K[X]$ 内で $f(X) = (X - \alpha_1) \cdots (X - \alpha_n)$ と分解したとすると $f(X) = \tilde{g}(f(X)) = (X - g(\alpha_1)) \cdots (X - g(\alpha_n))$ であるから，$\{\alpha_1, \ldots, \alpha_n\} = \{g(\alpha_1), \ldots, g(\alpha_n)\}$ であり，$K = k(\alpha_1, \ldots, \alpha_n)$ に対して $g(K) = k(g(\alpha_1), \ldots, g(\alpha_n)) = k(\alpha_1, \ldots, \alpha_n) = K$ が成り立つ．したがって，定理 3.3.3, (i) により $K$ は $k$ の正規拡大である． □

**系 3.3.7** 任意の有限次拡大体 $K \supset k$ に対して，$K$ を含む $k$ の正規拡大 $L \supset K \supset k$ が存在する．

**[証明]** $k$ 上代数的な元 $\alpha_1, \ldots, \alpha_r \in K$ を用いて $K = k(\alpha_1, \ldots, \alpha_r)$ と表せるから，$\alpha_i$ の最小多項式 $f_i(X) \in k[X]$ の積 $f(X) = f_1(X) \cdots f_r(X) \in k[X]$ をとり，$f(X) \in K[X]$ と見たときの $f$ の最小分解体 $L \supset K$ をとる．演習 3.1.4 により $L$ は $k$ の有限次拡大であり，$f(X)$ は $L[X]$ で 1 次式の積に分解するから，$L \supset k$ は正規拡大である． □

**定義 3.3.8** $k$ を体とし，$\Omega \supset k$ を拡大体，$\Omega \supset K, L \supset k$ を $\Omega$ の部分体で $k$ を部分体として含むものとする．このとき，$K, L$ をともに部分体として含むような最小の $\Omega$ の部分体を $KL$ で表し，（$\Omega$ の中での）$K, L$ の**合成体** (composition field) とよぶ．

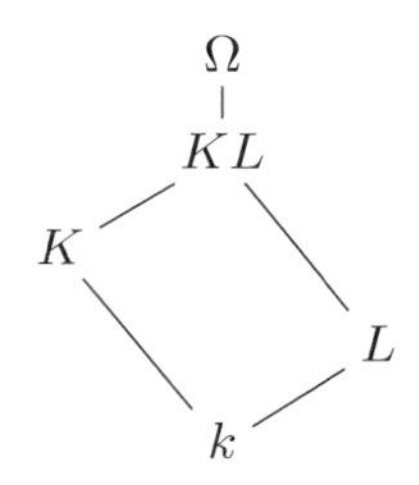


**命題 3.3.9**　上の定義 3.3.8 において，体の拡大 $K \supset k$ が有限次の正規拡大であったとする．このとき，拡大 $KL \supset L$ も有限次の正規拡大になる．

**［証明］**　$K$ は有限次拡大であるから，$k$ 上の基底 $\alpha_1, \ldots, \alpha_n \in K$ をもつ．このとき，$KL$ は L 上のベクトル空間として $\alpha_1, \ldots, \alpha_n$ で生成される $L$ の有限次拡大である（演習 3.3.3）．いま，$KL$ を含む有限次拡大体 $F$ をとり，$g : F \to F$ を L 上の同型とする．このとき，$k \subset L$ であるから $g$ は $k$-同型でもある．したがって，定理 3.3.3, (i) の条件によって，任意の $\alpha_i \in K$ に対して $g(\alpha_i) \in K$ が成り立つ．$\beta \in KL$ を $\beta = \sum_{i=1}^n \alpha_i \beta_i$ $(\beta_i \in L)$ と表しておくと，$g(\beta) = \sum_{i=1}^n g(\alpha_i)\beta_i \in KL$ となるので，$g(KL) \subset KL$ である．$g$ は逆写像をもつことも考えれば $g(KL) = KL$ で定理 3.3.3, (i) の条件が満たされることがわかるから，$KL \supset L$ は正規拡大である．　□

## ▶演習問題

**演習 3.3.1**　$k$ を体とし，$f(X) \in k[X]$ を 0 でない $n$ 次式とする．このとき，$f(X) = 0$ の根の集合，すなわち $\{\alpha \in k \mid f(\alpha) = 0\}$ は高々 $n$ 個の元からなることを示せ．

**演習 3.3.2**　$K \supset L \supset k$ を体の拡大の列とする．$K$ が $k$ の正規拡大であれば $K \supset L$ も正規拡大になることを示せ．一方，$L \supset k$, $K \supset L$ がともに正規拡大であっても，$K \supset k$ は正規拡大になるとは限らない．例を挙げよ．

**演習 3.3.3**　合成体の定義（定義 3.3.8）において $K \supset k$ が有限次拡大であり，$\alpha_1, \ldots, \alpha_n \in K$ が $k$-ベクトル空間としての基底であるとすると，合成体 $KL$ の元は $\sum_{i=1}^n \alpha_i \beta_i$ $(\beta_i \in L)$ の形に表されることを示せ．とくに，$KL \supset L$ は有限次拡大であり，$[KL : L] \leq [K : k]$ が成り立つ（ヒント: 注意 3.2.6 の考え方により，$K \supset k$ が単拡大の場合を考えれば，一般の場合はそこから従う）．

## 3.4 拡大の分離性*

体の埋め込みと有限次拡大の関係についてより詳しく知るためには，代数拡大の分離性の概念が必要になる．

**定義 3.4.1** $k$ を体とし，$f(X) \in k[X]$ を $n$ 次の多項式とする．$f(X)$ の最小分解体 $L$ をとれば，$f(X)$ は $L[X]$ で 1 次式の積に分解する:

$$f(X) = c \cdot (X - \alpha_1) \cdots (X - \alpha_n) \quad (\alpha_1, \ldots, \alpha_n \in L).$$

もし $\alpha_1, \ldots, \alpha_n$ がすべて異なるならば，$f(X)$ は**分離的** (separable) であるという．

多項式が分離的であるかどうかは，微分を用いることで判定できる．$f(X) = a_n X^n + \cdots + a_2 X^2 + a_1 X + a_0 \in k[X]$ に対して，その**微分** (derivation) を

$$f'(X) = n a_n X^{n-1} + \cdots + 2 a_2 X + a_1$$

で定めると，通常の微分の計算規則を満たす（演習 3.4.1 参照）．$K \supset k$ を体の拡大とするとき，$f(X) \in k[X]$ を $K[X]$ の元と見て微分したものは，$k[X]$ の元と見て微分したものと一致することに注意しよう．

**命題 3.4.2** $k$ を体とする．$f(X) \in k[X]$ が分離的であることは，$f(X) = 0$ と $f'(X) = 0$ が共通の根をもたないことと同値である．

**[証明]** $f(X)$ の最小分解体 $L$ をとり，$L[X]$ で $f(X)$ を 1 次式に分解する．$(X - \alpha)$ をその既約因子の一つとして，$m$ をその重複度とする:

$$f(X) = (X - \alpha)^m \cdot g(X) \quad (\alpha \in L,\ g(X) \in L[X],\ g(\alpha) \neq 0).$$

このとき，$f(X)$ の微分は

$$f'(X) = m(X - \alpha)^{m-1} \cdot g(X) + (X - \alpha)^m \cdot g'(X)$$

となるから，$f'(\alpha) = 0$ は $m \geq 2$ と同値である．とくに，$f(X)$ が分離的であることは，$f(X) = 0$ の根はどれも $f'(X) = 0$ の根にならないことと同値である． □

**定義 3.4.3** $k$ を体とし，$K \supset k$ を代数拡大とする．元 $\alpha \in K$ が $k$ 上**分離的** (separable) であるとは，$\alpha$ の $k$ 上の最小多項式 $f(X)$ が分離的になることである．$K$ の任意の元が $k$ 上分離的であるとき，$K \supset k$ は**分離拡大** (separable extension) であるという．

**命題 3.4.4**　体 $k$ の標数が 0 であれば，任意の有限次拡大 $K \supset k$ は分離拡大である．

**[証明]**　$\alpha \in K$ の最小多項式 $f(X)$ が分離的であることをいえばよい．$f(X)$ は $\alpha$ を代入して 0 になる $k$ 係数多項式の中で最も次数が小さい最高次の係数が 1 の多項式であり，その次数は 1 以上である．$f(X) = a_n X^n + \cdots$ $(a_n \neq 0)$ ならば，$f'(X) = na_n X^{n-1} + \cdots$ は $(n-1)$ 次の多項式である．$K$ の有限次拡大 $L$ で $f(X) = (X - \alpha_1)\cdots(X - \alpha_n)$ と分解されたとすると，$\alpha_i$ の $k$ 上の最小多項式 $f_i(X)$ は $f(X)$ を割り切る $k$ 係数の多項式であるから，$f(X)$ の既約性により，$f_i(X) = f(X)$ である．とくに $n$ 次未満の 0 でない多項式 $g(X)$ に対しては，どの $i$ についても $g(\alpha_i) \neq 0$ であるから $f'(\alpha_i) \neq 0$ である．したがって，$f(X)$ は分離多項式であり，$\alpha$ は $k$ 上分離的である．　□

したがって，分離性に関わる問題は正標数の体の場合に特有の問題であり，標数 0 の体について考える限りにおいては考慮する必要がない．

**注意 3.4.5**　(1) 体 $k$ の標数が $p > 0$ であれば，$f(X)$ が定数でない多項式だからといって $f'(X) \neq 0$ が成り立つとは限らない．たとえば，$f(X) = (X - a)^p$ であれば $f'(X) = p(X - a)^{p-1} = 0$（恒等的に 0）となってしまう．より正確には，標数 $p > 0$ の体 $k$ に係数をもつ多項式 $f(X)$ に対して $f'(X) = 0$ が成り立つのは，別の多項式 $f_1(X) \in k[X]$ が存在して $f(X) = f_1(X^p)$ が成り立つことと同値である（演習 3.4.2）．もし $f(X)$ が既約であったとすると，$f(X)$ がその分解体の中で重根 $\alpha$ を一つでももてば，上の命題の議論より $f'(X) = 0$ でなければならない．さらに，$f(X) = f_1(X^p)$ を満たす $f_1(X)$ も既約でなければならないことが従う．もし $f_1(X)$ が重根をもてば $f_1(X) = f_2(X^p)$ のようになる．同じ操作を繰り返していくと，ある $e \geq 0$ と既約な分離多項式 $f_e(X) \in k[X]$ が存在して $f(X) = f_e(X^{p^e})$ と表せる．$f(X)$ から定まるこの $e$ を，既約多項式 $f(X)$ の**非分離指数** (index of inseparability) とよぶ．

(2) ただし，正標数であっても，$k$ が有限体（有限個の元からなる体）であるときは，$k$ の任意の有限次拡大は分離拡大であることが知られている（演習 3.6.1）．

次の定理は，有限次拡大が分離拡大であるという仮定のもとでは，体の埋め込みの個数が拡大次数と一致することを主張の一部に含んでいるが，これは，有限次拡大を調べるにあたっての体の埋め込みの重要性を示唆する．

**定理 3.4.6** $K \supset k$ を有限次拡大とし，また，$L \supset K \supset k$ を $K$ を含む $k$ の正規拡大とする．$k$ 上の埋め込み $g : K \to L$ 全体の集合を $S_L(K/k)$ で表す．

(1) さらに $k$ を含む $K$ の部分体 $M$ があって $L \supset K \supset M \supset k$ なる列があるとき，$\#(S_L(K/k)) = \#(S_L(K/M)) \cdot \#(S_L(M/k))$ が成り立つ．

(2) $k$ の標数が $0$ ならば $\#(S_L(K/k)) = [K : k]$ である．$k$ の標数が $p > 0$ であるならば，非負整数 $e$ が存在して $[K : k] = \#(S_L(K/k)) \cdot p^e$ が成り立つ．とくに $S_L(K/k)$ は正規拡大 $L$ のとり方によらず，常に $\#(S_L(K/k)) \leq [K : k]$ が成り立つ．

(3) $K$ が $k$ の分離拡大であることと $\#(S_L(K/k)) = [K : k]$ は同値である．

**[証明]** (1) $L$ は $k$ の正規拡大であるから，$k$ 上の $M$ の $L$ への埋め込み $g \in S_L(M/k)$ に対して，$k$-同型 $\tilde{g} : L \to L$ であって $M$ への制限 $\tilde{g}|_M$ が $g$ と一致するものが定まる（系 3.2.7）．各 $g$ に対してこのような $\tilde{g}$ を一つ選んで固定すると，写像

$$\mu : S_L(M/k) \times S_L(K/M) \to S_L(K/k)\,; \quad (g, h) \mapsto \tilde{g} \circ h$$

が定まる．$(g_1, h_1), (g_2, h_2) \in S_L(M/k) \times S_L(K/M)$ に対して $\tilde{g}_1 \circ h_1 = \tilde{g}_2 \circ h_2$ だったとする．いまこの両辺は $k$ 上の埋め込み $K \to L$ であるが，これを $M$ に制限すると，$h_1, h_2$ の $M$ への制限が恒等写像であることから $g_1 = g_2$ でなければならないことがわかる．これを $g$ とすると，$\tilde{g}$ が $k$-同型であるので，$\tilde{g} \circ h_1 = \tilde{g} \circ h_2$ からただちに $h_1 = h_2$ が従う．よって上の写像 $\mu$ は単射である．一方，$G \in S_L(K/k)$ をとり，$g = G|_M : M \to L$ とすると $g \in S_L(M/k)$ である．$h = \tilde{g}^{-1} \circ G : K \to L$ は $M$ 上恒等写像になるから $h \in S_L(K/M)$ であり，$G = \tilde{g} \circ h$ が成り立つ．よって $\mu$ は全射でもある．全単射 $\mu$ で元の個数を比較して (1) を得る．

(2) 代数的元 $\alpha_1, \ldots, \alpha_r \in K$ を用いて $K = k(\alpha_1, \ldots, \alpha_r)$ と表せるので，(1) および演習 3.1.4 を考慮すれば，$K$ が $k$ の単拡大 $K = k(\gamma)$ である場合に示せば十分である．$\gamma$ の最小多項式 $f(X) \in k[X]$ をとろう．注意 3.4.5 によれば，分離的な既約多項式 $f_e(X)$ が存在して $f(X) = f_e(X^{p^e})$ と表せる（$k$ の標数が $0$ ならば $e = 0$, $p^e = 1$ と考えればよい）．$L'$ を積 $f(X) \cdot f_e(X)$ の最小分解体とすると，$\alpha_1, \ldots, \alpha_n \in L'$ が存在して $f(X) = (X - \alpha_1) \cdots (X - \alpha_n)$ となり，同時にすべて互いに異なる $\beta_1, \ldots, \beta_m \in L'$ が存在して $f_e(X) = (X - \beta_1) \cdots (X - \beta_m)$ と分解される．このとき $f(X) = f_e(X^{p^e})$ により $n = m \cdot p^e$ であり，$\alpha_1, \ldots, \alpha_n$ の番号付けを重複も考慮に入れて改めることで

$$f(X) = (X^{p^e} - \beta_1) \cdots (X^{p^e} - \beta_m)$$
$$= (X - \alpha_1)^{p^e} \cdots (X - \alpha_m)^{p^e} = ((X - \alpha_1) \cdots (X - \alpha_m))^{p^e} \quad (\beta_i = \alpha_i^{p^e})$$

と表される．さらに $L'$ としては $f(X)$ の最小分解体をとれば十分であり，$\gamma \in L$ だから，この因数分解は $L[X]$ の中でできることもわかる（定理 3.3.3）．$k$ 上の埋め込み $K = k(\gamma) \to L$ は $\gamma$ の行き先で決まるが，これは $f(X)$ の根でなければならないから $\alpha_1, \ldots, \alpha_m$ のいずれかである．したがって，$S_L(K/k)$ は $m$ 個の元からなり，$[K:k] = n = m \cdot p^e = \#(S_L(K/k)) \cdot p^e$ が従う．

(3)　$\alpha \in K$ を任意にとり，有限次拡大の列 $K \supset k(\alpha) \supset k$ を考えると，拡大次数に関しては $[K : k] = [K : k(\alpha)] \cdot [k(\alpha) : k]$ が成り立ち，一方 (1) より $\#(S_L(K/k)) = \#(S_L(K/k(\alpha))) \cdot \#(S_L(k(\alpha)/k)$ が，(2) より $\#(S_L(K/k(\alpha))) \leq [K : k(\alpha)], \#(S_L(k(\alpha)/k)) \leq [k(\alpha) : k]$ が成り立つ．したがって，$\#(S_L(K/k)) = [K : k]$ ならば $\#(S_L(k(\alpha)/k)) = [k(\alpha) : k]$ でなければならず，(2) の議論より $\alpha$ の最小多項式は分離多項式で，$\alpha$ は分離的な元である．逆に $K \supset k$ が有限次分離拡大として，これを単拡大の列 $K = k(\alpha_1, \ldots, \alpha_r) \supset k(\alpha_1, \ldots, \alpha_{r-1}) \supset \cdots \supset k(\alpha_1) \supset k$ に分解する．$\alpha_i$ はどれも $k$ 上分離的だが，$\alpha_i$ の $k(\alpha_1, \ldots, \alpha_{i-1})$ 上の最小多項式 $g_i(X)$ は $\alpha_i$ の $k$ 上の最小多項式 $f_i(X)$ を割り切るから（演習 3.1.7），$g_i(X)$ も分離多項式であり，よって $\alpha_i$ は $k(\alpha_1, \ldots, \alpha_{i-1})$ 上分離的である．したがって，$K$ が $k$ の単拡大である場合に等式 $[K:k] = \#(S_L(K/k))$ がいえればよいが，このことは，単拡大が分離拡大であるのは (2)（の証明）における $e$ が 0 の場合に相当することから従う．　□

この定理の応用として，いわゆる単拡大定理が証明できる．

> **定理 3.4.7**　$k$ を無限体とし，$K \supset k$ を有限次分離拡大とする．このとき，$\alpha \in K$ が存在して $K = k(\alpha)$ が成り立つ．

**[証明]**　$K = k(\alpha_1, \ldots, \alpha_r)$ と表したときに，ある $\gamma \in K$ が存在して $K = k(\alpha_1, \ldots, \alpha_{r-2}, \gamma)$ と書けることがいえれば，これを次々に適用すればよい．したがって，有限次拡大 $K = k(\alpha, \beta) \supset k$ に対して，$\gamma \in K$ が存在して $K = k(\gamma)$ が成り立つことを示せばよい．拡大次数を $n = [K : k]$ とすると，定理 3.4.6 によって，$K$ を含む $k$ の正規拡大 $L$ に対して，$n$ 個の相異なる $k$ 上の埋め込み $g_i : K \to L$ $(i = 1, \ldots, n)$ がある．そこで，

$$f(X) = \prod_{i \neq j} ((g_i(\alpha) - g_j(\alpha))X - (g_i(\beta) - g_j(\beta))) \in L[X]$$

とおくと，$i \neq j$ ならば $g_i(\alpha) \neq g_j(\alpha)$ または $g_i(\beta) \neq g_j(\beta)$ であるので，$f(x)$ は $L$ 係数の 0 でない多項式である．$k$ は無限体であるから，ある $c \in k$ が存在して $f(c) \neq 0$ が成り立つ．これは，任意の $i \neq j$ の組に対して

$$g_i(\alpha) \cdot c - g_i(\beta) \neq g_j(\alpha) \cdot c - g_j(\beta)$$

が成立することを意味するから，$\gamma = c\alpha - \beta \in K$ に対して $g_1(\gamma), \ldots, g_n(\gamma)$ はすべて異なっている．$K' = k(\gamma)$ とおくと，これは $k$ を含む $K$ の部分体であるから $k$ 上分離的であり（演習 3.4.3），$g_i$ を $K'$ に制限して得られる埋め込み $K' \to L$ は $\gamma$ の値が異なるのですべて互いに異なるから，再び定理 3.4.6 により，拡大次数 $[K' : k]$，すなわち，$K'$ の $k$-ベクトル空間としての次元は $n$ 以上になる．しかし，$[K : k] = n$ であり $K \supset K'$ だったから，$K = K'$ でなければならない．すなわち，$K = k(\gamma)$ が成立する． □

**注意 3.4.8** 無限体の有限次分離拡大は常に単拡大であることはすでに述べたが，有限体の有限次拡大も，いつも単拡大になる．上に与えた証明は $k$ が有限体の場合にはうまくいかないことには注意が必要である．

$k$ が有限体の場合については演習 3.6.1 を参照のこと．

## ▶演習問題

**演習 3.4.1** $k$ を体とする．写像 $\frac{d}{dX} : k[X] \to k[X]$ が性質

(i) $\frac{d}{dX}(f(X)+g(X)) = \frac{d}{dX}f(X) + \frac{d}{dX}g(X)$，$c \in k$ に対して $\frac{d}{dX}(cf(X)) = c\frac{d}{dX}f(X)$
(ii) $\frac{d}{dX}(f(X) \cdot g(X)) = \left(\frac{d}{dX}f(X)\right)g(X) + f(X)\left(\frac{d}{dX}g(X)\right)$
(iii) $\frac{d}{dX}(X) = 1$

を満たすことと，写像 $\frac{d}{dX}$ が

$$\frac{d}{dX}(a_nX^n + \cdots + a_2X^2 + a_1X + a_0) = na_nX^{n-1} + \cdots + 2a_2X + a_1$$

を満たすことは同値であることを示せ．

**演習 3.4.2** $k$ を標数 $p > 0$ の体とする．$f(X) \in k[X]$ に対してその微分 $f'(X)$ が恒等的に 0 になるのは，多項式 $g(X) \in k[X]$ が存在して $f(X) = g(X^p)$ と表せることと同値であることを示せ．

**演習 3.4.3** $K \supset L \supset k$ は体の拡大の列とする．もし $K$ が $k$ の有限次分離拡大であれば $L \supset k$，$K \supset L$ も分離拡大になることを示せ．逆に，$L \supset k$，$K \supset L$ がともに有限次分離拡大であるならば，$K \supset k$ も分離拡大になることを示せ．

**演習 3.4.4**　定義 3.3.8 において，$K \supset k$ が有限次拡大であるとする．次を示せ．

(1) $\alpha \in K$ が $k$ 上分離的な元であるとき，$\alpha \in KL$ と見るならば，$\alpha$ は $L$上分離的でもある．

(2) $K \supset k$ が分離拡大ならば $KL \supset L$ も分離拡大である（ヒント: $\alpha_1, \ldots, \alpha_r \in K$ を選び $K = k(\alpha_1, \ldots, \alpha_r) \supset k(\alpha_1, \ldots, \alpha_{r-1}) \supset \cdots \supset k(\alpha_1) \supset k$ のように単拡大の列に分解すると，演習 3.4.3 により，これら隣り合う単拡大はすべて分離拡大になる）．

## 3.5　ガロワ理論*

ガロワ理論がよくはたらくのは，正規拡大であると同時に分離拡大であるような有限次拡大においてである．これに名前を付けるところから始めよう．

**定義 3.5.1**　有限次拡大 $K \supset k$ が分離拡大であり，かつ，正規拡大であるとき，これを**ガロワ拡大** (Galois extension) とよぶ．

体 $k$ の標数が 0 のときは任意の代数拡大は自動的に分離的だから，$K \supset k$ がガロワ拡大であることは，$K$ がある多項式 $f(X) \in k[X]$ の最小分解体になることと同値である（系 3.3.6）．この対応により，ガロワ拡大の性質を明らかにするガロワ理論は，方程式 $f(X) = 0$ の理論そのものなのである．

ガロワ理論にとって最も重要なアイデアは，ガロワ拡大 $K \supset k$ に対してその $k$-同型全体の集合

$$\mathrm{Gal}(K/k) = \{g : K \to K \mid k\text{-同型}\}$$

が写像の合成に関して作る群に注目することである．これをガロワ拡大 $K \supset k$ の**ガロワ群** (Galois group) とよぶ．定理 3.4.6, (3) により，ガロワ群 $\mathrm{Gal}(K/k)$ の位数は拡大次数 $[K : k]$ に一致する．

**注意 3.5.2**　有限次拡大 $K \supset k$ に対して $k$-同型 $g : K \to K$ のありさまを調べることは，前節までにすでに行ってきた．ガロワ拡大とは限らない有限次拡大 $K \supset k$ に対しても $k$-同型の群を考えることは有用である．このときは，誤解を避けるために

$$\mathrm{Aut}(K/k) = \{g : K \to K \mid k\text{-同型}\}$$

のような記号を用いるのが一般的である．

$K \supset k$ を有限次拡大とし，$G \subset \mathrm{Aut}(K/k)$ をその部分群としよう．このとき，

$$K^G = \{\alpha \in K \mid \forall g \in G,\ \ g(\alpha) = \alpha\}$$

で定めると，これは $k$ を含む $K$ の部分体になる（演習 3.5.1）．これを $K$ の $G$ に関する**固定体** (fixed field) とよぶ．

**定理 3.5.3** 体の有限次拡大 $K \supset k$ がガロワ拡大であることは，$G = \mathrm{Aut}(K/k)$ に対して $K^G = k$ が成り立つことと同値である．

**[証明]** まず，$K^G = k$ を仮定しよう．$\alpha \in K$ を任意にとる．$\alpha$ の $k$ 上の最小多項式を $F(X) \in k[X]$ とし，$F(X) = 0$ の $K$ 内での互いに相異なる根を $\alpha = \alpha_1, \alpha_2, \ldots, \alpha_r$ としよう（このとき $r \leq \deg F$ である）．ここで，

$$f(X) = (X - \alpha_1) \cdots (X - \alpha_r) \in K[X]$$

とおく．任意の $g \in G = \mathrm{Aut}(K/k)$ が誘導する多項式環の準同型写像 $\tilde{g} : K[X] \to K[X]$（注意 3.2.4）は $F(X)$ を動かさないから，$g(\alpha_i)$ も $F(X) = 0$ の根になる．したがって，集合として $\{g(\alpha_1), \ldots, g(\alpha_r)\} = \{\alpha_1, \ldots, \alpha_r\}$ であり，

$$\tilde{g}(f(X)) = (X - g(\alpha_1)) \cdots (X - g(\alpha_r)) = (X - \alpha_1) \cdots (X - \alpha_r) = f(X)$$

となるから，$f(X) \in K^G[X] = k[X]$ となる．$f(X)$ は $F(X)$ を $k[X]$ の中で割り切ることになるから，$F(X) = f(X)$，すなわち $f(X)$ が $\alpha$ の最小多項式である．また，$f(X)$ は重根をもたないから，$\alpha$ は $k$ 上分離的である．既約な多項式 $h(X) \in k[X]$ を任意にとると，$h(X)$ は $K$ 内に根をもつかもたないかのいずれかであるが，もし根をもったならば，それを $\alpha$ として上記の議論を行う．$h(X)$ は $\alpha$ の最小多項式の 0 でない $k$ の元倍であるから，$h(X) = c \cdot f(X)$ $(c \in k)$ となり，$h(X)$ は $K[X]$ の中で 1 次式の積に分解する．したがって，定理 3.3.3 により，$K \supset k$ は正規拡大である．

逆に，$K \supset k$ がガロワ拡大であると仮定しよう．$\alpha \in K$ の最小多項式 $f(X)$ は定理 3.3.3 により，$K$ 内で 1 次式の積に分解し，$f(X)$ は重根をもたない:

$$f(X) = (X - \alpha)(X - \alpha_2) \cdots (X - \alpha_r).$$

もし $f(X)$ の次数が 2 以上ならば，定理 3.2.5 および系 3.2.7 より，任意の $i \geq 2$ に対して $g_i \in G = \mathrm{Aut}(K/k)$ が存在して $g_i(\alpha) = \alpha_i$ を満たす．とくに $\alpha \notin K^G$ である．したがって，対偶をとれば，$\alpha \in K^G$ ならば $\alpha$ の最小多項式は 1 次式でなければならず，それは $\alpha \in k$ と同値であるから $K^G \subset k$ である．定義より $k \subset K^G$ だから $K^G = k$ が導かれた． □

以下，簡単のため，体の拡大 $K \supset k$ に対して，$K$ の部分体 $L$ で $k$ を部分体として含むようなもの $K \supset L \supset k$ を，拡大 $K \supset k$ の**中間体** (intermediate field) とよぶことにする．

**定理 3.5.4（ガロワの基本定理）** $K \supset k$ をガロワ拡大とする．任意の中間体 $K \supset L \supset k$ に対して，体の拡大 $K \supset L$ もガロワ拡大であり，$L$ に $\mathrm{Gal}(K/L)$ を対応させる対応は，$K \supset k$ の中間体全体のなす集合から $G = \mathrm{Gal}(K/k)$ の部分群全体のなす集合への全単射である．さらに，$L \supset k$ がガロワ拡大であることは $\mathrm{Gal}(K/L)$ が $G$ の正規部分群であることと同値であり，このとき $\mathrm{Gal}(K/k)/\mathrm{Gal}(K/L) \cong \mathrm{Gal}(L/k)$ が成り立つ．

**［証明］** $K \supset L$ がガロワ拡大になることは演習 3.3.2 および演習 3.4.3 より従う．すると定理 3.5.3 により，$L$ は $K$ の $\mathrm{Gal}(K/L)$ による固定体になる．このことから，もう一つの中間体 $M$ に対して $H = \mathrm{Gal}(K/M) = \mathrm{Gal}(K/L)$ となったとすると $M = K^H = L$ が成り立つので，対応 $L \mapsto \mathrm{Gal}(K/L)$ は単射であることがわかる．

一方，$H \subset G = \mathrm{Gal}(K/k)$ を部分群とし，その固定体 $L = K^H$ をとろう．定理 3.4.7（および注意 3.4.8）によって，$\alpha \in K$ が存在して $K = k(\alpha)$ と表せる．$G = \mathrm{Gal}(K/k)$ は位数が拡大次数 $[K:k]$ であるような有限群なので（定理 3.4.6），$H$ も有限群である．そこで $H = \{h_1 = \mathrm{id}, h_2, \ldots, h_n\}$ $(n = \#(H))$ として，

$$f(X) = (X-\alpha)(X-h_2(\alpha))\cdots(X-h_n(\alpha)) \in K[X]$$

を考える．$h \in H$ は集合 $\{\alpha, h_2(\alpha), \ldots, h_n(\alpha)\}$ の置換を引き起こすので，多項式環に誘導される準同型写像 $\tilde{h} : K[X] \to K[X]$ は $f(X)$ を動かさないから，その係数は $L = K^H$ の元である，すなわち $f(X) \in L[X]$ である．$f(X)$ は $K[X]$ の中で 1 次式の積に分解し，$K = L(\alpha) = L(\alpha, h_2(\alpha), \ldots, h_n(\alpha))$ となるから，$K$ は $f(X) \in L[X]$ の最小分解体であり，系 3.3.6 によって $K \supset L$ は正規拡大である．演習 3.4.3 より $K \supset L$ は分離拡大でもあるから，$K/L$ はガロワ拡大であり，その拡大次数は $n$ である．定め方から $H \subset \mathrm{Gal}(K/L)$ であるが，$H$ も $\mathrm{Gal}(K/L)$ も位数 $n$ の有限群であるから，$H = \mathrm{Gal}(K/L)$．したがって，中間体 $L$ にガロワ群 $\mathrm{Gal}(K/L)$ を対応させる対応は全射でもある．

次に $L/k$ もガロワ拡大であったとしよう．定理 3.3.3 により，任意の $g \in \mathrm{Gal}(K/k)$ に対して $L = g(L)$ が成り立つから，$g$ を $L$ に制限する写像

$$\pi : \mathrm{Gal}(K/k) \to \mathrm{Gal}(L/k) \ ; \quad g \mapsto g_{|L}$$

は群の準同型写像である．また．$K/k$ は正規拡大なので系 3.2.7 および定理 3.3.3 により，$h \in \mathrm{Gal}(L/k)$ は $\mathrm{Gal}(K/k)$ の元に拡張されるから，準同型写像 $\pi$ は全射である．その核は，$k$-同型 $K \to K$ であってその $L$ への制限が恒等写像 $\mathrm{id}_L$ になるもの全体であるので $\mathrm{Gal}(K/L)$ に一致する．とくに，$\mathrm{Gal}(K/L)$ は $\mathrm{Gal}(K/k)$ の正規部分群であり，準同型定理により $\mathrm{Gal}(L/k) = \mathrm{Gal}(K/k)/\mathrm{Gal}(K/L)$ が成り立つ．

最後に，$\mathrm{Gal}(K/L)$ が $G = \mathrm{Gal}(K/k)$ の正規部分群であったとしよう．これは，任意の $h \in \mathrm{Gal}(K/L)$ と $g \in \mathrm{Gal}(K/k)$ に対して $h' = ghg^{-1} \in \mathrm{Gal}(K/L)$ を意味する．このとき，$hg^{-1} = g^{-1}h'$ が成り立つので，$\alpha \in L$ に対して

$$g^{-1}(\alpha) = g^{-1}(h'(\alpha)) = hg^{-1}(\alpha)$$

が成り立ち，$g^{-1}(\alpha) \in K^{\mathrm{Gal}(K/L)} = L$ を得る．すなわち $g^{-1}(L) \subset L$ である．$g$ は任意であったから $g(L) = L$ が成り立つが，ここで定理 3.3.3 および注意 3.3.5 を適用すれば $L \supset k$ も正規拡大であることがわかる．演習 3.4.3 により $L \supset k$ は分離拡大でもあるので，$L \supset k$ がガロワ拡大になることが確かめられた．□

もちろんガロワ理論の最初の中心的関心は代数方程式の解の探索の問題であったが，現代の代数学の観点から見れば，ガロワ理論は方程式の問題だけにとどまらず，広い範囲の問題にとって重要な役割を演じる．

ここでは，ガロワ理論を応用して代数学の基本定理を証明するとどうなるかを見てみよう．

**定理 3.5.5（代数学の基本定理）** 複素数体 $\mathbb{C}$ は代数的に閉である．

**[証明]** まず，次の二つのことに注意しよう．

(1) 実数係数の<u>奇数次の</u>多項式 $f(X) \in \mathbb{R}[X]$ に対して方程式 $f(X) = 0$ は $\mathbb{R}$ 内に解をもつことに注意しよう．これは中間値の定理であり，実数の連続性からの帰結である．とくに，実数係数の既約多項式の次数は 1 より大きければ常に偶数である．

(2) 任意の複素数 $\alpha \in \mathbb{C}$ は $\mathbb{C}$ 内に平方根をもつ．実際 $\theta \in \mathbb{R}$ および $r \geq 0$ を用いて $\alpha = re^{\theta\sqrt{-1}}$ と表したならば，その平方根（の一つ）は $\sqrt{r} \cdot e^{\frac{\theta\sqrt{-1}}{2}}$ で与えられる．とくに，複素数係数の 2 次式は必ず $\mathbb{C}$ 内に根をもち，既約ではありえない．

さて，$\mathbb{C}$ が非自明な有限次拡大 $K'$ をもったとして，それを含む拡大体 $K \supset K' \supset$

$\mathbb{C} \supset \mathbb{R}$ で $K$ が $\mathbb{R}$ の有限次ガロワ拡大であるようなものをとり，$G = \mathrm{Gal}(K/\mathbb{R})$ をそのガロワ群とする．$G$ の位数が偶数であったならば，$H$ をその 2-シロー部分群として，$L = K^H$ をその固定体とする．拡大次数 $[K : L]$ は $H$ の位数と一致するから，演習 3.1.4 により，拡大次数 $d = [L : \mathbb{R}] = \frac{[K:\mathbb{R}]}{[K:L]} = \frac{\#(G)}{\#(H)}$ は奇数になる．定理 3.4.7 により，$L$ は単拡大 $\mathbb{R}(\alpha)$ の形に書かれ，その最小多項式は $d$ 次の既約多項式であるが，この証明の冒頭の考察 (1) により，それが可能なのは $d = 1$ の場合のみ，すなわち，$L = \mathbb{R}$ の場合のみである．したがって，$G$ は 2-群（位数が 2 のベキ乗であるような有限群）でなければならない．$G' = \mathrm{Gal}(K/\mathbb{C})$ は $G$ の部分群であるからやはり 2-群である．演習 1.14.1 によって，$G'$ は正規部分群 $H'$ で $G'/H' \cong \boldsymbol{\mu}_2$ となるようなものを含むから，その固定体を $L' = K^{H'}$ とすると，$\mathrm{Gal}(L'/\mathbb{C}) \cong \boldsymbol{\mu}_2$ となる．再び $L' = \mathbb{C}(\beta)$ と単拡大で表すと，$\beta$ の最小多項式は $\mathbb{C}$ 係数の既約な 2 次式でなければならないが，これは再びこの証明の冒頭の考察 (2) に矛盾する．よって，$\mathbb{C}$ の任意の有限次拡大は $\mathbb{C}$ 自身であるから，$\mathbb{C}$ は代数的に閉である．
□

率直にいえば，ここで記した代数学の基本定理の証明は，ガロワ理論の使い方を例示する「ためにする」証明であり，ほかに最大値原理を用いるもの（複素解析）や，まつわり数 (winding number) を用いるもの（位相幾何）など，より平易で直接的な証明がある．有限群論やガロワ理論を一般的に構築したうえでそれを適用した上記の証明が，ほかの証明よりも本質をえぐり出しているとは必ずしもいえないだろう．

以下，後に用いるために，ガロワ拡大の性質にまつわるいくつかの事項について述べる．

**定理 3.5.6**　$K$ を体とし，$k_0$ をその素体とする．$G \subset \mathrm{Aut}(K/k_0)$ を有限部分群として $k = K^G$ とおくとき，$K \supset k$ はガロワ拡大であり，そのガロワ群は $G$ と同型になる．

**[証明]**　$\alpha \in K$ を任意にとる．$\alpha$ の $G$-軌道 $O = \{g(\alpha) \mid g \in G\} \subset K$ は有限集合であるので，$F(X) = \prod_{\beta \in O}(X - \beta) \in K[X]$ とおくと，定理 3.5.4 の証明同様，$G$ の任意の元は $F(X)$ を動かさないことがわかるから，$F(X) \in K^G[X] = k[X]$ である．$\alpha$ の $k$ 上の最小多項式 $f(X)$ は $F(X)$ を割り切るので，$f(X) \in k[X]$ は分離多項式であるから，$\alpha \in K$ は $k$ 上分離的である．また，任意の $\alpha \in K$ に対する最小多項式 $f(X)$ は $K[X]$ の中で 1 次式の積に分解するから，定理 3.3.3, (ii) によって $K \supset k$ は正規拡大である．よって，$K \supset k$ はガロワ拡大であり，$G \subset \mathrm{Gal}(K/k)$

となる．いま $K \supset k$ が有限次分離拡大であることから，ある $\alpha \in K$ をうまく選ぶと $K = k(\alpha)$ と書かれる（定理 3.4.7，注意 3.4.8）．$\alpha$ の最小多項式 $f(X)$ は $F(X)$ を割り切るから，$\#(\mathrm{Gal}(K/k)) = [K : k] = \deg f(X) \leq \deg F(X) \leq \#(G)$ となり，$G = \mathrm{Gal}(K/k)$ が従う． □

**命題 3.5.7** 合成体の定義（定義 3.3.8）において，$K \supset k$ が有限次ガロワ拡大であったならば，$KL \supset L$ も有限次ガロワ拡大であり，そのガロワ群 $\mathrm{Gal}(KL/L)$ は $\mathrm{Gal}(K/K \cap L)$ と同型である．

**[証明]** $KL \supset L$ がガロワ拡大になることは命題 3.3.9 および演習 3.4.4 より従う．写像

$$\rho : \mathrm{Gal}(KL/L) \to \mathrm{Gal}(K/k)\ ; \quad g \mapsto g|_K$$

は群の準同型写像であり，その像の元は $K$ の部分体 $K \cap L$ を固定するから $\mathrm{Gal}(K/K \cap L)$ に含まれる．もし $g|_K = \mathrm{id}_K$ であれば，$g$ は $L$ および $K$ の任意の元を動かさないから，$KL$ の任意の元を固定する．したがって，$\rho$ は単射であり，その像 $G \subset \mathrm{Gal}(K/k)$ は $\mathrm{Gal}(KL/L)$ と同型である．定理 3.5.3 により $L = (KL)^{\mathrm{Gal}(KL/L)}$ が成り立つので，$K \cap L$ は固定体 $K^G$ にほかならないが，定理 3.5.6 によって，$K$ は $G \cong \mathrm{Gal}(KL/L)$ をガロワ群とする $K \cap L$ のガロワ拡大であることが従う． □

### ▶演習問題

**演習 3.5.1** $K \supset k$ を有限次拡大とし，$G \subset \mathrm{Aut}(K/k)$ を部分群とするとき，

$$K^G = \{\alpha \in K \mid \forall g \in G,\ g(\alpha) = \alpha\}$$

は $k$ を含む $K$ の部分体になることを示せ．

## 3.6 方程式論への応用*

本節ではガロワの基本定理が，実際どのようにして方程式の分析に役立つかを見ていく．

**定義 3.6.1** $k$ を標数 0 の体とし，$f(X) \in k[X]$ を定数でない多項式とする．$K$ を $f(X)$ の最小分解体とするとき，そのガロワ群 $\mathrm{Gal}(K/k)$ を**方程式 $f(X) = 0$ のガロワ群** (Galois group of an algebraic equation) とよぶ．

$k$ を標数 0 の体とし，$f(X) = X^n + a_1X^{n-1} + \cdots + a_{n-1}X + a_n \in k[X]$ の最小分解体を $K = k(\alpha_1, \ldots, \alpha_n)$ とする．ここで，$\alpha_i$ $(i = 1, \ldots, n)$ は $f(X) = 0$ の $K$ の中での根であり，$K[X]$ の中では

$$f(X) = (X - \alpha_1) \cdots (X - \alpha_n)$$

と 1 次式の積に分解する．$g \in \mathrm{Gal}(K/k)$ が誘導する多項式環の準同型写像 $\tilde{g} : K[X] \to K[X]$（注意 3.2.4）は $f(X)$ を動かさない: $\tilde{g}(f(X)) = f(X)$．したがって，任意の $i$ に対して $g(\alpha_i)$ もまた $f(X) = 0$ の根になるから，対応 $\alpha_i \mapsto g(\alpha_i)$ は，$f(X) = 0$ の根の集合 $\{\alpha_1, \ldots, \alpha_n\}$ の置換を引き起こす，すなわち，準同型写像

$$\Phi : \mathrm{Gal}(K/k) \to \mathfrak{S}_n$$

がある．$\Phi(g) = \mathrm{id}$ であるとすると，$g$ は任意の $\alpha_i$ に対して $g(\alpha_i) = \alpha_i$ を満たす $k$-同型であり，$K = k(\alpha_1, \ldots, \alpha_n)$ であるから，$K$ の恒等写像になる．すなわち $\Phi$ はいつでも単射な準同型写像になる．方程式論としてのガロワ理論は，この準同型写像 $\Phi$ の像が方程式の解のふるまいを説明すると考えるのである．

**例 3.6.2**　引き続き $k$ は標数 0 の体として，3 次方程式の場合を考えよう:

$$f(X) = X^3 + a_1X^2 + a_2X + a_3 = (X - \alpha_1)(X - \alpha_2)(X - \alpha_3).$$

$\Phi$ によって $G = \mathrm{Gal}(K/k)$ は $\mathfrak{S}_3$ の部分群と同型になるが，$\#(\mathfrak{S}_3) = 6$ であるから，$G$ のとりうる位数は $1, 2, 3, 6$ のいずれかであり，これは拡大次数 $[K : k]$ に一致する．置換の符号 $\mathrm{sgn} : \mathfrak{S}_3 \to \{\pm 1\}$ があるから，$\Phi$ との合成

$$\varepsilon = \mathrm{sgn} \circ \Phi : G = \mathrm{Gal}(K/k) \to \{\pm 1\}$$

を考えることができる．$H = \mathrm{Ker}(\varepsilon)$ は $G = \mathrm{Gal}(K/k)$ の正規部分群を定める．$H$ の $\Phi$ での像は $\mathfrak{A}_3 \cong \boldsymbol{\mu}_3$ の部分群であるが，$\boldsymbol{\mu}_3$ は素数位数の巡回群であるから，$H \cong \{1\}$ または $H \cong \boldsymbol{\mu}_3$ のいずれかが成り立たなければならない．$\varepsilon$ が全射であるかどうかも合わせて，以下の場合分けが得られる:

| $H$ | $\mathrm{Im}(\varepsilon)$ | $G$ |
|---|---|---|
| $\{1\}$ | $\{1\}$ | $\{1\}$ |
| $\{1\}$ | $\{\pm 1\}$ | $\boldsymbol{\mu}_2$ |
| $\boldsymbol{\mu}_3$ | $\{1\}$ | $\boldsymbol{\mu}_3$ |
| $\boldsymbol{\mu}_3$ | $\{\pm 1\}$ | $\mathfrak{S}_3$ |

ここまでは純粋に群だけの議論であることに注意しよう．上の表の各場合の方程式

のふるまいを見てみよう．$G=\{1\}$ は $K=k$ と同値であり（定理 3.5.3），このときは三つの根 $\alpha_1, \alpha_2, \alpha_3$ はいずれも $k$ の元であり，$f(X)$ は $k[X]$ 内ですでに 1 次式の積に分解する．また $G \cong \boldsymbol{\mu}_2$ の場合，$\Phi(G)$ は一つの互換，たとえば $(1\ 2)$ で生成されるので，とくにガロワ群 $G$ は $\alpha_3$ を固定するから（再び定理 3.5.3），$f(X)$ は $k[X]$ の中で 2 次式と 1 次式の積に $f(X)=q(X)\cdot(X-\alpha_3)$ のように分解して，2 次方程式 $q(X)=0$ の場合に帰着される．残りの場合に鍵となるのは，$f(X)$ の**判別式** (discriminant) である:

$$D=(\alpha_1-\alpha_2)^2(\alpha_1-\alpha_3)^2(\alpha_2-\alpha_3)^2.$$

$g \in G$ は $\alpha_1, \alpha_2, \alpha_3$ の置換で作用するので，どの $g$ も $D$ を動かさない．すなわち，$D \in K^G=k$ である．$D$ は自然な平方根

$$\Delta=(\alpha_1-\alpha_2)(\alpha_1-\alpha_3)(\alpha_2-\alpha_3)$$

をもつ．置換の符号の定義から

$$g(\Delta)=\varepsilon(g)\cdot\Delta$$

が成り立つ．とくに，$H$ は $\Delta$ を動かさないので $\Delta \in L=K^H$ となる．もし $G \cong \boldsymbol{\mu}_3$ ならば $G=H$ であり，$L=k$ となる．一方，$G \cong \mathfrak{S}_3$ のときは $H$ は $G$ の正規部分群であり，$\mathrm{Gal}(L/k) \cong G/H=\boldsymbol{\mu}_2$ とならなければならない．$\Delta \notin k$ だから，$L$ は $k$ に $\Delta=\sqrt{D}$ を付け加える単拡大 $L=k(\sqrt{D})$ である．いずれにしても，$\mathrm{Gal}(K/L) \cong \boldsymbol{\mu}_3$ であり，$K \supset L$ は 3 次拡大である．

定理 3.4.7 によれば，上の例において $K$ も $L$ の単拡大である．$L$ にどのような元を付け加えれば $K$ が得られるだろうか．もちろん解の一つ $\alpha_1$ を付け加えれば十分であることは，$K \supset L$ の拡大次数が 3 であることからわかるが，これは不満足である．なぜなら，方程式が与えられたときにその解を求めるという伝統的な方程式論の立場に立てば，初めから「解だとわかっている」$\alpha_1$ を付け加えることは何も情報をもたらさないからである．歴史的に，方程式論においては，方程式の係数の情報から解を得る方法として**ベキ根** (radical)，すなわち，方程式 $X^m-a=0$ の解 $X=\sqrt[m]{a}$ を用いる方法が考えられた．2 次方程式の求解問題が平方完成によって容易に平方根を求める操作に帰着できることは高校の数学で習うとおりであり，ここでは，その高次方程式への一般化は可能であるか，と問うのである．

純粋に方程式論の観点から見れば，最も基本的なベキ根は **1 のベキ根** (root of unity)，すなわち，$X^m-1=0$ の根である．なぜ 1 のベキ根が基本的かといえば，

体 $k$ に含まれる1の $m$ 乗根全体 $\{\alpha \in k \mid \alpha^m = 1\}$ は，乗法に関して群をなすからである．

**命題 3.6.3**　$k$ を体とする．$k^* = k \setminus \{0\}$ を $k$ の0でない群が乗法に関して作る群（乗法群とよぶ）とし，$G \subset k^*$ を有限部分群とすると，$G$ は巡回群である．

**［証明］**　$k$ の積は可換であるから，$G$ は可換群（アーベル群）である．有限アーベル群の構造定理（定理 2.9.13）により，これは，素数 $p$ と正の整数 $d$ により $\boldsymbol{\mu}_{p^d}$ の形に表される巡回群の直積群である．ある素数 $p$ に関するこれら巡回群だけを集めて直積をとって得られる部分群（実際これは $G$ の $p$-シロー部分群である）を $G_p$ とする．これが巡回群であることが示せれば，中国剰余定理（命題 2.9.8）により，$G$ が巡回群であることが従う．いま $G_p$ の元で位数が最大のものを $\alpha$ とすると，この位数は $p^e$ の形でなければならない．さらに，任意の $\beta \in G_p$ に対して $\beta^{p^e} = 1$ が成り立つ．よって，$G_p$ は $k$ の中での $X^{p^e} - 1 = 0$ の根全体のなす群の部分群であるから，高々 $p^e$ 個の元しかもたない．一方，$\alpha$ の位数が $p^e$ であったから $\langle \alpha \rangle$ は $G_p$ の位数 $p^e$ の部分群．したがって，$G_p = \langle \alpha \rangle \cong \boldsymbol{\mu}_{p^e}$ が成り立つ．□

**系 3.6.4**　$k$ が有限個の要素からなる体であれば，$k^*$ は巡回群である．

この事実を使うと，1の $p$ 乗根を付け加える拡大（**円分拡大** (cyclotomic extension) とよばれる）のガロワ群の構造は（素数 $p$ が体の標数と異なる場合は）よくわかる．

**定理 3.6.5**　$k$ を体とし，$p$ を $k$ の標数とは異なる素数とする．$K \supset k$ を $X^p - 1 \in k[X]$ の最小分解体とすると，$K \supset k$ はガロワ拡大であり，そのガロワ群 $\mathrm{Gal}(K/k)$ は有限体 $\mathbb{F}_p$ の乗法群 $\mathbb{F}_p^*$ の部分群になる．とくに $\mathrm{Gal}(K/k)$ は巡回群になる．

**［証明］**　$p$ が標数と異なることから $X^p - 1$ は分離多項式であり，その根をすべて付け加えて得られる $K$ は $k$ の分離拡大である（演習 3.4.3）．$K$ に属する1の $p$ 乗根全体 $R$ は $K^*$ の有限部分群をなし，命題 3.6.3 により巡回群となる．その生成元 $\zeta$ をとると，

$$\chi : \mathbb{F}_p \to R;\quad m \mapsto \zeta^m$$

は群の同型写像である（このような $\zeta$ を **1の原始 $p$ 乗根** (primitive root of unity) とよぶ）．ガロワ群の元 $g \in \mathrm{Gal}(K/k)$ に対して $g(\zeta)$ も1でない1の $p$ 乗根になるので，ある $\rho(g) \in \mathbb{F}_p^*$ を用いて $\zeta^{\rho(g)}$ と表される．これは写像 $\rho : \mathrm{Gal}(K/k) \to \mathbb{F}_p^*$

を定めるが，$g, h \in \mathrm{Gal}(K/k)$ をとると

$$\zeta^{\rho(gh)} = (gh)(\zeta) = g(\zeta^{\rho(h)}) = g(\zeta)^{\rho(h)} = \zeta^{\rho(g)\rho(h)}$$

が成り立つので，$\rho$ は群の準同型写像である．もし $\rho(g) = 1$ であれば $g(\zeta) = \zeta$ となるので，$g$ は任意の 1 の $p$ 乗根を固定するから，ガロワ群の元として単位元である．したがって $\rho$ は単射だから，$\mathrm{Gal}(K/k)$ は $\mathbb{F}_p^*$ の部分群と同型になる．$\mathbb{F}_p^*$ は系 3.6.4 により巡回群 $\boldsymbol{\mu}_{p-1}$ と同型だから，$\mathrm{Gal}(K/k)$ も巡回群になる． □

**注意 3.6.6** $p$ が体 $k$ の標数と異なる素数であるとき，$X^p - 1 \in k[X]$ の分解体は，常に $k$ に 1 の原始 $p$ 乗根 $\zeta$ を添加する単拡大 $k(\zeta)$ である．

**注意 3.6.7** $p$ を体 $k$ の標数と異なる素数とする．体 $k$ に 1 の $p$ 乗根をすべて付け加えるガロワ拡大 $K \supset k$ のガロワ群 $\mathrm{Gal}(K/k)$ が，$\mathbb{F}_p^* \cong \boldsymbol{\mu}_{p-1}$ 全体になるとは限らない．たとえば，$k = \mathbb{R}$ の上での $X^5 - 1$ の分解体は $\mathbb{C}$ であり，そのガロワ群は $\boldsymbol{\mu}_2$ である．これは，$\mathbb{R}$ 係数の多項式として

$$\begin{aligned} X^5 - 1 &= (X-1)(X^4 + X^3 + X^2 + X + 1) \\ &= (X-1)\left(X^2 + \frac{1+\sqrt{5}}{2}X + 1\right)\left(X^2 + \frac{1-\sqrt{5}}{2}X + 1\right) \end{aligned}$$

のような因数分解があることに対応している．しかし，任意の素数 $p$ に対して

$$\Phi_p(X) = X^{p-1} + X^{p-2} + \cdots + X + 1$$

は $\mathbb{Q}$ 係数多項式として既約であることが知られている（演習 3.6.2）から，$\mathbb{Q}$ に原始 $p$ 乗根 $\zeta_p$ を付け加えた体 $\mathbb{Q}(\zeta_p)$（$p$ 次の**円分体** (cyclotomic field) とよぶ）のガロワ群 $\mathrm{Gal}(\mathbb{Q}(\zeta_p)/\mathbb{Q})$ は，いつでも $\mathbb{F}_p^*$ と同型になる．

上の注意からもわかることであるが，ある元 $a$ の $p$ 乗根を付け加える体の拡大は思ったよりも取り扱いが難しい．次の例も示唆的である．

**例 3.6.8** $\sqrt[3]{2} \in \mathbb{R} \subset \mathbb{C}$ は $f(X) = X^3 - 2$ の根であり，$L = \mathbb{Q}(\sqrt[3]{2}) \subset \mathbb{R}$ は $\mathbb{Q}$ の 3 次の単拡大である．しかし，$\omega = \frac{-1+\sqrt{-3}}{2} \in \mathbb{C}$ は 1 の原始 3 乗根であり，$\omega\sqrt[3]{2}, \omega^2\sqrt[3]{2}$ も $f(X) = 0$ の根であるから，$L$ 係数の範囲では $f(X)$ は 1 次式の積に分解せず，ガロワ拡大にならない．ガロワ拡大を得るには $F = \mathbb{Q}(\sqrt[3]{2}, \omega)$ まで拡大しなければならない．また，例 3.6.2 の分析によって，ガロワ群は $\mathrm{Gal}(F/\mathbb{Q}) \cong \mathfrak{S}_3$ となる．もし体 $K = \mathbb{Q}(\omega)$ からスタートすれば単拡大 $K(\sqrt[3]{2})$ は $F$ と一致するから，$K(\sqrt[3]{2}) \supset K$ はガロワ拡大であり，そのガロワ群は 3 次の巡回群 $\boldsymbol{\mu}_3$ である．

分解体 $F$ は $\mathbb{C}$ の中での $K$ と $L$ の合成体 $KL$ に一致していることにも注意しよう．

より一般に次の定理が成り立つ．この定理が，方程式のベキ根による可解性の分析の基礎となるのである．

**定理 3.6.9**　$k$ を体とし，$p$ を $k$ の標数とは異なる素数とする．さらに，$k$ が 1 の $p$ 乗根をすべて含んでいると仮定する．このとき，体の拡大 $K \supset k$ に対して次は同値である．

(i) $K$ は，$f(X) = X^p - a \in k[X]$ の一つの根 $\alpha \notin k$ を付け加えた単拡大 $k(\alpha)$ である．

(ii) $K \supset k$ はガロワ拡大であり，$[K : k] = p$

(iii) $K \supset k$ はガロワ拡大であり，$\mathrm{Gal}(K/k) \cong \boldsymbol{\mu}_p$

**[証明]**　(iii)⇒(ii) は $[K : k] = \#(\mathrm{Gal}(K/k))$ よりただちに従う．素数位数の有限群は巡回群に限られる（命題 1.12.2）ことから (ii)⇒(iii) も従う．

次に (i)⇒(ii) を示す．$k$ における 1 の原始 $p$ 乗根（の一つ）を $\zeta \in k$ で表そう．このとき，$\alpha, \zeta\alpha, \ldots, \zeta^{p-1}\alpha$ はすべて互いに異なる $K$ の元であり，$K$ における $f(X) = 0$ の根のすべてに一致するから，$K$ は $f(X)$ の最小分解体になり，$K \supset k$ はガロワ拡大である．ガロワ群の計算は定理 3.6.5 の証明とまったく同様であるが，念のため簡単に記そう．ガロワ群の元 $g \in \mathrm{Gal}(K/k)$ に対して $g(\alpha)$ もまた $f(X) = 0$ の根であるから，ある $\rho(g) \in \mathbb{F}_p$ が存在して $g(\alpha) = \zeta^{\rho(g)}\alpha$ となる．$g, h \in \mathrm{Gal}(K/k)$ に対して，これらが $k$-同型であることに注意すると

$$\zeta^{\rho(gh)}\alpha = (gh)(\alpha) = g(\zeta^{\rho(h)}\alpha) = \zeta^{\rho(h)} \cdot g(\alpha) = \zeta^{\rho(g)+\rho(h)}\alpha$$

となるから，$\rho : \mathrm{Gal}(K/k) \to \mathbb{F}_p$ は群の準同型写像である．$\rho(g) = 0$ であれば $g(\alpha) = \alpha$ なので $g = \mathrm{id}$ でなければならず，$\rho$ は単射である．群の位数を比較して，$\rho$ が同型であることが従う．

最後に (iii)⇒(i) を示そう．$K$ は $p$ 次元の $k$-ベクトル空間であるから，$k$-ベクトル空間の同型 $K \cong k^p$ を固定する．$\mathrm{Gal}(K/k)$ の元 $g$ は $k$-同型 $g : K \to K$ であるから，$k$-線形同型 $k^p \to k^p$ を誘導するが，これは $k$ 成分の可逆な $p$ 次正方行列 $A(g)$ と 1 対 1 の対応関係にある．したがって，群の単射な準同型写像

$$\mathrm{Gal}(K/k) \to GL(p, k)\,; \quad g \mapsto A(g)$$

ができる．$\mathrm{Gal}(K/k)$ が位数 $p$ の巡回群であると仮定したから，その生成元を $g$ と

し，$A = A(g)$ を対応する行列とすると，$A^{p-1} \neq I$, $A^p = I$ である．$h(X)$ を $A$ の最小多項式，すなわち最高次の係数が 1 の $h(X) \in k[X]$ であって $h(A) = O$ を満たすもののうち，次数が最小のものとする．$f(X) = X^p - 1$ は $f(A) = O$ を満たし，$f(X) = (X-1)(X-\zeta)\cdots(X-\zeta^{p-1})$（$\zeta \in k$ は 1 の原始 $p$ 乗根）と 1 次式の積に分解される．$h(X)$ は $f(X)$ を割り切るから，$h$ はすべて異なる 1 の $p$ 乗根 $\alpha_1, \ldots, \alpha_r$ によって $h(X) = (X-\alpha_1)\cdots(X-\alpha_r)$ と分解される．よって演習 2.9.6 により，$A$ は $k$ 成分の行列の範囲で対角化可能である．$A$ は単位行列ではないから，固有値が $\zeta^r \neq 1$ の固有ベクトル $v \in k^p$ がある．これに対応する $\alpha \in K$ をとると，$h(\alpha) = \zeta^r \alpha$ となる．とくに $\alpha \notin k$ であるが，$a = \alpha^p$ とすると $h(a) = h(\alpha^p) = (h(\alpha))^p = (\zeta^r \alpha)^p = \alpha^p = a$ となるので，$a \in k$ である．もちろん $\alpha$ は $X^p - a = 0$ の根であるが，$\zeta\alpha, \ldots, \zeta^{p-1}\alpha$ もすべてそうである．拡大次数が $p$ であることから，$K$ は $k(\alpha)$ に一致することが従う． □

**例 3.6.10（例 3.6.2 の続き）** $k$ を標数 0 の体とする．方程式

$$f(X) = X^3 + a_1 X^2 + a_2 X + a_3 = (X-\alpha_1)(X-\alpha_2)(X-\alpha_3)$$

の分解体 $K$ は，判別式の平方根 $\Delta = \sqrt{D}$ を付け加えた体 $L = k(\sqrt{D})$ 上の 3 次の拡大になっていた．3 は素数だから $\mathrm{Gal}(K/L)$ は位数 3 の巡回群であり，$k$ に 1 の原始 3 乗根が入っていると仮定すると，どんな $a \in k$ に対して $X^3 - a = 0$ の解を付け加えればよいかについて，上の定理の証明は処方を与える．$\mathrm{Gal}(K/L) \cong \boldsymbol{\mu}_3$ の生成元 $g$ の作用に関して，固有ベクトルとなる $K$ の元をとれ，というのである．いまの場合，$g$ は $\alpha_1 \mapsto \alpha_2 \mapsto \alpha_3 \mapsto \alpha_1$ なる巡回置換であるとしてよい．このとき，$\alpha_1 + \omega^2\alpha_2 + \omega\alpha_3$ は (0 でなければ) 固有値 $\omega$ の固有ベクトルである．したがって，求めるベキ根方程式は $A = (\alpha_1 + \omega^2\alpha_2 + \omega\alpha_3)^3 \in L$ に対する $X^3 - A = 0$ である．

$$\begin{aligned}
A &= (\alpha_1 + \omega^2\alpha_2 + \omega\alpha_3)^3 \\
&= (\alpha_1^3 + \alpha_2^3 + \alpha_3^3 + 6\alpha_1\alpha_2\alpha_3) + 3(\alpha_1\alpha_2^2 + \alpha_2\alpha_3^2 + \alpha_3\alpha_1^2)\,\omega \\
&\quad + 3(\alpha_1^2\alpha_2 + \alpha_2^2\alpha_3 + \alpha_3^2\alpha_1)\,\omega^2
\end{aligned}$$

であるから，$\beta_1 = \alpha_1^2\alpha_2 + \alpha_2^2\alpha_3 + \alpha_3^2\alpha_1$, $\beta_2 = \alpha_1\alpha_2^2 + \alpha_2\alpha_3^2 + \alpha_3\alpha_1^2$ とおくと，

$$\begin{aligned}
\beta_1 - \beta_2 &= \Delta \\
\beta_1 + \beta_2 &= (\alpha_1 + \alpha_2 + \alpha_3)(\alpha_1\alpha_2 + \alpha_2\alpha_3 + \alpha_3\alpha_1) - 3\alpha_1\alpha_2\alpha_3 \\
&= -a_1 a_2 + 3a_3
\end{aligned}$$

となるので,

$$\beta_1 = \frac{3a_3 - a_1a_2 + \sqrt{D}}{2}, \quad \beta_2 = \frac{3a_3 - a_1a_2 - \sqrt{D}}{2}$$

がわかる．式の煩雑を避けるため，平行移動 $X \mapsto X - \frac{a_1}{3}$ によって $a_1 = -(\alpha_1+\alpha_2+\alpha_3) = 0$ としてよい．このとき, $D = -4a_2^3-27a_3^2$, $\alpha_1^3+\alpha_2^3+\alpha_3^3 = -3a_3$ となるから,

$$A = -9a_3 + (3a_3 - \sqrt{D})\frac{3\omega}{2} + (3a_3 + \sqrt{D})\frac{3\omega^2}{2}$$

とすればよい．同様に $\alpha_1 + \omega\alpha_2 + \omega^2\alpha_3$ は固有値 $\omega^2$ の固有ベクトルであり，その3乗 $B = (\alpha_1 + \omega\alpha_2 + \omega^2\alpha_3)^3$ は $L$ の元になる．実際計算すると

$$B = -9a_3 + (3a_3 + \sqrt{D})\frac{3\omega}{2} + (3a_3 - \sqrt{D})\frac{3\omega^2}{2}$$

である．よって，$1 + \omega + \omega^2 = 0$ を使って $\alpha_2, \alpha_3$ を消去すれば,

$$\alpha_1 = \frac{\sqrt[3]{A} + \sqrt[3]{B}}{3}$$

なる表示が得られる．これが有名な**カルダーノの公式** (Cardano's formula) である．

このように，1 のベキ根を含む体の上では，ベキ根による求解問題は，ガロワ群が巡回群になること，より一般には，ガロワ群が巡回群に分解できることと深い関係にある．このことを現代的なガロワ理論の言葉で述べると，以下のようになる．

**定理 3.6.11**　$k$ を標数 0 の体とし，$K \supset k$ をガロワ拡大とする．このとき次は同値である．

(i) $K$ が**可解拡大** (solvable extension) である，すなわち $\mathrm{Gal}(K/k)$ が可解群になる．

(ii) $K$ が**ベキ根で解ける** (solvable by radicals)，すなわち，単拡大の列

$$k = K_0 \subset K_1 \subset \cdots \subset K_{m-1} \subset K_m$$
$$K_i = K_{i-1}(\beta_i) \quad (i = 1, \ldots, m)$$

であって，ある自然数 $n_i$ に対して $\beta_i^{n_i} \in K_{i-1}$ を満たすものが存在して，$K_m \supset K$ となる．

**[証明]**　まず $K \supset k$ が可解拡大であったとする．$\mathrm{Gal}(K/k)$ の位数，すなわち拡

大次数 $[K:k]$ の素因数分解に現れる素数を $p_1,\ldots,p_m$ としよう．$\zeta_j$ を 1 の原始 $p_j$ 乗根として，$k$ にこれを付加した拡大 $L=k(\zeta_1,\ldots,\zeta_m)$ を考える．いま，$L$ はベキ根で解ける $k$ の拡大であることに注意しよう．さて，$K$ と $L$（と同型な体）をともに含む大きな有限次拡大体（その存在は，たとえば命題 3.3.1 が保証している）の中で合成体 $F=KL$ をとろう．

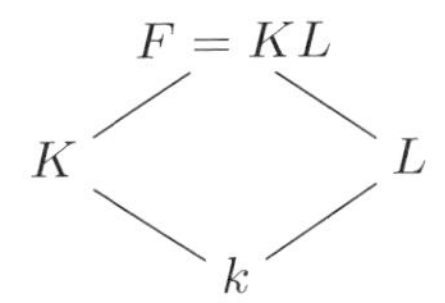


このとき，命題 3.5.7 により $F=KL\supset L$ はガロワ拡大であり，そのガロワ群 $G=\mathrm{Gal}(F/L)$ は $\mathrm{Gal}(K/k)$ の部分群になる．$\mathrm{Gal}(K/k)$ は可解群と仮定したのでその部分群 $G$ も可解群であるから（演習 1.11.2），可解列

$$G=G_0\supset G_1\supset\cdots\supset G_{m-1}\supset G_m=\{e\}\ (G_i\rhd G_{i+1},\ G_i/G_{i+1}\ \text{はアーベル群})$$

をとろう．有限アーベル群の構造定理（定理 2.9.13）によれば，$G_i/G_{i+1}$ は位数が素数のベキであるような巡回群の直積に分解するから，可解列をより細かい列に取り替えることで，$G_i/G_{i+1}$ は位数が素数ベキの巡回群であるとしてよい．さらに，素数 $p$ に対して，位数が $p^e$ の巡回群 $\mathbb{Z}/p^e\mathbb{Z}$ はその部分群の列

$$\mathbb{Z}/p^e\mathbb{Z}\supset p\mathbb{Z}/p^e\mathbb{Z}\supset\cdots\supset p^{e-1}\mathbb{Z}/p^e\mathbb{Z}$$

をもち，隣り合う群の剰余群は素数位数の巡回群 $\mathbb{Z}/p\mathbb{Z}$ と同型である．したがって，$G$ の可解列において，$G_i/G_{i+1}$ は素数位数の巡回群と仮定してよい．ここに現れた素数はラグランジュの公式（定理 1.9.7）により，$G$ の位数の約数であるが，$G$ は $\mathrm{Gal}(K/k)$ の部分群であるから，$\mathrm{Gal}(K/k)$ の位数の約数でもあるので，$p_1,\ldots,p_m$ のいずれかに一致することに注意しよう．$G_i$ での固定体 $F_i=F^{G_i}$ が決める体の拡大の列

$$L=F_0\subset F_1\subset\cdots\subset F_{m-1}\subset F_m=F$$

において，隣り合う拡大 $F_i\subset F_{i+1}$ は $G_i\rhd G_{i+1}$ よりガロワ拡大であり（定理 3.5.4），そのガロワ群は素数位数の巡回群 $\mathbb{Z}/p_j\mathbb{Z}$ である．$L$ が 1 の $p_j$ 乗根を含むことに注意すると，定理 3.6.9 により，$F_{i+1}$ は $F_i$ の元の $p_j$ 乗根を付け加えてできる拡大になる．$L$ も $k$ に次々に 1 のベキ乗根を付け加えてできる体であることを考えると，$F$ の部分体である $K$ はベキ根で解ける体であることがわかる．

逆に $K$ がベキ根で解けると仮定し，(2) のような単拡大の列があったとしよう．

いま，$n = pq$ であれば $\sqrt[n]{a} = \sqrt[p]{\sqrt[q]{a}}$ となることに注意して，単拡大の列をより細かくすることで，すべての $n_i$ は素数であると仮定してよい．このとき，$K_m$ を含む可解拡大 $K' \supset k$ があることを示せば十分である．なぜなら，$K \subset K_m \subset K'$ であり，$K$ 自身が $k$ のガロワ拡大と仮定したので定理 3.5.4 により $\mathrm{Gal}(K/k)$ は可解群 $\mathrm{Gal}(K'/k)$ の剰余群 $\mathrm{Gal}(K'/k)/\mathrm{Gal}(K'/K)$ と同型になり，演習 1.11.2 により，$\mathrm{Gal}(K/k)$ も可解群であることが従うからである．$m$ の帰納法で示そう．$m = 0$ のときは $K = k$ だから，$K' = k$ とすればよい自明な場合である．そこで，$K_{m-1}$ に対してそれを含むような可解拡大 $K'' \supset k$ が存在したと仮定しよう．素数 $n_m = p$ に対して $\beta_m^p \in K_{m-1}$ が成り立っているから，$K''$ が 1 の原始 $p$ 乗根 $\zeta$ をもっていなければそれを $K''$ に添加する: $K''' = K''(\zeta)$．$K'' \supset k$ はガロワ拡大であるので，ある多項式 $f(X) \in k[X]$ の最小分解体．$g(X) = X^p - 1$ とすると $K''' = K''(\zeta)$ は $f(X) \cdot g(X)$ の最小分解体となり，$K''' \supset k$ もガロワ拡大である．さらに，$\mathrm{Gal}(K'''/K'')$ は巡回群であるから，演習 1.11.3 により $K''' \supset k$ も可解拡大である．先ほどと同様，$K'''$ と $K_m = K_{m-1}(\beta_m)$ はより大きな $k$ の有限次拡大体に含まれていると仮定して差し支えなく，$K'$ を $K'''$ と $K_m$ の合成体としよう．これは，$K'''$ にベキ根 $\beta_m$ を添加する単拡大にほかならない．

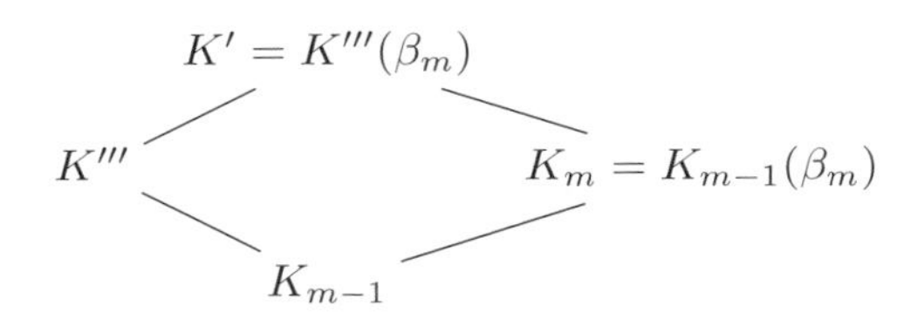


$K'''$ が 1 の $p$ 乗根を含むので，定理 3.6.9 によって $K' \supset K'''$ はガロワ群が $\boldsymbol{\mu}_p$ であるようなガロワ拡大であり，$K' \supset k$ も可解拡大であることが従う．ところが $K' \supset K_m$ であるから，この $K'$ が求める可解拡大であった．　□

**例 3.6.12（いわゆる一般方程式のガロワ群）**　$k$ を標数 0 の体とする．有理関数体 $K = k(t_1, \ldots, t_n)$ を考え，その上の $n$ 次多項式

$$f(X) = (X - t_1) \cdots (X - t_n) = X^n - s_1 X^{n-1} + \cdots + (-1)^n s_n$$

を考えよう．$s_i$ は $t_1, \ldots, t_n$ に関する $i$ 次の基本対称式である．$s_1, \ldots, s_n$ が生成する $k[t_1, \ldots, t_n]$ の部分環は整域であり，その商体を $L$ とする．すなわち，$L = k(s_1, \ldots, s_n)$ とする．$s_i$ は $t_1, \ldots, t_n$ の添字の置換による $\sigma \in \mathfrak{S}_n$ の作用に関して不変であるから，$L \subset K^{\mathfrak{S}_n}$ である．定理 3.5.6 より，$K \supset K^{\mathfrak{S}_n}$ は $\mathfrak{S}_n$ をガロワ群とするガロワ拡大である．一方，$K$ は $f(X) \in L[X]$ の最小分解体である

から，$K \supset L$ はガロワ拡大で，$\mathrm{Gal}(K/L)$ が根の集合 $\{t_1, \ldots, t_n\}$ の置換を引き起こすことから単射 $\mathrm{Gal}(K/L) \hookrightarrow \mathfrak{S}_n$ があるので，拡大次数は $n!$ 以下でなければならない．したがって，

$$n! = [K : K^{\mathfrak{S}_n}] \leq [K : L] \leq n!$$

となるので，$\mathrm{Gal}(K/L) \cong \mathfrak{S}_n$ である．

**系 3.6.13** $n \geq 5$ とする．このとき，$n$ 次の代数方程式に対して，ベキ根だけを用いた解の公式は存在しない．

**[証明]** 解の公式が存在するとすれば，それは，上記の例の「一般方程式」の係数 $s_1, \ldots, s_n$ からスタートして，そのベキ根を付け加えた式を作り，またそのベキ根をとり…ということを繰り返した式で解 $t_1, \ldots, t_n$ を表示できることを意味する．これを体論的に言い表すと，「$t_1, \ldots, t_n$ は $L$ のベキ根で解ける拡大体の元である」となる．しかし，定理 3.6.11 によると，これは拡大 $K/L$ が可解拡大であることと同値である．例 3.6.12 より $\mathrm{Gal}(K/L) \cong \mathfrak{S}_n$ であるので，命題 1.13.2 によって $n \geq 5$ のときこれは可解ではない．つまり，5 次以上の代数方程式に対しては，ベキ根のみを用いた解の公式は存在しない． □

## ▶演習問題

**演習 3.6.1** $k$ を有限個の要素からなる体（有限体）とする．次を示せ．

(1) 有限体の有限次拡大体はまた有限体になる．
(2) 有限体の有限次拡大体は単拡大である（ヒント: 系 3.6.4）．
(3) 有限体 $k$ はその素体 $k_0 = \mathbb{F}_p$ の有限次拡大であり，ある $e > 0$ に対して $k$ は $q = p^e$ 個の元からなる．
(4) (3) の $q$ に対して，$k$ は $X^q - X \in \mathbb{F}_p[X]$ の最小分解体であり，素体 $\mathbb{F}_p$ の分離拡大である（このことから，位数 $q = p^e$ の有限体はすべて互いに同型になるので，これを $\mathbb{F}_q$ で表す）．

**演習 3.6.2** 任意の素数 $p$ に対して $\Phi_p(X) = X^{p-1} + X^{p-2} + \cdots + X + 1 \in \mathbb{Q}[X]$ は既約多項式であることを示せ（ヒント: $X = T + 1$ と変数変換して，アイゼンシュタインの既約性判定法（演習 2.7.5）を適用してみよ）．

付録

# 代数学とツォルンの補題

ツォルンの補題はまずもってして，数学における「無限」の取り扱いに関わる事項である．抽象代数学においては，無限個の元の和や無限個の元の積を考えることは極めて稀である．この点で代数学は，実数の性質と関連して常に無限を取り扱う解析学（とくに測度論においてツォルンの補題は頻出である）とは性質を異にしているというべきである．しかしそれでも，重要な群，環，体でそれ自身無限集合なものはたくさんあり，それらの部分群の集まり，イデアルの集まり，拡大体の集まり，…といった対象を考えれば，かなり一般的な形で無限を取り扱わねばならない．

抽象代数学に関する入門的教科書でも，この点については必ず注意が払われており，ツォルンの補題に関する解説を見つけることができるだろう．ツォルンの補題は選択公理，また整列可能定理とそれに基づく超限帰納法と同値なのであるが，ここでは，選択公理にまつわる議論の詳細は集合論の教科書に譲り，ツォルンの補題そのものと，その使い方について解説する．

## A.1 順序集合とツォルンの補題

ツォルンの補題がどういう命題であったか，関係する定義も含めて簡単に述べる．

**定義 A.1.1** $S$ を集合とする．$S$ 上の二項関係 $\preceq$ が次を満たすとき，これを**順序関係** (order relation) とよぶ:

(i) 任意の $s \in S$ に対して $s \preceq s$.

(ii) $s, t \in S$ に対して $s \preceq t$ かつ $t \preceq s$ ならば $s = t$.

(iii) $s, t, u \in S$ に対して $s \preceq t$ かつ $t \preceq u$ ならば $s \preceq u$.

集合とその上の順序関係の組 $(S, \preceq)$ を**順序集合** (ordered set) とよぶ.

**例 A.1.2** (1) 整数全体の集合 $\mathbb{Z}$ に対して通常の整数の大小関係 $\leq$ を考えたもの

$(\mathbb{Z}, \leq)$ は順序集合である.

(2) 任意の集合 $S$ に対して，その部分集合全体の集合（**ベキ集合** (power set)）$\mathcal{P}(S)$ を考える．$\mathcal{P}(S)$ の元 $X, Y$ とは $S$ の部分集合にほかならない．このとき，包含関係 $X \subset Y$ は順序関係であり，$(\mathcal{P}(S), \subset)$ は順序集合になる.

順序集合 $(S, \preceq)$ において，二つの元 $x, y$ の間には $x \preceq y$ または $y \preceq x$ のいずれかが成り立つとは限らない．逆に，順序集合の 2 元の間の「大小関係」が常に定まっているような場合は，特別に「よい」場合であると考えられる.

**定義 A.1.3** 順序集合 $(S, \preceq)$ の 2 元 $x, y \in S$ に対して常に $x \preceq y$ または $y \preceq x$ の少なくともいずれか一方が成り立つとき，$(S, \preceq)$ は**全順序集合** (totally ordered set) であるという.

順序集合 $(S, \preceq)$ が与えられたとき，部分集合 $T \subset S$ は自然に順序集合になる．この順序集合 $(T, \preceq)$ が全順序集合になるとき，$T$ は**全順序部分集合** (totally ordered subset) とよぶ.

**例 A.1.4** (1) $(\mathbb{Z}, \leq)$ は全順序集合である.

(2) $\mathbb{R}$ のベキ集合の部分集合 $T = \{[-n, n] \in \mathcal{P}(\mathbb{R}) \mid n \in \mathbb{Z}_{\geq 0}\}$ は $(\mathcal{P}(\mathbb{R}), \subset)$ の全順序部分集合である.

**定義 A.1.5** $(S, \preceq)$ を順序集合とする．$m \in S$ であって，任意の $s \in S$ に対して $m \preceq s$ ならば $s = m$ が成り立つものを $S$ の**極大元** (maximal element) とよぶ.

**例 A.1.6** $A$ を単位元付き可換環として，$\mathcal{I}$ を $A$ の自明ではない（つまり，$A$ 自身ではない）イデアル全体の集合とする．このとき，$(\mathcal{I}, \subset)$ は順序集合になる．この順序集合に関する極大元とは，まさに $A$ の極大イデアルのことである.

**定義 A.1.7** $(S, \preceq)$ を順序集合とする.

(1) 部分集合 $T \subset S$ に対して，$b \in S$ で，任意の $t \in T$ に対して $t \preceq b$ を満たすものを $T$ の**上界** (upper bound) とよぶ.

(2) $S$ の任意の空でない全順序部分集合 $T$ が上界をもつとき，$S$ は**帰納的集合** (inductive set) であるという.

順序集合 $(S, \preceq)$ の部分集合 $T$ の上界 $b$ は，必ずしも $T$ の元でなくてもよいことに注意しよう.

**例 A.1.8**　(1) 順序集合 $(\mathbb{Z}, \leq)$ の部分集合 $2\mathbb{Z}$（偶数全体の集合）は全順序部分集合であるが，上界をもたない．したがって，$(\mathbb{Z}, \leq)$ は帰納的集合ではない．

(2) 集合 $S$ のベキ集合 $\mathcal{P}(S)$ の任意の空でない部分集合 $\mathcal{T} \subset \mathcal{P}(S)$ とその任意の元 $T \in \mathcal{T}$ に対して $T \subset S$ が成り立つから（当然！），$S$ は $\mathcal{T}$ の上界であり，したがって $\mathcal{P}(S)$ は帰納的集合である．

帰納的集合の定義は少し込み入っているが，これをきちんと覚えることがツォルンの補題の使い方を理解する早道である．ここまでの準備があれば，ツォルンの補題は極めて簡潔に述べることができる．

**定理 A.1.9（ツォルンの補題）**　空でない帰納的集合には極大元が存在する．

「帰納的集合」という名前が示すように，ツォルンの補題は何かを帰納法のような手段で構成する考え方と関係がある．もう少し詳しくいえば，帰納法のようなやり方で何かを構成したいけれど，有限回の操作では構成が終わらず，普通の意味での帰納法では議論がうまくいかないときに使える「すごい帰納法」のようなものなのである．このことの意味は，順序集合の抽象的な設定で見るよりも，より具体的な場合で考えたほうがわかりやすい．本書には極大イデアルの存在定理というすばらしい初歩的な題材があるので，これを通してツォルンの補題の使い方について見ていこう．

## A.2　極大イデアルの存在

**定理 A.2.1（= 定理 2.4.10）**　$A$ を単位元付き可換環，$I \subsetneq A$ をそのイデアルとする．このとき，$I$ を含む極大イデアル $\mathfrak{m}$ が存在する．

この定理にある極大イデアル $\mathfrak{m} \supset I$ を作れ，といわれたらどんな議論がありうるだろうか．多くの人は，ごく素朴に次のような議論を思い浮かべるだろう：もし $I$ が極大イデアルならば何も示すことはないから，$I$ は極大イデアルではないとしよう．そうすると，イデアル $J_1$ で $I \subsetneq J_1 \subsetneq A$ を満たすものが存在する．もし $J_1$ が極大イデアルならそれでよい．極大イデアルでないならば，$J_1 \subsetneq J_2 \subsetneq A$ となるイデアル $J_2$ が存在する．これを繰り返して

$$I \subsetneq J_1 \subsetneq J_2 \subset \cdots \subsetneq A$$

なる増大列ができるので，この「極限」として極大イデアルが得られそうな感じがする．この「極限」というのは「より大きいイデアルをとる操作を『どこまでも』

繰り返していくといつかは極大イデアルになる」というような気分であろうが，しかし，この繰り返しはそもそも有限回で終わらなければ，集合論に基づく厳密な証明というのには程遠いのである．その意味では，たとえば，定理 2.7.5 の証明における単項イデアルの無限列

$$(a_0) \subsetneq (a_1) \subsetneq \cdots \subsetneq (a_n) \subsetneq \cdots$$

を「作る」議論，あるいは定理 2.10.3 の証明における同様の議論は，直感的に受け入れやすいものではあるが，実のところ正当化が必要である．直接的に「無限回の繰り返しの結果」を作りたくなったとき，ツォルンの補題に登場してもらうと，議論が非常にスッキリすることが多い．

この定理の証明の場合，より大きなイデアルをとり続ける議論の代わりに，$A$ のベキ集合 $(\mathcal{P}(A), \subset)$ の部分集合 $\mathcal{J}$ として $A$ の自明でないイデアル $J \subsetneq A$ であって $I$ を含むようなもの全体の集合を考え，これが帰納的集合になることを確かめようというのである．そうすれば，ツォルンの補題によって $\mathcal{J}$ の極大元の存在が保証される．これは，$I$ を含むような極大イデアルにほかならないのである．

**[定理 A.2.1 の証明]** すでに述べたとおり，$\mathcal{J} = \{イデアル\ J \subsetneq A \mid I \subset J \subsetneq A\}$ に包含関係で順序を入れた順序集合を考え，これが帰納的集合であることを示せばよい．そこで，空でない全順序部分集合 $\mathcal{T} \subset \mathcal{J}$ をとり，和集合 $J_{\mathcal{T}} = \bigcup_{J \in \mathcal{T}} J$ を考える．以下，$J_{\mathcal{T}}$ が $\mathcal{T}$ の上界であることを示す．任意の $J \in \mathcal{T}$ に対して $J \subset J_{\mathcal{T}}$ は和集合の定義から明らかであるので，$J_{\mathcal{T}} \in \mathcal{J}$ をいえばよい．しかし $\mathcal{T}$ は空でないと仮定したから，ある $J \in \mathcal{T}$ が少なくとも一つ存在し $I \subset J \subset J_{\mathcal{T}}$ が成り立つので，要するに，$J_{\mathcal{T}}$ が自明でないイデアルになることをチェックすればよい．$a_1, a_2 \in J_{\mathcal{T}}$ をとろう．このとき，和集合の定義から，ある $J_1, J_2 \in \mathcal{T}$ が存在して $a_i \in J_i\ (i = 1, 2)$ が成立する．$\mathcal{T}$ は全順序であると仮定したから，$J_1 \subset J_2$ か $J_1 \supset J_2$ のいずれかが成り立つので，その大きいほうを $J$ とすると，$a_1, a_2 \in J$ となる．この $J$ は $\mathcal{J}$ の元でイデアルであるから，$a_1 - a_2 \in J$ が成り立つ．したがって，$a_1 - a_2 \in J_{\mathcal{T}}$ も成り立たねばならない．同様に $a \in J_{\mathcal{T}}, r \in A$ に対しても，ある $J \in \mathcal{T}$ が存在して $a \in J$ であり，$J$ はイデアルだから $ra \in J$，したがって $ra \in J_{\mathcal{T}}$ が成り立つ．以上により $J_{\mathcal{T}}$ が $\mathcal{J}$ に属するイデアルであることが示された．任意の $J \in \mathcal{T}$ に対して $1 \in J$ だから $1 \notin J_{\mathcal{T}}$，すなわち $J_{\mathcal{T}}$ は自明でないイデアルであるとわかるので，証明が完成した． □

考えている順序集合が何かのベキ集合の部分集合になっている場合，このようにして和集合をとることで上界を作ってみせる技法は定石である．

### ▶演習問題

**演習 A.2.1**　ツォルンの補題を用いて定理 2.7.5 の証明を厳密化しよう．$A$ を PID とし，$A$ の元で有限個の既約元の積として表せないものが生成する単項イデアルの集合

$$\mathcal{I} = \{I = (a) \mid I \neq A,\ a \text{ は有限個の既約元の積ではない}\}$$

を考える．まず $\mathcal{I}$ が空でないとして，$\mathcal{I}$ は帰納的集合になることを示せ．ツォルンの補題により，極大なもの $(b) \in \mathcal{I}$ が存在するが，$b$ が有限個の既約元の積でないことを用いて $(b) \subsetneq (b') \in \mathcal{I}$ がとれることを示して矛盾を導き，$\mathcal{I} = \emptyset$ を示せ．

## A.3　代数閉包の存在

本書において，証明でツォルンの補題を使うことが避けられないもう一つの定理が代数閉包の存在である．

**定理 A.3.1（= 定理 3.1.12）**　$k$ を体とする．

(1) 代数拡大 $K \supset k$ で，$K$ が代数的に閉なものが存在する（これを $k$ の代数閉包とよぶのだった）．
(2) 代数拡大 $L \supset k$ に対して，(1) の $K$ への $k$ 上の埋め込み $g : L \to K$ が存在する．
(3) $k$ の代数閉包はすべて互いに $k$-同型である．

これも，素朴に考えれば次のように議論したくなる: $k$ が代数的閉でなければ，2 次以上の既約多項式 $f(X) \in k[X]$ が存在するから単拡大 $K_1 = k[X]/f(X)$ をとる．もし $K_1$ が代数的閉でなければ 2 次以上の既約多項式 $f_1(X) \in K_1[X]$ が存在するので，単拡大 $K_2 = K_1[X]/(f_1(X))$ をとる．これをできうる限り繰り返していけば，いつかは代数的閉な代数拡大に到達するであろう．ここでもまた無限回の繰り返しが現れたので，ツォルンの補題の出番である．

**[定理 A.3.1, (1) の証明（荒削りバージョン）]**　$\mathcal{E}$ を $k$ の代数拡大体の全体としよう．$E_1, E_2 \in \mathcal{E}$ に対して $E_2$ が $E_1$ の代数拡大であるとき，$E_1 \preceq E_2$ なる順序を入れれば $(\mathcal{E}, \preceq)$ は順序集合になる．さらに $\mathcal{E}$ の全順序部分集合 $\mathcal{T}$ に対しては，$E_{\mathcal{T}} = \bigcup_{E \in \mathcal{T}} E$ と和集合をとれば，これが体になることは極大イデアルの場合と同様で，しかも任意の元はいずれかの $E$ に属するから $k$ 上代数的である．したがって，$E_{\mathcal{T}}$ は $\mathcal{T}$ の上界であり，$(\mathcal{E}, \preceq)$ は帰納的集合になる．ツォルンの補題によって極大元 $K \in \mathcal{E}$ が存在する．この $K$ が代数的閉でなかったとすると，2 次以上の既

約多項式 $f(X) \in K[X]$ が存在して単拡大 $K \subsetneq K' = K[X]/(f(X))$ が存在するが，$K' \in \mathcal{E}$ だからこれは $K$ の極大性に反する．したがって，$K$ は $k$ の代数閉包（の一つ）である． □

この議論から得られる重要な教訓は，ツォルンの補題を使って極大性そのものではない性質（いまの場合「代数的に閉である」こと）を示すときに，極大なものが満たすべき性質を満たさなかったと仮定して帰納法の「$n$ の場合までできたとして $n+1$ の場合を作る」式の議論を一度だけ持ち込み，極大性に矛盾させることで，構成的操作の「無限回の繰り返し」の代替ができるということである．これはツォルンの補題を使うときの典型的な議論の形式である．

さてしかし，上の議論は集合論的な観点から見ると完全とはいえない．それはなぜかというと，$K$ の代数拡大体をすべて集めてできる $\mathcal{E}$ が集合をなす保証がないからである．これは，現代の数学が拠って立つ ZFC 公理系においては何が集合として受け入れられるかという問題に関連している（**ラッセルの逆理**を思い起こそう）．その意味で，議論の骨格は妥当であるように見えるものの，上に与えた証明には根本的欠陥がある．これを埋める方法については本節の最後で説明する．

定理 A.3.1, (2) の証明も同様の繰り返しのアイデアによる．$k$ に含まれない $L$ の元 $\alpha$ は代数的だから，その最小多項式を $f(X)$ とすると，$k$ の代数閉包 $K$ では $f(X)$ は 1 次式の積に分解するので，定理 3.2.5 を適用して包含写像 $k \hookrightarrow K$ の拡張 $k(\alpha) \to K$ が存在する．このようにして $L$ に含まれる $k$ 上代数的な元を次々に付け加えていく拡張を有限回繰り返したのが系 3.2.7 であったが，有限回で諦めず，可能な限り繰り返した先には，$k$ 上の埋め込み $g : L \to K$ が得られるはずだろうというのである．これを実現するには，やはりツォルンの補題を用いる．

**[定理 A.3.1, (2) の証明]** $k$ を含む $L$ の部分体 $L \supset L' \supset k$ と，そこからの $k$ の埋め込み $g' : L' \to K$ の組 $(L', g')$ 全体の集合 $\mathcal{M}$ を考えよう．このような $L'$ 全体は $L$ のベキ集合 $\mathcal{P}(L)$ の部分集合であり，写像 $L' \to K$ 全体はそのグラフを考えることによって $L' \times K$ の部分集合，したがって $L \times K$ の部分集合を定めるから，$\mathcal{M}$ は自然に $\mathcal{P}(L) \times \mathcal{P}(L \times K)$ の部分集合とみなせる．このことによって，$\mathcal{M}$ はまごうことなき集合である．さて，$(L_1, g_1), (L_2, g_2) \in \mathcal{M}$ に対して

$$(L_1, g_1) \preceq (L_2, g_2) \Leftrightarrow L_1 \subset L_2 \text{ であり，} g_2 \text{ の } L_1 \text{ への制限が } g_1 \text{ と一致する}$$

と定めると，$(\mathcal{M}, \preceq)$ は順序集合になる．全順序集合 $\mathcal{T} \subset \mathcal{M}$ に対しては $L_{\mathcal{T}} = \bigcup_{(L', g') \in \mathcal{T}} L'$ とすれば，順序 $\preceq$ の定め方によって $g'$ たちは貼り合って $g_{\mathcal{T}} : L_{\mathcal{T}} \to K$ を定める，すなわち $g_{\mathcal{T}}|_{L'} = g'$ で $g_{\mathcal{T}}$ が定義できるが，もちろんこ

れは体の $k$ 上の埋め込みになる．こうして $(\mathcal{M}, \preceq)$ は帰納的集合であるとわかったから，ツォルンの補題によって極大元 $(\tilde{L}, \tilde{g}) \in \mathcal{M}$ が存在する．$\tilde{L} = L$ をいえば証明が完了する．もし $\tilde{L} \subsetneq L$ であったとして $\alpha \in L \setminus \tilde{L}$ をとろう．これは $k$ 上代数的な元であり，$K$ が $k$ を含む代数閉体であることから，定理 3.2.5 によって $\tilde{g}$ は $G : \tilde{L}(\alpha) \to K$ に拡張される．しかしこれは $(\tilde{L}, \tilde{g}) \precneqq (\tilde{L}(\alpha), G) \in \mathcal{M}$ を意味するから，$(\tilde{L}, \tilde{g})$ の極大性に反し，矛盾である．□

なお，定理 A.3.1 の (3) は (2) からの帰結である．$K$ を $k$ の代数閉包とし，もう一つ別の代数閉包 $K'$ があったとすると，そもそも $K' \supset k$ も代数拡大であるから，(2) の $L$ として $K'$ をとれば，$k$ 上の埋め込み $g : K' \to K$ ができる．一方，$K'$ が代数的閉体であることから，$g$ の像 $K''$ は $K'$ と同型だから代数的閉であるが，$K \supset K''$ は代数拡大であるから，$K'' = K$ でなければならず，$g$ は $k$-同型である．

**［定理 A.3.1, (1) の証明（より厳密なバージョン）］**　では，定理 A.3.1, (1) の証明の骨格の説明に現れた $k$ の代数拡大の全体 $\mathcal{E}$ にどのように集合の構造を与えたらよいかを見てみよう．いろいろなアイデアがあるが，ここでは Zariski と Samuel の本 (*Commutative Algebra II*, Springer-Verlag, 1970) の §14 の議論に従う．直積集合 $\Omega = k[X] \times \mathbb{Z}$ を考え，単射

$$k \to \Omega\,; \quad a \mapsto (X - a, 0)$$

を固定し，$k$ をその像と同一視しておく．いま，Ωの部分集合 $E \subset \Omega$ であって

(i) $E$ は体の構造をもち，$k$ はその部分体である．
(ii) $\alpha \in E$ が $\Omega$ の元として $\alpha = (f(X), n)$ と表されるなら，$f(\alpha) = 0$ を満たす．

の 2 条件を満たすもの全体 $\mathcal{E}$ を考える．部分集合 $E \subset \Omega$ を選ぶことはベキ集合 $\mathcal{P}(\Omega)$ の元を選ぶことである．(i) の条件は部分集合 $E \subset \Omega$ に付加的な構造を与える（つまり，同じ集合 $E$ の上に異なる体の構造が入るかもしれない）のであるが，$E$ の上の体の構造というのは，$E$ の上の二つの二項演算（和と積）を定めることで決まる（この二つの二項演算の組で実際に体の定義を満たすものは，二つの二項演算の組全体の部分集合になっている）．二項演算は，写像 $E \times E \to E$ であるから，そのグラフをとることで $E \times E \times E \subset \Omega \times \Omega \times \Omega$ の部分集合を定める．したがって，結局

$$\mathcal{E} \subset \mathcal{P}(\Omega) \times \mathcal{P}(\Omega \times \Omega \times \Omega) \times \mathcal{P}(\Omega \times \Omega \times \Omega)$$

とみなすことができるから，$\mathcal{E}$ は集合をなすことが確かめられた．さらに，$k \in \mathcal{E}$ であるから，$\mathcal{E}$ は空ではない．後は「荒削りバージョン」の議論を繰り返せばよ

い．$E_1, E_2 \in \mathcal{E}$ に対して $E_1 \subset E_2\,(\subset \Omega)$ が代数拡大であるとき $E_1 \preceq E_2$ と定めると，$\mathcal{E}$ は帰納的集合となるから，その極大元 $K$ をとると，これが $k$ の代数閉包になる．もし $K$ が代数的閉でなかったとすると，代数拡大 $K \subsetneq K'$ が存在する．任意の $\beta \in K' \setminus K$ は $K$ 上代数的だが，$K$ が $k$ の代数拡大であったので，$\beta$ は $k$ 上代数的である．そのようなものの $k$ 上の最小多項式全体の集合 $\mathcal{M}$ を考えよう．各 $F(X) \in \mathcal{M}$ に対して $F(X) = 0$ の根は有限個であるが，そのいくつかはすでに $K$ に含まれるかもしれない．これを（存在すれば）$\alpha_1, \ldots, \alpha_m$ とし，$K$ に含まれないものを $\beta_1, \ldots, \beta_r$ としよう．各 $\alpha_i$ は $\Omega$ の元としては $(f_i(X), n_i)$ の形に表されているから，$\mathbb{Z} \setminus \{n_1, \ldots, n_m\}$ から $r$ 個の相異なる数 $N_1, \ldots, N_r$ を選んで，$\beta_j$ を $(F(X), N_j) \in \Omega$ に対応させる．$K' \setminus K$ の任意の元はこのようにして得られる $\beta_j$ のどれかと一致するから，$K \subset \Omega$ を拡張する単射 $K' \to \Omega$ が得られる．その像と $K'$ を同一視すれば $K' \in \mathcal{E}$, $K \subsetneqq K'$ であるから，$K$ の極大性に反する． □

代数閉包の存在の証明は，無限次元ベクトル空間の基底の存在と同様，20 世紀前半の数学において，選択公理やそれと同値な無限の扱いの必要性を証言するものであった．van der Waerden [5] をひもとけば，その時代の超限帰納法による証明を見ることができる．最近の文献では，無限変数の多項式環を用いる証明が好まれているようである（森田 [4] などを参照）．いずれにせよ，代数閉包の存在はこのように「難しい」定理である．ガロワ理論においては，基礎となる体 $k$ の代数閉包 $\bar{k}$ を固定し，すべてをその部分体として考えれば，理論構成全体がより整然とする（たとえば，命題 3.3.1 によって必要に応じて大きな体に埋め込んでおいて考える，というような必要はなくなる．これは，合成体をとる必要があるような場合には非常にありがたい）のであるが，このような形式化は必須ではないので，その証明の難しさに鑑みて，本文では代数閉包の存在に依存した記述方法はとらなかった．

# 演習問題略解

**演習 1.1.1** $[A,[B,C]]+[B,[C,A]]+[C,[A,B]] = (A(BC-CB)-(BC-CB)A)+(B(CA-AC)-(CA-AC)B)+(C(AB-BA)-(AB-BA)C) = ABC-ACB-BCA+CBA+BCA-BAC-CAB+ACB+CAB-CBA-ABC+BAC = O$. このとき，$[A,[B,C]]-[[A,B],C]=[A,[B,C]]+[C,[A,B]]=-[B,[C,A]]$ であるが，$E_{ij}$ を $(i,j)$ 成分のみが1でほかは0であるような $n$ 次正方行列とし，$n \geq 3$ に対して $A=E_{23}$, $B=E_{32}$, $C=E_{12}$ とすれば $-[B,[C,A]]=E_{12} \neq O$ となる．

**演習 1.2.1** 群では結合法則が成り立つので，三つ以上の元の積は括弧の付け方に関わらず定まることに注意して，$ab=ba$ の両辺に左と右から $b^{-1}$ を掛けると $ab^{-1}=b^{-1}(ba)b^{-1}=b^{-1}(ab)b^{-1}=b^{-1}a$.

**演習 1.2.2** 任意の実数 $a,b \in \mathbb{R}$ に対して $f(a+b)=f(a)f(b)$ を確かめればよい: $f(a)f(b)=\begin{pmatrix}1 & a\\ 0 & 1\end{pmatrix}\begin{pmatrix}1 & b\\ 0 & 1\end{pmatrix}=\begin{pmatrix}1 & a+b\\ 0 & 1\end{pmatrix}=f(a+b)$.

**演習 1.2.3** $f(a^{-1})$ が $f(a)$ の逆元であることを示せばよいが，これは $f(a) \cdot f(a^{-1})=f(a \cdot a^{-1})=f(e)=e'$（$G_2$ の単位元）であり（命題 1.2.13），また，同様の議論によって $f(a^{-1}) \cdot f(a)=e'$ が成り立つことから従う．

**演習 1.2.4** 写像の合成が結合法則を満たすことは集合・位相の教科書を参照せよ．このことから $\mathrm{End}(S)$ は半群である．さらに恒等写像 $\mathrm{id}: S \to S$ は半群 $\mathrm{End}(S)$ の単位元だから，$\mathrm{End}(S)$ はモノイドである．これを全単射なものに制限した集合 $\mathrm{Aut}(S)$ の任意の元 $g: S \to S$ に対しては逆写像 $g^{-1}: S \to S$ がとれるが，$g \circ g^{-1}=\mathrm{id}=g^{-1} \circ g$ なので，これは $g$ の逆元である．

**演習 1.3.1** 任意の $a=b \in H$ に対して $a \cdot b^{-1}=a \cdot a^{-1}=e \in H$ となるので $e \in H$. このことから，$a=e, b \in H$ に対して $a \cdot b^{-1}=e \cdot b^{-1}=b^{-1} \in H$ となる．$b$ は任意であるから，$a \in H$ ならば $a^{-1} \in H$ がいえた．さらに，いま示した $b \in H$ ならば $b^{-1} \in H$ を用いて $a \cdot (b^{-1})^{-1} \in H$ を得るが，$(b^{-1})^{-1}=b$ なので $a \cdot b \in H$ がわかる．

**演習 1.3.2** 演習 1.3.1 により，$a', b' \in H'$ をとったとき $a' \cdot b'^{-1} \in H'$ を示す．$a,b \in H$ があって $a'=xax^{-1}$, $b'=xbx^{-1}$ だから $b'^{-1}=xb^{-1}x^{-1}$ であり，$a' \cdot b'^{-1}=(xax^{-1})(xb^{-1}x^{-1})=xab^{-1}x^{-1}$ だが，$H$ が部分群であることから $ab^{-1} \in H$ なので $a' \cdot b'^{-1} \in H'$ がわかる．

**演習 1.3.3** (1) 行列のサイズ $n$ についての帰納法で証明する．$n=2$ のとき，$A,B \in T(2,\mathbb{R})$ は $A=\begin{pmatrix}a_{11} & a_{12}\\ 0 & a_{22}\end{pmatrix}$，$B=\begin{pmatrix}b_{11} & b_{12}\\ 0 & b_{22}\end{pmatrix}$ のように書ける（ただし，$a_{11}a_{22} \neq 0$，$b_{11}b_{22} \neq 0$）．このとき，$B^{-1}=\frac{1}{b_{11}b_{22}}\begin{pmatrix}b_{22} & -b_{12}\\ 0 & b_{11}\end{pmatrix} \in T(2,\mathbb{R})$ であるので，上の $A,B$ に対して $AB \in T(2,\mathbb{R})$

がいえればよいが，$AB = \begin{pmatrix} a_{11}b_{11} & a_{11}b_{12} + a_{12}b_{22} \\ 0 & a_{22}b_{22} \end{pmatrix} \in T(2, \mathbb{R})$ で確かめられた．サイズ $n$ まで証明されたと仮定して，$n+1$ の場合を示そう．$A, B \in T(n+1, \mathbb{R})$ をとるとき，$A = \left(\begin{array}{c|c} A_0 & \mathbf{a}_1 \\ \hline O & a_2 \end{array}\right)$，$B = \left(\begin{array}{c|c} B_0 & \mathbf{b}_1 \\ \hline O & b_2 \end{array}\right)$（ただし $A_0, B_0 \in T(n, \mathbb{R})$，$\mathbf{a}_1, \mathbf{b}_1$ は $n$ 次元の列ベクトル，$a_2, b_2 \in \mathbb{R}$）と区分けして考える．いま，帰納法の仮定により $B_0^{-1} \in T(n, \mathbb{R})$ に注意すれば，$B^{-1} = \left(\begin{array}{c|c} B_0^{-1} & -(\frac{1}{b_2})B_0^{-1}\mathbf{b}_1 \\ \hline O & \frac{1}{b_2} \end{array}\right) \in T(n+1, \mathbb{R})$ となることがわかるので，$AB \in T(n+1, \mathbb{R})$ がいえればよいが，再び帰納法の仮定より $A_0B_0 \in T(n, \mathbb{R})$ に注意すると $AB = \left(\begin{array}{c|c} A_0B_0 & A_0\mathbf{b}_1 + b_2\mathbf{a}_1 \\ \hline O & a_2b_2 \end{array}\right) \in T(n+1, \mathbb{R})$ より従う．(2) もまったく同様の議論で証明される．

**演習 1.3.4**　演習 1.3.3 の計算により，任意の $A = \begin{pmatrix} a_{11} & * & \cdots & * \\ 0 & a_{22} & \cdots & * \\ \vdots & \vdots & \ddots & \vdots \\ 0 & 0 & \cdots & a_{nn} \end{pmatrix} \in T(n, \mathbb{R})$ に対してその逆行列 $A^{-1}$ は $A^{-1} = \begin{pmatrix} \frac{1}{a_{11}} & * & \cdots & * \\ 0 & \frac{1}{a_{22}} & \cdots & * \\ \vdots & \vdots & \ddots & \vdots \\ 0 & 0 & \cdots & \frac{1}{a_{nn}} \end{pmatrix}$ の形になる．このことから，$B \in UT(n, \mathbb{R})$ に対して，$ABA^{-1}$ の対角成分もすべて 1 となって，$ABA^{-1} \in UT(n, \mathbb{R})$ が常に成り立ち，$UT(n, \mathbb{R})$ は $T(n, \mathbb{R})$ の正規部分群である．

$T(n, \mathbb{R})$ や $UT(n, \mathbb{R})$ が $GL(n, \mathbb{R})$ の正規部分群でないことをいうには反例を作ればよい．ここでは $n = 2$ の場合の反例を与える．$UT(2, \mathbb{R}) \subset T(2, \mathbb{R})$ に注意すれば，$B \in UT(2, \mathbb{R})$ および $A \in GL(2, \mathbb{R})$ であって $ABA^{-1} \notin T(2, \mathbb{R})$ となるものが存在することをいえばよい．実際，たとえば $B = \begin{pmatrix} 1 & 1 \\ 0 & 1 \end{pmatrix}$，$A = \begin{pmatrix} 1 & 0 \\ 1 & 1 \end{pmatrix}$ とすれば，$B \in UT(2, \mathbb{R})$，$A \in GL(2, \mathbb{R})$ であるが，

$ABA^{-1} = \begin{pmatrix} 1 & 0 \\ 1 & 1 \end{pmatrix}\begin{pmatrix} 1 & 1 \\ 0 & 1 \end{pmatrix}\begin{pmatrix} 1 & 0 \\ -1 & 1 \end{pmatrix} = \begin{pmatrix} 0 & 1 \\ -1 & 2 \end{pmatrix} \notin T(2, \mathbb{R})$ である．

**演習 1.3.5**　演習 1.2.2 の準同型写像 $f : \mathbb{R} \to GL(2, \mathbb{R})$ の像は $UT(2, \mathbb{R})$ であるが，これは演習 1.3.4 より $GL(2, \mathbb{R})$ の正規部分群にはならない．

**演習 1.3.6**　$a, b \in H_1 \cap H_2$ ならば $a, b \in H_1$ であり，$H_1$ が部分群なので $ab^{-1} \in H_1$．同様に $ab^{-1} \in H_2$ もわかるから $ab^{-1} \in H_1 \cap H_2$ となり，演習 1.3.1 より $H_1 \cap H_2$ は $G$ の部分群である．$H_1 \lhd G$ とする．$h \in H_1 \cap H_2$ であれば任意の $g \in G$ に対して $ghg^{-1} \in H_1$ である．さらにもし $g \in H_2$ ならば $g^{-1} \in H_2$ であり，$ghg^{-1} \in H_2$ である．よって $H_1 \cap H_2 \lhd H_2$．

**演習 1.4.1**　$\theta \in \mathrm{Ker}(f)$ は $R_\theta = I$（単位行列）と同値であるから，$\theta$ は $2\pi$ の整数倍となることが必要十分．すなわち，$\mathrm{Ker}(f) = 2\pi\mathbb{Z} = \{2\pi m \mid m \in \mathbb{Z}\}$ となる．

**演習 1.4.2**　$G$ がアーベル群ならば，部分群 $H \subset G$ と $g \in G$，$h \in H$ に対して $ghg^{-1} = gg^{-1}h =$

$h \in H$.

**演習 1.4.3**　(1) $A = \begin{pmatrix} a & b \\ c & d \end{pmatrix}$ が $SO(2,\mathbb{R})$ の元であることは ${}^tAA = I$ および $\det(A) = 1$ と同値である．${}^tAA = I$ は，$A$ の列ベクトル $\begin{pmatrix} a \\ c \end{pmatrix}$ と $\begin{pmatrix} b \\ d \end{pmatrix}$ の長さが 1 であり，互いに直交することを意味する．長さが 1 のベクトル $\begin{pmatrix} a \\ c \end{pmatrix}$ はある実数 $\theta$ を用いて $\begin{pmatrix} a \\ c \end{pmatrix} = \begin{pmatrix} \cos\theta \\ \sin\theta \end{pmatrix}$ と表され，それに直交し，なおかつ長さが 1 のベクトルは $\begin{pmatrix} b \\ d \end{pmatrix} = \pm\begin{pmatrix} -\sin\theta \\ \cos\theta \end{pmatrix}$ である．ここで，$\det(A) = 1$ の条件よりこの符号は正．よって $A = \begin{pmatrix} \cos\theta & -\sin\theta \\ \sin\theta & \cos\theta \end{pmatrix} = R_\theta$ がわかる．(2) (1) より，$A \in SO(2,\mathbb{R})$ であればある実数 $\theta$ を用いて $A = R_\theta$ と書かれる．いま $A \in O(2,\mathbb{R})\backslash SO(2,\mathbb{R})$ としよう．このとき，必然的に $\det(A) = -1$ であるが，$AT \in O(2,\mathbb{R})$ であり，$\det(AT) = \det(A)\det(T) = (-1)^2 = 1$ であるから $AT \in SO(2,\mathbb{R})$ である．よってある実数 $\theta$ を用いて $AT = R_\theta$ と表せる．$T^2 = I$ に注意してこの両辺に右から $T$ を掛けると $A = R_\theta T$ が得られる．(3) (2) より $A \in O(2,\mathbb{R})\backslash SO(2,\mathbb{R})$ は $A = R_\theta T = \begin{pmatrix} \cos\theta & \sin\theta \\ \sin\theta & -\cos\theta \end{pmatrix}$ であるが，これは直線 $y = \left(\tan\frac{\theta}{2}\right)x$ についての折り返しである．

**演習 1.4.4**　$A$ が固有値 1 の固有ベクトルをもてば，そのベクトルを方向ベクトルとし原点を通る直線の各点は $A$ で動かない．よって，$\det(I - A) = 0$ をいえばよいが，これは $\det(I-A) = \det(A\,{}^tA - A) = \det(A)\det({}^tA - I) = \det({}^tA - I) = \det(A - I) = (-1)^3\det(I - A)$（最後から二つ目の等号は行列式の転置不変性）から従う．$A$ を $z$ 軸の周りの $\frac{\pi}{2}$ 回転，$B$ を $x$ 軸の周りの $\frac{\pi}{2}$ 回転とすると，$A = \begin{pmatrix} 0 & -1 & 0 \\ 1 & 0 & 0 \\ 0 & 0 & 1 \end{pmatrix}$，$B = \begin{pmatrix} 1 & 0 & 0 \\ 0 & 0 & -1 \\ 0 & 1 & 0 \end{pmatrix}$ であるから

$$AB = \begin{pmatrix} 0 & 0 & 1 \\ 1 & 0 & 0 \\ 0 & 1 & 0 \end{pmatrix} \neq \begin{pmatrix} 0 & -1 & 0 \\ 0 & 0 & -1 \\ 1 & 0 & 0 \end{pmatrix} = BA \text{ となる．}$$

**演習 1.5.1**　例 1.5.7 の $T$, $T'$ に対して，p.14 と同様に表を作ると，

| | $I$ | $T$ | $T'$ | $TT' = T'T$ |
|---|---|---|---|---|
| $I$ | $I$ | $T$ | $T'$ | $TT'$ |
| $T$ | $T$ | $I$ | $TT'$ | $T'$ |
| $T'$ | $T'$ | $TT'$ | $I$ | $T$ |
| $TT'$ | $TT'$ | $T'$ | $T$ | $I$ |

となる．この表が対角線に関して対称であることが，クラインの 4 群 $V_4$ が可換であることをいっている．

**演習 1.5.2**　正 2 面体群 $D_n$ は $\rho = R_{\frac{2\pi}{n}}$ と $\tau = \begin{pmatrix} 1 & 0 \\ 0 & -1 \end{pmatrix}$ を用いて，$\rho^k, \rho^k\tau$ $(k = 0, 1, \ldots, n-1)$ と表される $2n$ 個の元からなる．このとき，$\boldsymbol{\mu}_n = \{\rho^k \mid k = 0, 1, \ldots, n-1\}$ が $D_n$ の部分群になることは明らかである．正規部分群になることは $g \in D_n$ に対して

$g(\rho^k)g^{-1} \in \boldsymbol{\mu}_n$ を示せばよいが，$g = \rho^m \in \boldsymbol{\mu}_n$ であればこれはまた明らか．$g = \rho^m\tau$ の形のときは，$g\rho^k g^{-1} = \rho^m\tau\rho^k\tau^{-1}\rho^{-m} = \rho^m\rho^{-k}\tau\tau^{-1}\rho^{-m} = \rho^{-k} \in \boldsymbol{\mu}_n$ より従う．あるいは，演習 1.3.6 を用いれば，$SO(2,\mathbb{R}) \lhd O(2,\mathbb{R})$ と $\boldsymbol{\mu}_n = D_n \cap SO(2,\mathbb{R})$ からただちに従う．

**演習 1.5.3**　$G \subset SO(2,\mathbb{R})$ を部分群として，$G$ の単位元以外の元 $g$ を $g = R_{\theta_g}$ $(0 < \theta_g < 2\pi)$ と表そう．$G$ は有限集合だから回転角が最小の元があるので，これをあらためて $g$ とする．このとき $G = \langle g \rangle$ である．$\langle g \rangle$ に入らない $h \in G$ が存在したとすると，ある $m$ に対して $g^m h \in G$ であって，その回転角が $\theta_g$ よりも小さいものが存在するからである．

**演習 1.5.4**　$G \subset SO(2,\mathbb{R})$ ならば $G \cong \boldsymbol{\mu}_n$ は演習 1.5.3 である．そこで，$G \not\subset SO(2,\mathbb{R})$ と仮定し，$T \in G \setminus SO(2,\mathbb{R})$ をとろう．演習 1.4.3 により，この $T$ は原点を通るある直線 $\ell$ についての折り返しである．$\ell$ と $x$ 軸のなす角を $\theta$ とするとき，$f : G \mapsto O(2,\mathbb{R})$; $g \mapsto R_\theta^{-1} g R_\theta$ は単射な準同型写像である．実際 $R_\theta^{-1} g R_\theta = I$ ならば左から $R_\theta$ を，右から $R_\theta$ を両辺に掛けて $g = I$ を得る．また，$f(T)$ は $x$ 軸に関する折り返し $\tau$ になる．$G$ は $f$ の像と同型であるから，初めから $\tau = \begin{pmatrix} 1 & 0 \\ 0 & -1 \end{pmatrix}$ が $G$ に含まれていると仮定してよい．任意の $g \in G \setminus SO(2,\mathbb{R})$ は $\det(g) = -1$ を満たすので，$\det(g\tau) = 1$ であり，$g\tau \in G \cap SO(2,\mathbb{R})$ となる．$G \cap SO(2,\mathbb{R})$ は $SO(2,\mathbb{R})$ の有限部分群であるから，ある $n$ に対する巡回群 $\boldsymbol{\mu}_n = \langle \rho \rangle$ である．以上の議論により $G = \boldsymbol{\mu}_n \amalg \tau\boldsymbol{\mu}_n = \{I, \rho, \ldots, \rho^{n-1}, \tau, \rho\tau, \ldots, \rho^{n-1}\tau\}$ となるから，$G \cong D_n$ でなければならない．

**演習 1.5.5**　(1) は線形代数の教科書にある事実 $(AB)^* = B^*A^*$ に注意すればよい．(2) も随伴行列を計算して確かめるだけである．(3) $\mathbf{i}^2 = \mathbf{j}^2 = -I$, $\mathbf{ij} = -\mathbf{ji} = \mathbf{ji}^3$ に注意すると，命題 1.5.10 と同様の議論により，$H$ は $I, \mathbf{i}, \mathbf{i}^2, \mathbf{i}^3, \mathbf{j}, \mathbf{ji}, \mathbf{ji}^2, \mathbf{ji}^3$ の 8 個の元からなる群であることがわかる．

**演習 1.5.6**　$s \in S$ に対して $gsg^{-1} \in H$ であれば，$s^{-1} \in H$ に対しても $gs^{-1}g^{-1} = (gsg^{-1})^{-1} \in H$．よって，任意の $s \in S$ に対して $s^{-1} \in S$ も成り立つと仮定してよい．このとき，$H$ の任意の元は $h = s_1 \cdots s_r$ $(s_1, \ldots, s_r \in S)$ の形に書かれ，$ghg^{-1} = gs_1 \cdots s_r g^{-1} = (gs_1g^{-1}) \cdots (gs_rg^{-1}) \in H$ が成り立つので，$H$ は $G$ の正規部分群である．

**演習 1.5.7***　正多面体群の分類が現れる．永井 [12, 16.3 節] などを見よ．

**演習 1.6.1**　命題 1.6.6 により，$\mathfrak{S}_n$ の任意の元は互換の積として表されることがわかっているので，任意の互換がこれら $(n-1)$ 個の隣り合う数の互換の積で表せることをいえばよいが，これは $1 \leq a < b \leq n$ に対して $(a\ b) = (b-1\ b) \cdots (a+1\ a+2)(a\ a+1)(a+1\ a+2) \cdots (b-1\ b)$ が成り立つことから従う．

**演習 1.6.2**　$\sigma^2 = (1\ 4\ 2)$, $\sigma^3 = (3\ 5)$, $\sigma^4 = (1\ 2\ 4)$, $\sigma^5 = (1\ 4\ 2)(3\ 5)$, $\sigma^6 = \mathrm{id}$ より，$\sigma$ の位数は 6 である．

**演習 1.6.3**　平面上原点を中心とする単位円周に内接し，$(1,0)$ を通る正 $n$ 角形 $P_n$ を考え，その頂点に $(1,0)$ から順番に 1 から $n$ まで番号を付ける．$D_n$ の元は $P_n$ の頂点の置換を引き起こすから，単射な準同型写像 $D_n \to \mathfrak{S}_n$ ができる．$n = 3$ のときは，$\#(D_3) = 6 = \#(\mathfrak{S}_3)$ よりこの準同型写像の像は $\mathfrak{S}_3$ 全体にならざるをえないので $D_3 \cong \mathfrak{S}_3$.

**演習 1.6.4**　$1, 2, 3, 4$ の各数は $\tau(m)$ $(m = 1, 2, 3, 4)$ の形にただ一通りに表される．いま，

$\tau(m) \overset{\tau^{-1}}{\mapsto} m \overset{\sigma}{\mapsto} \sigma(m) \overset{\tau}{\mapsto} \tau(\sigma(m))$ より，$\tau\sigma\tau^{-1}$ は巡回置換 $(\tau(1)\ \tau(2)\ \tau(3))$ であることに注意すれば，$\tau\sigma\tau^{-1} = \sigma$ を満たす $\tau$ は $\tau = \begin{pmatrix} 1 & 2 & 3 & 4 \\ 1 & 2 & 3 & 4 \end{pmatrix}, \begin{pmatrix} 1 & 2 & 3 & 4 \\ 2 & 3 & 1 & 4 \end{pmatrix}, \begin{pmatrix} 1 & 2 & 3 & 4 \\ 3 & 1 & 2 & 4 \end{pmatrix}$，つまり，id, $\sigma$, $\sigma^2$ の三つである．

**演習 1.6.5**　(1) $F(F(\sigma)) = \sigma\tau\tau = \sigma$ であるから $F \circ F = \mathrm{id}$，つまり $F = F^{-1}$ がわかる．とくに，$F$ は全単射である．(2) $\sigma \in \mathfrak{A}_n$，つまり $\mathrm{sgn}(\sigma) = 1$ であれば $\mathrm{sgn}(F(\sigma)) = \mathrm{sgn}(\sigma\tau) = \mathrm{sgn}(\sigma)\,\mathrm{sgn}(\tau) = -1$ となるので，$F$ は偶置換全体 $\mathfrak{A}_n$ と奇置換全体 $\mathfrak{S}_n \backslash \mathfrak{A}_n$ の間の全単射を与える．とくに，$\#(\mathfrak{A}_n) = \#(\mathfrak{S}_n \backslash \mathfrak{A}_n)$ が得られるから，$n! = \#(\mathfrak{S}_n) = \#(\mathfrak{A}_n) + \#(\mathfrak{S}_n \backslash \mathfrak{A}_n) = 2 \cdot \#(\mathfrak{A}_n)$ より，$\#(\mathfrak{A}_n) = \frac{n!}{2}$ がわかる．

**演習 1.6.6**　$\tau = (1\ 2)(3\ 4), \tau' = (1\ 3)(2\ 4) \in \mathfrak{A}_4$ とすると，$\tau^2 = \tau'^2 = \mathrm{id}$ および $\tau\tau' = (1\ 4)(2\ 3) = \tau'\tau$ となるから，$\langle \tau, \tau' \rangle \cong V_4$ である．$\mathrm{id}, \tau, \tau', \tau\tau'$ 以外の $\mathfrak{A}_4$ の元 $\sigma$ は長さ 3 の巡回置換であり，$\sigma\tau\sigma^{-1}$ が $\tau, \tau', \tau\tau'$ のいずれかに一致することを見るのはたやすい．たとえば，$(1\,2\,3)\,((1\,2)(3\,4))\,(1\,3\,2) = (1\,4)(2\,3)$ など（演習 1.6.4，1.8.5 も参照）．よって $\langle \tau, \tau' \rangle$ は $\mathfrak{A}_4$ の正規部分群になる．

**演習 1.7.1**　単位球面 $S^3$ の点は，ベクトル $v \in \mathbb{R}^3$ で $|v| = 1$ を満たすもの全体と同一視される．直交変換 $A \in O(3, \mathbb{R})$ に対しては $|Av| = |v|$ が成り立つので $O(3, \mathbb{R}) \times S^3 \to S^3$；$(A, v) \mapsto Av$ が定まる．これは例 1.7.2 に出てくる $GL(3, \mathbb{R})$ の $\mathbb{R}^2$ への作用の制限であるから，定義 1.7.1 の意味での作用になっている．

**演習 1.7.2**　作用の定義を満たしていることをまず確かめよう：$T\left(a+b, \begin{pmatrix} x \\ y \end{pmatrix}\right) = \begin{pmatrix} x + (a+b)y \\ y \end{pmatrix} = \begin{pmatrix} (x+by) + ay \\ y \end{pmatrix} = T\left(a, T\left(b, \begin{pmatrix} x \\ y \end{pmatrix}\right)\right)$ であり，また $T\left(0, \begin{pmatrix} x \\ y \end{pmatrix}\right) = \begin{pmatrix} x + 0 \cdot y \\ y \end{pmatrix} = \begin{pmatrix} x \\ y \end{pmatrix}$ である．いま，$\begin{pmatrix} x + ay \\ y \end{pmatrix} = \begin{pmatrix} 1 & a \\ 0 & 1 \end{pmatrix} \begin{pmatrix} x \\ y \end{pmatrix}$ に注意すれば，作用 $T$ に対応する準同型写像 $\tau : \mathbb{R} \to \mathrm{Aut}(\mathbb{R}^2)$ は $\mathbb{R} \to GL(2, \mathbb{R})$；$a \mapsto \begin{pmatrix} 1 & a \\ 0 & 1 \end{pmatrix}$ を経由する．

**演習 1.7.3**　作用を定めることは行列の積の性質（とくに結合法則）から従う．作用の核は $\{R_\theta \in SO(2, \mathbb{R}) \mid$ 任意の $v \in \mathbb{R}^2$に対して $R_{m\theta} v = v\}$ で与えられるが，縦棒の右側の条件は行列 $R_{m\theta}$ が単位行列になることと同値である．つまり，$m\theta$ が $2\pi$ の整数倍であることが必要十分である．よって，作用の核は $\boldsymbol{\mu}_m = \{R_{\frac{2k\pi}{m}} \mid k = 0, 1, \ldots, m-1\}$ である．

**演習 1.7.4**　任意の $x \in S$ に対して $gx = x$ は，注意 1.7.4 の記号で $\tau(g) \in \mathrm{Aut}(S)$ が恒等写像であることを意味する．したがって，$G$ の作用が忠実 $\Leftrightarrow$ $\tau$ が単射 $\Leftrightarrow$ 任意の $x \in S$ に対して $gx = x$ が成り立つならば $g = e$.

**演習 1.7.5**　もし $z \in \mathrm{Orb}_G(x) \cap \mathrm{Orb}_G(y)$ がとれたとすると，$z \in \mathrm{Orb}_G(x)$ より命題 1.7.10 を用いて $\mathrm{Orb}_G(x) = \mathrm{Orb}_G(z)$ がわかり，また $z \in \mathrm{Orb}_G(y)$ なので $\mathrm{Orb}_G(y) = \mathrm{Orb}_G(z)$ がわかる．したがって $\mathrm{Orb}_G(x) = \mathrm{Orb}_G(y)$ であるから，再び命題 1.7.10 により $y \in \mathrm{Orb}_G(x)$ となる．よって $\mathrm{Orb}_G(x) \cap \mathrm{Orb}_G(y) \neq \emptyset$ ならば $y \in \mathrm{Orb}_G(x)$ である．$y \in \mathrm{Orb}_G(x)$ ならば $y \in \mathrm{Orb}_G(x) \cap \mathrm{Orb}_G(y) \neq \emptyset$ は明らかである．

**演習 1.7.6**　部分群の三つの条件 (i) $a, b \in \mathrm{Stab}_G(x)$ ならば $ab \in \mathrm{Stab}_G(x)$，(ii) 単位元 $e$ は $\mathrm{Stab}_G(x)$ の元，(iii) $g \in \mathrm{Stab}_G(x)$ ならば $g^{-1} \in \mathrm{Stab}_G(x)$，をチェックすればよい．(ii) は作用の定義（任意の $x \in S$ に対して $e \cdot x = e$）からただちに従う．(i) については，$a, b \in \mathrm{Stab}_G(x)$ であれば $ax = x$, $bx = x$ なので，$(ab) \cdot x = a \cdot (b \cdot x) = a \cdot x = x$ となって $ab \in \mathrm{Stab}_G(x)$．また，(iii) は，$g \in \mathrm{Stab}_G(x)$ であれば $gx = x$ なので，$g^{-1} \cdot x = g^{-1} \cdot (g \cdot x) = (g^{-1}g) \cdot x = e \cdot x = x$ となって $g^{-1} \in \mathrm{Stab}_G(x)$ がわかる．

**演習 1.7.7**　(1) 推移的であることをいうには，任意の $i \in I_n$ を任意の $j \in I_n$ にうつす $\sigma \in \mathfrak{S}_n$ があることをいえばよいが，$\sigma = (i\ j)$ とすれば十分である．(2) $n$ 次正方行列の列への分割 $A = (v_1|\cdots|v_n)$ を考えたとき，$A \in GL(n, \mathbb{R})$ は $v_1, \ldots, v_n \in \mathbb{R}^n$ が基底になることと同値である．任意の零ベクトルでない $u, v \in \mathbb{R}^n$ はそれを含む基底 $u = u_1, \ldots, u_n$ および $v = v_1, \ldots, v_n$ に拡張できるが，このとき，$B = (u_1|\cdots|u_n)$, $A = (v_1|\cdots|v_n) \in GL(n, \mathbb{R})$ であるから $BA^{-1} \in GL(n, \mathbb{R})$ であり，$BA^{-1}v = u$ となるので，$GL(n, \mathbb{R})$ の $\mathbb{R}^n \setminus \{\mathbf{o}\}$ への作用は推移的である．一方，零ベクトル $\mathbf{o}$ は任意の $A \in GL(n, \mathbb{R})$ に対して $A\mathbf{o} = \mathbf{o}$ を満たすから，$\{\mathbf{o}\}$ が一つの軌道になる．とくに $GL(n, \mathbb{R})$ の $\mathbb{R}^n$ への作用は推移的ではない．

**演習 1.8.1**　$H$ が正規部分群であることは，$g \in G$ および $x \in H$ に対して $gxg^{-1} \in H$ が成り立つことがその定義であった．いま，$x$ の共役類 $C(x)$ は $C(x) = \{gxg^{-1} \mid g \in G\}$ で与えられるので，$H$ が正規部分群であることは任意の $x \in H$ に対して $C(x) \subset H$ となることと同値である．

**演習 1.8.2**　$Z(G)$ の元は任意の $G$ の元との積が可換であるから，$Z(G)$ の元どうしの積も可換であり，$Z(G)$ はアーベル群．とくに $G = Z(G)$ ならば $G$ はアーベル群である．一方，$G$ がアーベル群ならば $G = Z(G)$ は明らかである．

**演習 1.8.3**　$g \in G$ と $x \in Z(G)$ に対して $gxg^{-1} = (gx)g^{-1} = (xg)g^{-1} = x(gg^{-1}) = x \in Z(G)$ が成り立つので，$Z(G)$ は正規部分群である．

**演習 1.8.4**　(1) $A = \begin{pmatrix} a & b \\ c & d \end{pmatrix}$ に対して $A\begin{pmatrix} 1 & 1 \\ 0 & 1 \end{pmatrix} = \begin{pmatrix} a & a+b \\ c & c+d \end{pmatrix}$，$\begin{pmatrix} 1 & 1 \\ 0 & 1 \end{pmatrix}A = \begin{pmatrix} a+c & b+d \\ c & d \end{pmatrix}$ である．$A$ が $\begin{pmatrix} 1 & 1 \\ 0 & 1 \end{pmatrix}$ の中心化群の元であることはこの二つの行列が一致することと同値であり，それは $c = 0$, $a = d$ と同値であるので，$Z_{GL(2,\mathbb{R})}\left(\begin{pmatrix} 1 & 1 \\ 0 & 1 \end{pmatrix}\right) = \left\{\begin{pmatrix} a & b \\ 0 & a \end{pmatrix} \middle| a, b \in \mathbb{R},\ a \neq 0\right\}$．(2) (1) と同様の計算をすれば $Z_{GL(3,\mathbb{R})}\left(\begin{pmatrix} 0 & 1 & 0 \\ 0 & 0 & 1 \\ 1 & 0 & 0 \end{pmatrix}\right) = \left\{\begin{pmatrix} \alpha & \beta & \gamma \\ \gamma & \alpha & \beta \\ \beta & \gamma & \alpha \end{pmatrix} \middle| \alpha^3 + \beta^3 + \gamma^3 - 3\alpha\beta\gamma \neq 0\right\}$．

**演習 1.8.5**　(1) 長さ $r$ の巡回置換は位数が $r$ である．交わりのない巡回置換どうしの積は可換であることに注意すると，型 $(r_1, \ldots, r_m)$ の置換の位数は $r_1, \ldots, r_m$ の最小公倍数になる（演習 1.6.2 参照）．(2) 演習 1.6.4 と同様の議論で，$\tau \in \mathfrak{S}_n$ に対して長さ $r$ の巡回置換 $(a_1\ \cdots\ a_r)$ は，共役作用により，$\tau(a_1\ \cdots\ a_r)\tau^{-1} = (\tau(a_1)\ \cdots\ \tau(a_r))$ のように再び長さ $r$ の巡回置換にうつる．

互いに交わりのない巡回置換の積で表したとき，型 $(r_1,\ldots,r_m)$ の変換は，$\tau$ を適切に選ぶことで，共役作用によって必ず $(1\,2\,\cdots\,r_1)(r_1+1\,\cdots\,r_1+r_2)\cdots(r_1+\cdots+r_{m-1}+1\,\cdots\,r_1+\cdots+r_m)$ なる「標準的な」元にうつすことができるので，結局 $\mathfrak{S}_n$ の共役類は型と 1 対 1 の対応関係にある．(3) および (4) いま，恒等置換を「長さ 1 の巡回置換」とみなして，型を表す数字に 1 も加えて，$r_1+\cdots+r_m$ が $n$ になるように書き換えよう．たとえば，$\mathfrak{S}_5$ の中で互換は型 $(2,1,1,1)$ の置換，長さ 3 の巡回置換は型 $(3,1,1)$ といった具合である．これは $n$ の**分割** (partition) とよばれる量であり，$n=3$ で可能なのは (3), $(2,1)$, $(1,1,1)$ の 3 種であり，これらは長さ 3 の巡回置換，互換，恒等置換に対応する．よって類等式は，この順の共役類の個数によって $6=2+3+1$ となる．$n=4$ のときの共役類とそこに属する置換の個数は

| 型 | (4) | $(3,1)$ | $(2,2)$ | $(2,1,1)$ | $(1,1,1,1)$ |
|---|---|---|---|---|---|
| 共役類の元の個数 | $\dfrac{4!}{4}$ | $4\times\dfrac{3!}{3}$ | $\binom{4}{2}\Big/2$ | $\binom{4}{2}$ | 1 |

となるから，類等式は $24=6+8+3+6+1$ となる．

**演習 1.9.1** (1) $f: H\to xH$; $a\mapsto xa$ の逆写像は，左から $x^{-1}$ を掛ける写像 $G\to G$; $g\mapsto x^{-1}g$ の $xH$ への制限で得られる．(2) $xH=yH$ ならば $y\in xH$ だから $h\in H$ が存在して $y=xh$，したがって $x^{-1}y=h\in H$．逆に $x^{-1}y\in H$ ならば，任意の $h\in H$ に対して $yh=x(x^{-1}y)h\in xH$ だから $yH\subset xH$．また，$(x^{-1}y)^{-1}=y^{-1}x\in H$ でもあるから $xh=y(y^{-1}x)h\in yH$ で $xH\subset yH$．

**演習 1.9.2** $\boldsymbol{\mu}_n=\{R_{\frac{2k\pi}{n}}\mid k=0,1,\ldots,n-1\}$ であったので，$f$ は全射である．回転角が $\frac{2k\pi}{n}$ の回転行列 $R_{\frac{2k\pi}{n}}$ が単位行列であるための必要十分条件は，ある整数 $m$ に対して $\frac{2k\pi}{n}=2\pi m$ が成り立つこと，すなわち，$k=mn$ と表せることであるので，$f$ の核は $n$ の倍数全体 $n\mathbb{Z}$ である．したがって準同型定理により，群の同型 $\boldsymbol{\mu}_n=\mathrm{Im}(f)\cong\mathbb{Z}/\mathrm{Ker}(f)=\mathbb{Z}/n\mathbb{Z}$ が導かれる．

**演習 1.9.3** 命題 1.5.10 を認めればほとんど明らかである．なぜなら，$\det(\rho^k)=1$, $\det(\tau\rho^k)=-1$ であるので $\mathrm{Ker}(f)=\{e,\rho,\ldots,\rho^{n-1}\}=\boldsymbol{\mu}_n$ で，準同型定理より $D_n/\mathrm{Ker}(f)\cong\mathrm{Im}(f)=\boldsymbol{\mu}_2$ であるので，ラグランジュの公式により $\#(D_n)=\#(D_n/\mathrm{Ker}(f))\cdot\#(\mathrm{Ker}(f))=2n$ となるからである．

命題 1.5.10 を用いずに議論すれば以下のようになる．$\mathrm{Ker}(f)$ は $\mathrm{Ker}(\det)=SO(2,\mathbb{R})$ の有限部分群であるから，演習 1.5.3 によりこれは巡回群 $\boldsymbol{\mu}_m$ でなければならない．一方，$D_n$ は $\frac{2\pi}{n}$ 回転 $\rho$ と折り返し $\tau$ で生成され，$D_n$ の元は原点を中心とする円に内接する正 $n$ 角形を保つので，$m=n$ でなければならず，$\mathrm{Ker}(f)=\boldsymbol{\mu}_n$．後は，準同型定理とラグランジュの公式によって $\#(D_n)=\#(D_n/\mathrm{Ker}(f))\cdot\#(\mathrm{Ker}(f))=\#(\boldsymbol{\mu}_2)\cdot\#(\boldsymbol{\mu}_n)=2n$ が導かれる．

**演習 1.9.4** 部分群 $H\subset G$ の指数が 2 だから，任意の $x\notin H$ に対して $G=H\amalg Hx$，つまり $Hx=G\backslash H$ が成り立つ．一方，左剰余類 $xH$ は $xH\cap H=\emptyset$ を満たすから $xH\subset G\backslash H=Hx$．よって，任意の $h\in H$ に対してある $a\in H$ が存在して $xh=ax$．両辺に右から $x^{-1}$ を掛けることで $xhx^{-1}=a\in H$ となるので，$H$ が $G$ の正規部分群であることが示された．

**演習 1.9.5** $g,h\in G$ に対して $g\cdot x=h\cdot x\Leftrightarrow x=(g^{-1}h)\cdot x\Leftrightarrow g^{-1}h\in\mathrm{Stab}_G(x)\Leftrightarrow g\,\mathrm{Stab}_G(x)=h\,\mathrm{Stab}_G(x)$ より従う．

**演習 1.9.6** (1) $c_1, c_2 \in HN$ は $a_1, a_2 \in H, b_1, b_2 \in N$ を用いて $c_i = a_i b_i\,(i = 1, 2)$ と表せるから $c_1 c_2^{-1} = a_1 b_1 b_2^{-1} a_2^{-1} = a_1 a_2^{-1} \cdot a_2(b_1 b_2^{-1}) a_2^{-1}$ だが，$N$ は正規部分群だから $a_2(b_1 b_2^{-1}) a_2^{-1} \in N$ より，$c_1 c_2^{-1}$ は $HN$ に含まれる．よって，演習 1.3.1 により $HN \subset G$ は部分群．(2) 剰余群への自然な全射準同型写像 $G \to G/N$ の $H$ への制限 $f : H \to G/N$ を考えると，その核は $H \cap N$．一方，$f$ の像は $h \in H$ の左剰余類 $hN$ 全体である．$h \in H$ を動かしたときのすべての $hN$ の合併集合は $HN$ だから $\mathrm{Im}(f) = HN/N$．準同型定理より $H/H \cap N \cong HN/N$ が従う．

**演習 1.9.7** $\pi : G_2 \to G_2/H_2$ を自然な全射準同型写像とする．$H_1 = f^{-1}(H_2) = \mathrm{Ker}(\pi \circ f)$ だから，$H_1$ は $G_1$ の正規部分群になり，$\pi \circ f$ に対する準同型定理より $G_1/H_1 \cong G_2/H_2$.

**演習 1.10.1** $(a_1, a_2), (b_1, b_2), (c_1, c_2) \in G_1 \times G_2$ とする．結合法則は $((a_1, a_2) \cdot (b_1, b_2)) \cdot (c_1, c_2) = (a_1 b_1, a_2 b_2) \cdot (c_1, c_2) = ((a_1 b_1) c_1, (a_2 b_2) c_2) = (a_1(b_1 c_1), a_2(b_2 c_2)) = (a_1, a_2) \cdot (b_1 c_1, b_2 c_2) = (a_1, a_2) \cdot ((b_1, b_2) \cdot (c_1, c_2))$．$(e_1, e_2)$ が単位元なのは $(a_1, a_2) \cdot (e_1, e_2) = (a_1 e_1, a_2 e_2) = (a_1, a_2) = (e_1 a_1, e_2 a_2) = (e_1, e_2) \cdot (a_1, a_2)$．$(a_1, a_2)^{-1} = (a_1^{-1}, a_2^{-1})$ も同様にして確かめられる．

**演習 1.10.2** 例 1.5.7 の記号を用いる．$V_4$ は，$T, T'$ で生成される $O(2, \mathbb{R})$ の部分群 $\langle T, T' \rangle$ である．そこで，$H_1 = \langle T \rangle$，$H_2 = \langle T' \rangle$ とすると $T^2 = I = T'^2$ であるから，$H_1 \cong \mathbb{Z}/2\mathbb{Z} \cong H_2$ であり，$H_1 \cap H_2 = \{I\}$ を満たす．さらに，$TT' = -I = T'T$ より $H_1$ の元と $H_2$ の元は可換であるから，定理 1.10.3 によって $V_4 = H_1 \times H_2 \cong (\mathbb{Z}/2\mathbb{Z}) \times (\mathbb{Z}/2\mathbb{Z})$ がわかる．

**演習 1.11.1** $h_1 \in H_1, h_2 \in H_2$ に対して，$h_1 h_2 = h_2 h_1$ は交換子が単位元になること $h_1 h_2 h_1^{-1} h_2^{-1} = e$ と同値．$h_1 h_2 h_1^{-1} h_2^{-1} \in [H_1, H_2]$ だから，$[H_1, H_2] = \{e\}$ ならば $H_1$ の元と $H_2$ の元は可換．逆に，もし $H_1$ の元と $H_2$ の元が可換ならば任意の交換子 $h_1 h_2 h_1^{-1} h_2^{-1}$ は単位元になり，それらで生成される $[H_1, H_2]$ は $\{e\}$ になる．

**演習 1.11.2** 部分群 $H \subset G$ に対して $D^n(H) \subset D^n(G)$ が成り立つから，$G$ が可解であれば，ある $n$ に対して $D^n(G) = \{e\}$ より $D^n(H) = \{e\}$ であり，$H$ も可解．$H$ が正規部分群のとき，$D^n(G/H)$ は $D^n(G)$ の全射準同型写像 $G \to G/H$ による像だから，$D^n(G) = \{e\}$ ならば $D^n(G/H) = \{e\}$ で $G/H$ も可解群．

**演習 1.11.3** 全射な準同型写像 $\pi : G \to G/N$ を考えると，導来部分群に関して $\pi(D^i(G)) = D^i(G/N)$ が成り立つ．$G/N$ が可解群ならば，ある $m$ が存在して $D^m(G/N) = \{e\}$．したがって，$D^m(G) \subset \mathrm{Ker}(\pi) = N$．$N$ が可解群ならば，ある $n$ が存在して $\{e\} = D^n(N) \supset D^n(D^m(G))) = D^{n+m}(G)$ となるので，$G$ も可解群である．

**演習 1.11.4** 行列 $A = \begin{pmatrix} a & b \\ 0 & c \end{pmatrix}$ $(ac \neq 0)$ の逆行列は $A^{-1} = \begin{pmatrix} \frac{1}{a} & -\frac{b}{ac} \\ 0 & \frac{1}{c} \end{pmatrix}$ で与えられるので，$A$ と $B = \begin{pmatrix} d & e \\ 0 & f \end{pmatrix}$ $(df \neq 0)$ の交換子は $ABA^{-1}B^{-1} = \begin{pmatrix} 1 & \frac{-bd+ae-ce+bf}{cf} \\ 0 & 1 \end{pmatrix}$ と計算される．ここで，たとえば $c = e = f = 1, b = 2, d = \frac{1}{2}$ とすればこの行列は $\begin{pmatrix} 1 & a \\ 0 & 1 \end{pmatrix}$ となるので，結局，交換子群は $D(T(2, \mathbb{R})) = \left\{ \begin{pmatrix} 1 & a \\ 0 & 1 \end{pmatrix} \,\middle|\, a \in \mathbb{R} \right\}$ になる（これが $T(2, \mathbb{R})$ の部分群になることは演

習 1.3.3 である）．$D(T(2,\mathbb{R}))$ の二つの元の交換子は，上の計算で $a=c=d=f=1$ のときであるが，これは常に単位行列になる．したがって，$D^2(T(2,\mathbb{R}))=D(D(T(2,\mathbb{R})))$ は単位元のみからなる群となり，$T(2,\mathbb{R})$ は可解群であることがわかった．

**演習 1.11.5** $A=\begin{pmatrix} a_{11} & * & \cdots & * \\ 0 & a_{22} & \cdots & * \\ \vdots & \vdots & \ddots & \vdots \\ 0 & 0 & \cdots & a_{nn} \end{pmatrix}$ の逆行列は $A^{-1}=\begin{pmatrix} \frac{1}{a_{11}} & * & \cdots & * \\ 0 & \frac{1}{a_{22}} & \cdots & * \\ \vdots & \vdots & \ddots & \vdots \\ 0 & 0 & \cdots & \frac{1}{a_{nn}} \end{pmatrix}$ の形だから（演習 1.3.3，1.3.4），$A,B\in T(n,\mathbb{R})$ に対して $ABA^{-1}B^{-1}=\begin{pmatrix} 1 & * & \cdots & * \\ 0 & 1 & \cdots & * \\ \vdots & \vdots & \ddots & \vdots \\ 0 & 0 & \cdots & 1 \end{pmatrix}\in UT(n,\mathbb{R})$．$UT(n,\mathbb{R})$ は $T(n,\mathbb{R})$ の部分群であるから，$D(T(n,\mathbb{R}))\subset UT(n,\mathbb{R})$ がわかる．以下，逆の包含関係を示す．$(i,j)$ 成分のみが 1 で残りの成分はすべて 0 の $n$ 次正方行列を $E_{ij}$ で表す．このとき，$a\in\mathbb{R}$ に対して $U_{ij}(a)=I+aE_{ij}$ は $i<j$ のとき $UT(n,\mathbb{R})$ の元であり，$T(n,\mathbb{R})$ は $i<j$ と $a\in\mathbb{R}$ についての $U_{ij}(a)$ と，対角行列 $D=\begin{pmatrix} d_1 & 0 & \cdots & 0 \\ 0 & d_2 & \cdots & 0 \\ \vdots & \vdots & \ddots & \vdots \\ 0 & 0 & \cdots & d_n \end{pmatrix}$ $(d_1d_2\cdots d_n\neq 0)$ で生成される（行列の基本変形）．さらに，$U_{ij}(a)$ の形の行列だけで生成される部分群が $UT(n,\mathbb{R})$ にほかならない．いま，$E_{ij}E_{k\ell}=\begin{cases} E_{i\ell} & (j=k) \\ O & (j\neq k) \end{cases}$ であるので，$U_{ij}(a)^{-1}=U_{ij}(-a)$ であり，$i<j,\,k<\ell$ に対して $U_{ij}(a)U_{k\ell}(b)U_{ij}(a)^{-1}U_{k\ell}(b)^{-1}=\begin{cases} U_{i\ell}(ab) & (j=k) \\ U_{kj}(-ab) & (i=\ell) \\ I & (\text{上記以外}) \end{cases}$ (♡) が確かめられる．さらに，上の $D$ に関しては $DU_{ij}(a)D^{-1}U_{ij}(a)^{-1}=U_{ij}\left(\frac{a(d_i-d_j)}{d_j}\right)$ となるので，任意の $i<j$ および $a\in\mathbb{R}$ に対して $U_{ij}(a)\in D(T(n,\mathbb{R}))$，したがって $D(T(n,\mathbb{R}))\supset UT(n,\mathbb{R})$ がわかる．

**演習 1.11.6** 対角成分が 1 の上三角行列 $A=\begin{pmatrix} 1 & a_{12} & * & \cdots & * & * \\ 0 & 1 & a_{23} & \cdots & * & * \\ \vdots & \vdots & \ddots & \ddots & \vdots & \vdots \\ \vdots & \vdots & & \ddots & \ddots & \vdots \\ 0 & 0 & 0 & \cdots & 1 & a_{n-1,n} \\ 0 & 0 & 0 & \cdots & 0 & 1 \end{pmatrix}$ に対して

は $A^{-1} = \begin{pmatrix} 1 & -a_{12} & * & \cdots & * & * \\ 0 & 1 & -a_{23} & \cdots & * & * \\ \vdots & \vdots & \ddots & \ddots & \vdots & \vdots \\ \vdots & \vdots & & \ddots & \ddots & \vdots \\ 0 & 0 & 0 & \cdots & 1 & -a_{n-1,n} \\ 0 & 0 & 0 & \cdots & 0 & 1 \end{pmatrix}$ がわかるので，$A, B \in UT(n, \mathbb{R})$ に対して $ABA^{-1}B^{-1}$ の $(i, i+1)$ 成分 $(i = 1, \ldots, n-1)$ はすべて 0 になることがわかる．すなわち，

$$D(UT(n,\mathbb{R})) \subset \{A = (a_{ij}) \in UT(n,\mathbb{R}) \mid a_{i,i+1} = 0 \ (i = 1, \ldots, n-1)\} = U_2$$

が成り立つ．$U_2$ は $UT(n,\mathbb{R})$ の部分群であり，$a \in \mathbb{R}$ と $j > i+1$ に対する $U_{ij}(a)$ で生成されることがわかるが，一方，演習 1.11.5 の略解の (♡) によって，上の集合の包含は等号であることがわかる．より一般に $m = 1, \ldots, n$ に対して，

$$U_m = \{A = (a_{ij}) \in UT(n,\mathbb{R}) \mid \ i < j < i + m \Rightarrow a_{ij} = 0\}$$

は $UT(n,\mathbb{R})$ の部分群であり，同様の議論によって $D(U_m) \subset U_{m+1}$ がわかるので，$D^m(T(n,\mathbb{R})) = U_m$．とくに $D^n(T(n,\mathbb{R})) = \{I\}$ となるから，$T(n,\mathbb{R})$ は可解群である．

**演習 1.11.7** $\mathfrak{S}_4 \supset \mathfrak{A}_4 \supset V_4 \supset \{e\}$ が可解列である（演習 1.6.6 を思い出せ）．$\mathfrak{A}_4/V_4$ は $(1\ 2\ 3)V_4$ で生成される位数 3 の巡回群である: これは直接確かめられるし，命題 1.12.2 を用いてもよい．

**演習 1.12.1** 正 4 面体の頂点に 1,2,3,4 と番号を付ける．T の元はこれら頂点がどのように置換されるかが決まればただ一通りに定まるから，単射な群の準同型写像 $\rho : \mathrm{T} \to \mathfrak{S}_4$ ができる．命題 1.12.7 と同様にして $\#(\mathrm{T}) = 6 \times 2 = 12$ がわかる．T に属する回転は，(i) 頂点を固定する = 面の重心を固定する（$2 \times 4 = 8$ 個）と，(ii) 辺の中点を固定する（$\frac{6}{2} = 3$ 個）であり，単位元を合わせて $1 + 8 + 3 = 12$ となるから，これが T の元のすべてである．$\rho$ で (i) は長さ 3 の巡回置換，(ii) は互いに交わらない二つの互換の積にうつるので，$\rho$ による T の像は $\mathfrak{A}_4$ である．

**演習 1.12.2** 立方体には四つの対角線があり，O の元はこれらの置換を引き起こすから，準同型写像 $\rho : \mathrm{O} \to \mathfrak{S}_4$ ができる．四つの対角線すべてが固定されていれば立方体は動かないから，$\rho$ は単射である．O の元の個数は命題 1.12.7 と同様に考えれば $12 \times 2 = 24$ 個であり，これは $\mathfrak{S}_4$ の位数 4! に一致する．よって $\mathrm{O} \cong \mathfrak{S}_4$.

**演習 1.12.3** I は正 12 面体の五つの「内接立方体」の置換を引き起こすから，準同型写像 $\rho : \mathrm{I} \to \mathfrak{S}_5$ がある．$\mathrm{Ker}(\rho) \lhd \mathrm{I}$ であるが，I は単純群だから，$\mathrm{Ker}(\rho)$ は I または $\{e\}$ でなければならない．しかし前者は明らかに不合理なので，$\rho$ は単射である．次に，合成 $\mu = \mathrm{sgn} \circ \rho : \mathrm{I} \to \{\pm 1\}$ を考える．$\mathrm{Ker}(\mu)$ は再び I または $\{e\}$ になるが，後者ならば I の位数が 2 以下になって矛盾．よって $\rho(\mathrm{I}) \subset \mathrm{Ker}(\mathrm{sgn}) = \mathfrak{A}_5$ となる．I の位数は 60 で $\mathfrak{A}_5$ の位数 $\frac{5!}{2}$ と等しいから，$\mathrm{I} \cong \mathfrak{A}_5$.

**演習 1.13.1** (1) 演習 1.12.1 を見よ．(2) $\mathfrak{S}_5$ の偶置換の $\mathfrak{S}_5$ の中での共役類は型で決まる（演習 1.8.5）．可能な偶置換の型は (5), (3, 1, 1), (2, 2, 1) であり，それぞれに属する置換は $\frac{5!}{5} = 24$ 個，$\binom{5}{3} \times \frac{3!}{3} = 20$ 個，$\frac{5 \times 4}{2} \times \frac{3 \times 2}{2} \times \frac{1}{2} = 15$ 個である．しかし，$\mathfrak{A}_5 \cong \mathrm{I}$ だから，正 20 面体群の共役類と $\mathfrak{A}_5$ の共役類は 1 対 1 に対応するはずである．何がおかしいか？ 実は，$\mathfrak{A}_5$ の中では $\sigma = (1\ 2\ 3\ 4\ 5)$ と $\mathfrak{A}_5$ の中で共役な元は，偶置換 $\tau$ によって $(\tau(1), \tau(2), \tau(3), \tau(4), \tau(5))$ と書けるもの全体である．よって，$\sigma$ と $(1\ 2\ 3\ 5\ 4)$ は共役にはならないのである．このように吟味する

ことによって，$\mathfrak{A}_5$ の共役類としては id, (1 2 3 4 5), (1 2 3 5 4), (1 2 3), (1 2)(3 4) がそれぞれ属する共役類がそのすべてであり，その要素の個数は順に $1, 12, 12, 20, 15$ となる．

**演習 1.14.1**　(1) 演習 1.9.5 によれば，任意の $x \in C$ の共役類 $C(x)$ は中心化群 $Z_G(x)$ についての左剰余類の集合 $G/Z_G(x)$ との間に自然な全単射をもつから，とくにその元の個数は $\#(G)$ の約数であり，これもまた 1 でなければ $p$ のベキになる．(2) 中心に属さない元の共役類の元の個数は常に $p$ で真に割り切れるから，類等式の両辺を比べることで，中心 $Z(G)$ の元の個数もまた $p$ で割り切れなければならない．とくに中心は単位元以外の元をもつ．(3) $\#(Z(G))$ は $\#(G)$ の約数であるから，$Z(G)$ も $p$-群であり，$G_1 = G/Z(G)$ もまた $p$-群になる．すると $Z(G_1) \neq \{e\}$ もまた $p$-群で $G_2 = G_1/Z(G_1)$ も $p$-群…と議論を続けてできる全射な群の準同型写像の列 $G \to G_1 \to G_2 \to \cdots \to G_r$ を考えると，群の位数は真に減少していくので，いつかは $G_r = \{e\}$ となって停止する．$H_i = \mathrm{Ker}(G \to G_{r-i})$ とおいてできる列 $G = H_0 \supset H_1 \supset \cdots \supset H_r = \{e\}$ に対しては $H_i \triangleright H_{i+1}$ であり $H_i/H_{i+1} \cong \mathrm{Ker}(G_{r-i-1} \to G_{r-i}) \cong Z(G_{r-i-1})$ が成り立つから（演習 1.9.7），これは $G$ の可解列になる．(4) (3) の記号で $G_{r-1} = Z(G_{r-2})$ は可換な $p$-群だから，位数が $p$ のベキであるような巡回群の直積になる（有限アーベル群の構造定理，定理 2.9.13）．とくに $\boldsymbol{\mu}_p$ への全射をもつから，全射 $G \to G_{r-1} \to \boldsymbol{\mu}_p$ を考え，$H$ はその核とすればよい．

**演習 2.1.1**　行列の和，積の結合法則，分配法則，零行列，単位行列の性質である．線形代数の教科書で確かめよ．

**演習 2.1.2**　$a + (-a) = 0$ であるから，命題 2.1.2 により $0 = 0 \cdot b = (a + (-a))b = ab + (-a)b$ を得るので，$(-a)b = -ab$．さらに，同様にして $0 = (-a) \cdot 0 = (-a)(b + (-b)) = (-a)b + (-a)(-b)$ となるので，$(-a) \cdot (-b) = -(-a)b = -(-ab) = ab$.

**演習 2.1.3**　結合法則，分配法則などは，和集合，共通部分の性質である．たとえば，$(A + B)C = ((A \cup B) \setminus (A \cap B)) \cap C = (A \cap C) \cup (B \cap C) \setminus (A \cap B \cap C) = AC + BC$．零元は空集合，単位元は $S$ である．

**演習 2.1.4**　$f(X) = \sum a_n X^n$, $g(X) = \sum b_n X^n$ と書くとき，$d = \deg f$ は $n > d \Rightarrow a_n = 0$ が成り立つような最小の $d$ である．$e = \deg g$ も同様．このとき $f(X) + g(X) = \sum (a_n + b_n) X^n$ であるから，$n > \max\{\deg f, \deg g\}$ であれば $a_n = b_n = 0$ となり，$f(X) + g(X)$ の $X^n$ の係数は 0 である．よって，$\deg(f + g) \leq \max\{\deg f, \deg g\}$ が成り立つ．積については $f(X)g(X) = \sum_n \left(\sum_{k=0}^n a_k b_{n-k}\right) X^n$ となるので，もし $n > \deg f + \deg g$ であれば，$k > \deg f$ に対しては $a_k = 0$ であり，$k \leq \deg f$ ならば $n - k \geq n - \deg f > \deg g$ となるので $b_{n-k} = 0$ である．したがって，$\sum_{k=0}^n a_k b_{n-k} = 0$ でなければならない．すなわち，$n > \deg f + \deg g$ であれば，$f(X)g(X)$ の $X^n$ の係数は 0 でなければならないから，$\deg(f \cdot g) \leq \deg f + \deg g$ が成り立つ．

**演習 2.2.1**　(1) $0 \neq a \in A$ が零因子ならば $0 \neq b \in A$ が存在して $ab = 0$ が成り立つが，さらに $a$ が単元であるとすると $c \in A$ が存在して $ca = 1$．よって $b = (ca)b = c(ab) = c \cdot 0 = 0$ となり矛盾である．(2) $a \in A$ がベキ等元ならば $a^2 = a$．$a$ が単元なら $c \in A$ があって $ca = 1$ だから $a = caa = ca = 1$.

**演習 2.2.2**　通常の複素数の演算で $(a+b\sqrt{-m})+(c+d\sqrt{-m})=(a+c)+(b+d)\sqrt{-m}$, $(a+b\sqrt{-m})\cdot(c+d\sqrt{-m})=(ac-bdm)+(ad+bc)\sqrt{-m}$ であるが，$a,b,c,d\in\mathbb{Q}$ であれば $a+b, b+d, ac-bdm, ad+bc$ はいずれも有理数であるから，$\mathbb{Q}(\sqrt{-m})$ は単位元付き可換環（体 $\mathbb{C}$ の部分環）である．$(a+b\sqrt{-m})\cdot(a-b\sqrt{-m})=a^2+b^2m$ は $a=b=0$ でない限り正の有理数になる．よって $\alpha=a+b\sqrt{-m}\neq 0$ に対しては $\alpha^{-1}=\frac{a}{a^2+b^2m}-\frac{b}{a^2+b^2m}\sqrt{-m}\in\mathbb{Q}(\sqrt{-m})$ である．

**演習 2.2.3**　行列の和と積の分配法則から従う．線形代数の教科書の「ケーリー - ハミルトンの定理」の周辺を復習せよ．

**演習 2.2.4**　$A=k[X]$ の単元全体 $U(A)$ は 0 でない $k$ の元全体 $k^*$ に一致する．0 でない定数が $A=k[X]$ の単元であることは定義からただちにわかるので，$A$ の単元が 0 でない $k$ の元でなければならないことを示す．もし $f(X)\in A$ が単元であれば，$g(X)\in A$ が存在して $f(X)g(X)=1$ が成り立つはずである．$f(X)=a_nX^n+\cdots+a_1X+a_0$ $(a_n\neq 0)$, $g(X)=b_mX^m+\cdots+b_1X+b_0$ $(b_m\neq 0)$ とおくと，$1=f(X)g(X)=a_nb_mX^{n+m}+\cdots+a_0b_0$ でなければならない．演習 2.2.1 により，体 $k$ は零因子をもたないことに注意すると，もし $n,m$ のいずれか一方が 1 以上であれば，$a_nb_m=0$ が成り立たなければならないので，$a_n$ か $b_m$ のどちらかが 0 でなければならず，矛盾する．よって，$n=m=0$ であり，$f(X)=a_0$ は 0 でない $k$ の元になることがわかる．

**演習 2.2.5**　$f$ が環の準同型写像になることは，$x=a+b\varepsilon$, $y=c+d\varepsilon\in A$ とするとき，$f(x+y)=f((a+c)+(b+d)\varepsilon)=\begin{pmatrix}a+c & b+d\\ 0 & a+c\end{pmatrix}=\begin{pmatrix}a & b\\ 0 & a\end{pmatrix}+\begin{pmatrix}c & d\\ 0 & c\end{pmatrix}=f(x)+f(y)$．また，$f(xy)=f((a+b\varepsilon)(c+d\varepsilon))=f(ac+(ad+bc)\varepsilon)=\begin{pmatrix}ac & ad+bc\\ 0 & ac\end{pmatrix}=\begin{pmatrix}a & b\\ 0 & a\end{pmatrix}\begin{pmatrix}c & d\\ 0 & c\end{pmatrix}$ $=f(x)\cdot f(y)$ が成り立つことからわかる．$f(a+b\varepsilon)$ が零行列になったとすると $a=b=0$ でなければならないから，$f$ は単射である．

**演習 2.3.1**　$a,b\in\mathrm{Ker}(f)$ は $f(a)=0=f(b)$ と同値であるが，このとき，$f$ が準同型写像であることから $f(a-b)=f(a)-f(b)=0$ となって，$a-b\in\mathrm{Ker}(f)$．また，任意の $a\in\mathrm{Ker}(f)$ および $r\in A$ に対して $f(ra)=f(r)\cdot f(a)=f(r)\cdot 0=0$ となるから $ra\in\mathrm{Ker}(f)$ である．よって $\mathrm{Ker}(f)$ は $A$ のイデアルである．また，$b_1,b_2\in\mathrm{Im}(f)$ とすると，ある $a_1,a_2\in A$ が存在して $b_1=f(a_1)$, $b_2=f(a_2)$ と書かれるので，$b_1-b_2=f(a_1)-f(a_2)=f(a_1-a_2)$,　$b_1b_2=f(a_1)f(a_2)=f(a_1a_2)$ より，$b_1-b_2, b_1b_2\in\mathrm{Im}(f)$ となるから，$\mathrm{Im}(f)$ は $B$ の部分環である．

**演習 2.3.2**　$I$ がイデアルであることは，$a,b\in I\Rightarrow a-b\in I$ および $a\in I, r\in A\Rightarrow ra\in I$ が成り立つことと同値である．同様に，$J$ がイデアルであることは，$a,b\in J\Rightarrow a-b\in J$ および $a\in J, r\in A\Rightarrow ra\in J$ と同値．もし $I$ と $J$ がともにイデアルであるならば，$a,b\in I\cap J\Rightarrow a-b\in I\cap J$，および $a\in I\cap J, r\in A\Rightarrow ra\in I\cap J$ が成り立つので，$I\cap J$ も $A$ のイデアルになる．

**演習 2.3.3**　(1) $I$ を $S$ を含むイデアルとすると，任意の $s_1,\ldots,s_r\in S$ は $I$ の元だから $a_i\in A$ に対して $a_is_i\in I$ であり $a_1s_1+\cdots+a_rs_r\in I$ となる．よって $I\supset(S)$．このことは，$(S)$ が $S$ を含むイデアルのうち最小のものであることを意味する．(2) $I\cup J$ で生成されるイデアルは，$s_1,\ldots,s_\ell\in I$, $t_1,\ldots,t_r\in J$ と $a_1,\ldots,a_\ell, b_1,\ldots,b_r\in A$ で

$x = a_1s_1 + \cdots + a_\ell s_\ell + b_1t_1 + \cdots + b_rt_r$ の形で書ける元全体であるが，$I$ がイデアルであることより $a' = a_1s_1 + \cdots + a_\ell s_\ell \in I$．同様に $b' = b_1t_1 + \cdots + b_rt_r \in J$ であるから $x = a' + b' \in I + J$ となる．$I + J$ が $I \cup J$ で生成されるイデアルに含まれることは明らかであるから，$I + J$ は $I \cup J$ で生成されるイデアルと一致する．

**演習 2.3.4**　写像 $\varphi : \mathbb{Q}[X,Y] \to \mathbb{Q}[X]$ を $\varphi(f(X,Y)) = f(X,0)$（$Y$ のみに 0 を代入）で定義すると，これは全射な環の準同型写像である（$f$ が文字 $Y$ を含まない $X$ のみの多項式であれば，$\varphi(f) = f$ に注意）．$\mathrm{Ker}(\varphi) = (Y)$ を示そう．いま，$(Y) \subset \mathrm{Ker}(\varphi)$ は明白なので，$\mathrm{Ker}(\varphi) \subset (Y)$ を示そう．$f(X,Y) \in \mathrm{Ker}(\varphi)$ をとり，これを $Y$ の式として整理して $f(X,Y) = a_n(X)Y^n + \cdots + a_1(X)Y + a_0(X)$ と表しておくと，$0 = \varphi(f) = f(X,0) = a_0(X)$ が得られるから $f(X,Y) = a_n(X)Y^n + \cdots + a_1(X)Y = Y \cdot (a_n(X)Y^{n-1} + \cdots + a_1(X))$ となって，$f \in (Y)$ が成り立つ．以上によって，$\mathrm{Ker}(\varphi) = (Y)$ が示されたので，$\varphi$ が全射であったことに注意して準同型定理を用いれば $\mathbb{Q}[X,Y]/(Y) = \mathbb{Q}[X,Y]/\mathrm{Ker}(\varphi) \cong \mathbb{Q}[X]$ を得る．

**演習 2.3.5**　$A$ が体であるとする．$I$ が $(0)$ でない $A$ のイデアルであれば，$a \in I$ で $a \neq 0$ となるものが存在するが，$A$ が体であることより $a^{-1} \in A$ がとれる．したがって $1 = a^{-1}a \in I$ となるから $I = A$．逆に，$A$ の $(0)$ でないイデアルは $A$ 全体のみであると仮定すると，任意の $a \in A$ で $a \neq 0$ となるものに対して，任意の単項イデアル $I = (a)$ は $A$ 全体でなければならず，とくに $1 \in (a)$ だから，ある $r \in A$ が存在して $1 = ra$ となる．この $r$ は $a$ の積についての逆元であり，とくに $a$ は $A$ の単元である．

**演習 2.3.6**　(1) $x = \sum a_ib_i$, $y = \sum a'_jb'_j$ ならば $x - y = \sum a_ib_i + \sum(-1)a'_jb'_j \in IJ$．また $r \in A$ に対しては $rx = \sum ra_ib_i \in IJ$ だから $IJ$ はイデアルになる．(2) $x = \sum a_ib_j \in IJ$ をとると $a_ib_j \in I \cap J$ だから $x \in I \cap J$．よって $I \cap J \supset IJ$．(3) $\mathbb{Z}$ のイデアル $I = (4)$, $J = (6)$ に対して $I \cap J = (12)$ だが $IJ = (24)$．

**演習 2.4.1**　$ab = ac$ は $ab - ac = a(b - c) = 0$ と同値であるが，$A$ は整域であり，$a \neq 0$ であることから $b - c = 0$，すなわち $b = c$ が従う．

**演習 2.4.2**　$f \in A[X_1, \ldots, X_n]$ が単元であったならば，$f^{-1} \in A[X_1, \ldots, X_n]$ が存在して $f \cdot f^{-1} = 1$ となるから，命題 2.4.14 により $\deg f + \deg f^{-1} = \deg 1 = 0$ である．（0 でない）多項式の次数は常に 0 以上であるから，$\deg f = 0$ でなければならない，すなわち，$f = a \in A$ であり，この $a$ は $A$ の単元になる．

**演習 2.4.3**　(1) $a \in A$ に対して $a \in (0)$ と $a = 0$ が同値であることからただちに従う．(2) いま，剰余環の元は $a \in A$ を使って $\bar{a} = a + P = \{a + p \mid p \in P\}$ と書かれる $A$ の部分集合であり，$\bar{a} = \bar{b}$ すなわち $a + P = b + P$ となることは，$a - b \in P$ と同値である．とくに，$\bar{a} = 0$（剰余環 $A/P$ で $\bar{a}$ が零元であること）は $a \in P$ と同値である．したがって，$P$ が素イデアルであること（$a \notin P$, $b \notin P \Rightarrow ab \notin P$）は $\bar{a} \neq 0$, $\bar{b} \neq 0 \Rightarrow \overline{ab} = \bar{a}\bar{b} \neq 0$ と同値であり，これは剰余環 $A/P$ が整域であることにほかならない（$\overline{ab} = \bar{a}\bar{b}$ は，剰余環での積の定義 $\bar{a}\bar{b} = (a + P)(b + P) = ab + P = \overline{ab}$ による）．(3) まずイデアル $\mathfrak{m} \subset A$ が極大イデアルであったと仮定しよう．このとき，$a \notin \mathfrak{m}$ に対して和のイデアル $\mathfrak{m} + (a)$ は $\mathfrak{m}$ を真に含むので $\mathfrak{m} + (a) = A$ である．すなわち，ある $m \in \mathfrak{m}$ および $r \in A$ が存在して $1 = m + ra$ となる．このとき，剰余環 $A/\mathfrak{m}$ の中で $\bar{r}\bar{a} = (r + \mathfrak{m})(a + \mathfrak{m}) = (1 - m) + \mathfrak{m} = 1 + \mathfrak{m} = \bar{1}$ となるので（最後から二つ目

の等号では $m \in \mathfrak{m}$ を用いた)，$\bar{r}$ が $\bar{a}$ の逆元である．$a \notin \mathfrak{m}$ は $\bar{a} \neq 0$ と同値であることに注意すれば，$A/\mathfrak{m}$ の 0 でない任意の元は逆元をもつことになるので，$A/\mathfrak{m}$ は体である．逆に，$A/\mathfrak{m}$ が体であると仮定し，$\mathfrak{m} \subsetneq I$ となるイデアル $I$ をとる．このとき，$a \in I$ かつ $a \notin \mathfrak{m}$ となるものがあるが，その剰余類 $\bar{a} = a + \mathfrak{m}$ は $A/\mathfrak{m}$ の中に逆元をもつ．すなわち，$r \in A$ が存在して $(r+\mathfrak{m})(a+\mathfrak{m}) = ra + \mathfrak{m} = 1 + \mathfrak{m}$ が成り立つが，これは，$1 - ra \in \mathfrak{m}$，つまり，ある $m \in \mathfrak{m}$ が存在して $1 - ra = m$ となることを意味する．このとき，$1 = m + ra \in \mathfrak{m} + (a) \subset I$ となるから $I = A$ となる．すなわち，$\mathfrak{m}$ は極大イデアルである．

**演習 2.4.4** 写像 $\varphi : A = \mathbb{Q}[X,Y] \to \mathbb{Q}[Y]$ を $\varphi(f(X,Y)) = f(0,Y)$ で定めると，$\varphi$ は全射な環準同型写像であり，$\mathrm{Ker}(\varphi) = (X)$ である（演習 2.4.3 参照）．多項式環 $\mathbb{Q}[Y] \cong \mathbb{Q}[X,Y]/(X)$ は整域であるから（命題 2.4.4），演習 2.4.3, (2) によって $(X)$ は素イデアルである．しかし，$(X)$ はイデアル $(X,Y)$ に真に含まれるので極大イデアルではない．
※ $X$ は 1 次式であるから，既約元である．$\mathbb{Q}[X,Y]$ が UFD であること（定理 2.7.6，あるいは系 2.7.7）を用いれば，$\mathbb{Q}[X,Y]$ の既約元は素元であるので，$(X)$ は素イデアルである，と論じてもよい．

**演習 2.4.5** $n$ についての帰納法で示す．$n=1$ のときは $I \not\subset P_1$ より，$a \in I$ かつ $a \notin P_1$ となるものがとれる．次に一般の場合を考える．$P_n$ がある $P_i$ を含めば $P_i$ を省いてよいので，示すべき主張は帰納法の仮定より従う．そこで，$P_n$ はどの $P_i$ $(i = 1, \ldots, n-1)$ も含まないと仮定しよう．このとき，帰納法の仮定から $a \in I$ であって，$a \notin P_i$ $(i = 1, \ldots, n-1)$ となるものが存在する．もし，$a \notin P_n$ であれば示すことはないので，$a \in P_n$ だったとしよう．このとき，$I \not\subset P_n$, $P_i \not\subset P_n$ より，$b_0 \in I \setminus P_n$, $b_i \in P_i \setminus P_n$ $(i = 1, \ldots, n-1)$ がとれる．そこで，$b = b_0 b_1 \cdots b_{n-1}$ とすると $b \in I$, $b \in P_i$ $(i = 1, \ldots, n-1)$ であるが，$P_n$ は素イデアルであり，$b_i \notin P_n$ であるから $b \notin P_n$ である．このとき，$c = a + b$ とおくと $c \in I$ であるが，$c \notin P_i$ $(i = 1, \ldots, n)$ となる．

**演習 2.4.6** (1) $a \in f^{-1}(J)$, $b \in f^{-1}(J)$ は $f(a), f(b) \in J$ と同値であるが，このとき，$J$ がイデアルであることより $f(a-b) = f(a) - f(b) \in J$ となるので，$a - b \in f^{-1}(J)$．また，$a \in f^{-1}(J)$ と $r \in A$ に対しては，再び $J$ がイデアルであることより $f(ra) = f(r) \cdot f(a) \in J$ がわかるので，$ra \in f^{-1}(J)$．よって $f^{-1}(J)$ はイデアルである．また $J \supset (0)$ より $f^{-1}(J) \supset f^{-1}(0) = \mathrm{Ker}(f)$．(2) 自然な全射準同型写像 $\pi : B \to B/P$ に対して合成写像 $g = \pi \circ f : A \to B/P$ を考える．このとき，$\mathrm{Ker}(g) = g^{-1}(0) = f^{-1}(\mathrm{Ker}(\pi)) = f^{-1}(P)$ であるから，$Q = f^{-1}(P)$ とおくと $A/Q \cong \mathrm{Im}(g)$ は $B/P$ の部分環である．しかし，$P$ は素イデアルであったので $B/P$ は整域であり，$A/Q$ も整域になる．したがって $Q = f^{-1}(P)$ は素イデアルである．(3) $A = \mathbb{Z}$, $B = \mathbb{Q}$ とし，自然な単射準同型写像 $f : \mathbb{Z} \to \mathbb{Q}$ を考える．このとき，$P = (0) \subset \mathbb{Q}$ は $B = \mathbb{Q}$ の極大イデアルであるが，$f^{-1}(P) = (0) \subset \mathbb{Z}$ は $A = \mathbb{Z}$ の極大イデアルではない．$f$ が全射ならば，合成 $A \xrightarrow{f} B \to B/\mathfrak{m}$ も全射になるので，$A/f^{-1}(\mathfrak{m}) \cong B/\mathfrak{m}$ は体であるから，$f^{-1}(\mathfrak{m})$ も極大イデアルとなる．

**演習 2.5.1** $(a+bi)(c+di) = (ac-bd) + i(ad+bc)$ だが，これが 0 であるということは $ac - bd = ad + bc = 0$．このとき，$bd^2 = acd = -bc^2$ となるから $b(c^2+d^2) = 0$．よって $b = 0$ または $c = d = 0$．$c = d = 0$ は $c + di = 0$ と同値である．$b = 0$ とすると $ac = ad = 0$ だから，$c + di \neq 0$ ならば $a = 0$．よって $\mathbb{Z}[i]$ は整域である．その商体の元は $(a,b) \neq (0,0)$ に対して $\frac{c+di}{a+bi} = \frac{(a-bi)(c+di)}{(a-bi)(a+bi)} = \frac{1}{a^2+b^2}((ac+bd) + (ad-bc)i)$ だから，$\mathbb{Z}[i]$ の

商体は $\mathbb{Q}(i)=\{\alpha+\beta i \mid \alpha,\beta\in\mathbb{Q}\}$ となる.

**演習 2.5.2** $P\subset A$ が素イデアルであれば, とくに $P\neq A$ であり $1\notin P$ であるから $1\in S=A\backslash P$. また $0\in P$ より $0\notin S$ がわかる. $P$ が素イデアルであることは「$ab\in P$ ならば $a\in P$ または $b\in P$」が成り立つことであるので, この対偶命題をとれば「$a\in S$ かつ $b\in S$ ならば $ab\in S$」が得られる.

**演習 2.5.3** $S^{-1}A$ の元は $\frac{a}{f^n}$ $(a\in A)$ の形に書き表されるので, 環の準同型写像 $\varphi: A[X]\to S^{-1}A$ を, $F(X)\in A[X]$ に対して $\varphi(F(X))=F\left(\frac{1}{f}\right)$ で定める, すなわち, $F(X)=a_nX^n+\cdots+a_1X+a_0$ に対して $\varphi(F(X))=\frac{a_n}{f^n}+\cdots+\frac{a_1}{f}+\frac{a_0}{1}=\frac{1}{f^n}(a_n+\cdots+a_1f^{n-1}+a_0f^n)$ と定める. このとき, $F(X)\in\mathrm{Ker}(\varphi)$ は $a_n+\cdots+a_1f^{n-1}+a_0f^n=0$ と同値であり, $a_n=f\cdot(a_{n-1}+\cdots+a_1f^{n-2}+a_0f^{n-1})$ が成り立つ. そこで, $b_{n-1}=-(a_{n-1}+\cdots+a_1f^{n-2}+a_0f^{n-1})$ とおこう. すると $b_{n-1}+a_{n-1}=-f\cdot(a_{n-2}+\cdots+a_1f^{n-3}+a_0f^{n-2})$ となる. そこでこの右辺の括弧の $(-1)$ 倍を $b_{n-2}$ とする. 一般に $k=0,1,\ldots,n-1$ に対して $b_k=-(a_k+\cdots+a_1f^{k-1}+a_0f^k)$ と定めれば, $b_k+a_k=f\cdot b_{k-1}$, すなわち $a_k=-b_k+f\cdot b_{k-1}$, さらに $a_n=f\cdot b_{n-1}$ が成り立つので $F(X)=a_nX^n+\cdots+a_1X+a_0=(fX-1)(b_{n-1}X^{n-1}+\cdots+b_1X+b_0)$ と分解され, $F(X)\in(fX-1)$. よって $\mathrm{Ker}(\varphi)\subset(fX-1)$ がわかった. 一方, $F(X)\in(fX-1)$ であれば $F\left(\frac{1}{f}\right)=0$ は明らかであるので, 結局 $\mathrm{Ker}(\varphi)=(fX-1)$ がわかった. $\frac{a}{f^n}=\varphi(aX^n)$ であるので, $\varphi$ は全射であることに注意して準同型定理を用いれば $A[X]/(fX-1)=A[X]/\mathrm{Ker}(\varphi)\cong S^{-1}A$ が導かれる.

**演習 2.5.4** (1) 反射律, 対称律は簡単に確かめられるから推移律のみ確かめる. $(a_1,s_1)\sim(a_2,s_2)$ は $t\in S$ があって $t(a_1s_2-a_2s_1)=0$ であり, $(a_2,s_2)\sim(a_3,s_3)$ は $u\in S$ があって $u(a_2s_3-a_3s_2)=0$ を意味する. このとき, $tus_2(a_1s_3-a_3s_1)=0$ だが, $tus_2\in S$ だから $(a_1,s_1)\sim(a_3,s_3)$. (2) $S^{-1}A$ において, $\frac{a}{1}=0=\frac{0}{1}$ は $s\in S$ があって $s(a\cdot 1-0\cdot 1)=0$, すなわち $sa=0$ と同値である. したがって, $\mathrm{Ker}(i_S)=\{a\in A \mid \exists s\in S,\ sa=0\}$.

**演習 2.5.5** 演習 2.4.6 により, $\mathfrak{m}^n$ を含む極大イデアルが $\mathfrak{m}$ のみであることを示せばよい. $I$ をそのような極大イデアルとすると, $I$ は素イデアルであるが, 任意の $x\in\mathfrak{m}$ に対して $x^n\in\mathfrak{m}^n\subset I$ であるから, $x\in I$ または $x^{n-1}\in I$. 後者の場合, $x\in I$ または $x^{n-2}\in I$ となり, これを繰り返すと結局 $x\in I$. $x\in\mathfrak{m}$ は任意であったから, $\mathfrak{m}\subset I\subsetneq A$, したがって $I=\mathfrak{m}$.

**演習 2.6.1** (1)⇒(2) $(a,b)$ は整数 $s,t$ を用いて $sa+tb$ の形に書ける元全体であり, そこに 1 が含まれることから, $s,t\in\mathbb{Z}$ が存在して $sa+tb=1$. (2)⇒(3) $x$ が $a$ も $b$ も割り切るなら, 任意の整数 $s,t$ に対して $sa+tb$ も $x$ で割り切れる. しかし, (2) のように $s,t$ をとることで, $x$ は 1 を割り切らねばならないことがわかるので, $x=\pm1$ でなければならない. (3)⇒(1) $\mathbb{Z}$ は PID であるから, そのイデアル $(a,b)=\{sa+tb \,|\, s,t\in\mathbb{Z}\}$ は単項イデアルになる. つまり, ある整数 $c$ を用いて $(a,b)=(c)$ と表されるが, $a,b\in(a,b)=(c)$ であることから $a,b$ はともに $c$ の倍数である. (3) の仮定によって, $a,b$ の公約数は $\pm1$ のみであるから $c=\pm1$ でなければならず, したがって, $(a,b)=(1)=\mathbb{Z}$ が従う.

**演習 2.6.2** (1) ユークリッドの互除法を用いる: $f$ を $g$ で割って $f=qg+r$ ($q$ が商, $r$ は余り) となればイデアルの等式 $(f,g)=(g,r)$ が成り立つことを繰り返し用いると $(f,g)=(g,39X^3-103X^2+36X+28)=(39X^3-103X^2+36X+28,X^2-3X+2)=(X^2-3X+2)$

より，$h(X) = X^2 - 3X + 2$ とすればよい．(2) $f(X) = g(X) = 0$ は $h(X) = 0$ と同値であるから $X = 1, 2$.

**演習 2.7.1** (1) 推移律のみ記す．$(a_0, \ldots, a_n) \sim (b_0, \ldots, b_n) \Leftrightarrow 0 \neq \exists t \in K,\ a_i = t \cdot b_i$ および $(b_0, \ldots, b_n) \sim (c_0, \ldots, c_n) \Leftrightarrow 0 \neq \exists s \in K,\ b_i = s \cdot c_i$ を仮定すると，$a_i = (st)c_i$ となり $(a_0, \ldots, a_n) \sim (c_0, \ldots, c_n)$. (2) 比 $a_0 : \cdots : a_n$ において $a_i = \frac{c_i}{d_i} \in K$ $(c_i, d_i \in A)$ と表す．分母の積 $d = d_0 \cdots d_n$ を全体に掛けることで，$a_0 : \cdots : a_n$ は $A$ の元の比で表される．さらに $r = \gcd(a_0, \ldots, a_n)$ で割ることで，$\gcd(a_0, \ldots, a_n) = 1$ を仮定してよい．いま，最大公約元が 1 となる $A$ の二つの比が等しかったとする: $b_0 : \cdots : b_n = b'_0 : \cdots : b'_n$. このとき $t \in K$ が存在して $b_i = t \cdot b'_i$. $t = \frac{c}{d}$ と既約分数で表すと $b_i d = c b'_i$. $c, d$ は互いに素だから $c$ は任意の $b_i$ を割り切るが，$\gcd(b_0, \ldots, b_n)$ より $c$ は単元．同様に $d$ が単元であることもわかるから，$t$ は $A$ の単元でなければならない．

**演習 2.7.2** $A = \mathbb{Z}[\sqrt{-5}] = \{a + b\sqrt{-5} \mid a, b \in \mathbb{Z}\}$ での等式 $6 = 2 \times 3 = (1 + \sqrt{-5})(1 - \sqrt{-5})$ に注目して，2 は既約元だが素元ではないことをいう．$\alpha = a + b\sqrt{-5}$, $\beta = c + d\sqrt{-5} \in A$ に対して $\alpha\beta = 2$ となったとする．いま，$\alpha, \beta$ はともに複素数であるが，その積が実数となることから，$\beta$ は $\alpha$ の複素共役 $\bar{\alpha}$ の実数倍である．互いに素な $p, q$ および整数 $m$ を用いて $\alpha = m(p + q\sqrt{-5})$ と表されることに注意．このとき，$\beta$ は整数 $n$ を用いて $\beta = n(p - q\sqrt{-5})$ と書ける．よって，$\ell = mn$ としたとき，$\alpha\beta = 2$ は $2 = \ell \cdot (p + q\sqrt{-5})(p - q\sqrt{-5}) = \ell(p^2 + 5q^2)$ となる．$q \neq 0$ なら右辺は 5 以上になって矛盾．したがって $q = 0$ であり，$\ell = 2, p = \pm 1$ を得るが，これは $\alpha$ または $\beta$ が $\pm 2$ に等しいことを意味しており，2 は $A$ の元として既約．もし 2 が素元だったとすると $6 = (1 + \sqrt{-5})(1 - \sqrt{-5})$ は 2 で割り切れるから，$1 + \sqrt{-5}$ または $1 - \sqrt{-5}$ のいずれかは 2 で割り切れなければならないが，これは不合理である．したがって，2 は既約元であるが素元ではなく，$\mathbb{Z}[\sqrt{-5}]$ は UFD ではない．

**演習 2.7.3** $f(X^n Y^m) = Z^{2n+3m}$ であるが，$n, m$ が 0 以上の整数を動くとき，$2n + 3m$ は 0 または 2 以上の任意の整数を値としてとるので，部分環 $C \subset B = k[Z]$ の元は $c_0 + c_2 Z^2 + c_3 Z^3 + \cdots + c_n Z^n$ の形に書ける $Z$ の多項式である．このことから，$Z^2, Z^3 \in C$ は（$B = k[Z]$ の中では既約ではないが）$C$ の既約元であることがわかる．とくに，$g = Z^3$ は $h = Z^2$ で割り切れない．しかし，$g^2 = (Z^3)^2 = Z^6 = (Z^2)^3 = h^3$ より，$g^2$ は $h$ で割り切れる．したがって，$h = Z^2$ は $C$ の素元ではない．$C$ には素元ではない既約元が存在することから，$C$ は UFD ではない．

**演習 2.7.4** $\alpha \in K$ を既約分数 $\alpha = \frac{p}{q}$ で表すとき，$f(\alpha) = 0$ は $p^n + a_1 p^{n-1} q + \cdots + a_{n-1} p q^{n-1} + a_n q^n = 0$ と同値．このとき，$p^n = -q(a_1 p^{n-1} + \cdots + a_{n-1} p q^{n-2} + a_n q^{n-2})$ が成り立つことから，$p^n$ は $q$ の倍数である．$q$ が単元でなければ，$p$ と $q$ をともに割り切る素因子が存在することになるが，これは，既約分数の仮定，すなわち $p, q$ が互いに素であるとの仮定に反する．よって $q$ は単元で，$\alpha = pq^{-1} \in A$ がわかる．

**演習 2.7.5** $g(X) = b_\ell X^\ell + \cdots + b_0$, $h(X) = c_m X^m + \cdots + c_0 Z \in A[X]$ $(\ell, m > 0, \ell + m = n)$ によって $f(X) = g(X)h(X)$ と分解できたとする．$a_n = b_\ell c_m$ だから，$b_\ell, c_m$ はともに $p$ で割り切れない．一方 $a_0 = b_0 c_0$ は $p$ で 1 回だけ割り切れるから，たとえば $b_0 \in (p)$, $c_0 \notin (p)$ とすると，$a_1 = b_1 c_0 + b_0 c_1 \in (p)$ となり $b_1 \in (p)$. さらに $a_2 = b_2 c_0 + b_1 c_1 + b_0 c_2 \in (p)$ より $b_2 \in (p)$.

これを繰り返すことで $b_0, \ldots, b_{\ell-1} \in (p)$ がわかるが，最後に $a_\ell = b_\ell c_0 + b_{\ell-1}c_1 + \cdots$ および $b_\ell, c_0 \notin (p)$ より $a_\ell \notin (p)$ を得る．これは $\ell < n$ より $a_\ell \in (p)$ の仮定に矛盾．

**演習 2.7.6**　$p = 2$ で演習 2.7.5 を使えば $f(X)$ は $\mathbb{Z}[X]$ の中で既約であり，ガウスの補題（補題 2.7.10）により $\mathbb{Q}[X]$ の元としても既約であることがわかるから，定理 2.6.8 により $I = (f(X))$ は $\mathbb{Q}[X]$ の極大イデアルになる．

**演習 2.8.1**　$m_1, m_2 \in \mathrm{Ker}(f)$ とすると，$f(m_1 - m_2) = f(m_1) - f(m_2) = 0 - 0 = 0$ となって $m_1 - m_2 \in \mathrm{Ker}(f)$ であるから，$\mathrm{Ker}(f)$ は加法について部分群（命題 1.3.2）．また，$a \in A$ かつ $m \in \mathrm{Ker}(f)$ であれば，$f(am) = a \cdot f(m) = a \cdot 0 = 0$ となるので $am \in \mathrm{Ker}(f)$ である．したがって，$\mathrm{Ker}(f)$ は $M$ の部分加群になる．$\mathrm{Im}(f)$ については演習 2.8.2 で $N = M$ とした場合である．

**演習 2.8.2**　$x_1, x_2 \in f(N)$ は $y_1, y_2 \in N$ を用いて $x_1 = f(y_1), x_2 = f(y_2)$ と表されるので $x_1 - x_2 = f(y_1) - f(y_2) = f(y_1 - y_2)$ となるが，$N$ が部分加群であったことにより $y_1 - y_2 \in N$ だから $x_1 - x_2 \in f(N)$．同様に $a \in A$ に対して $ax_1 = a \cdot f(y_1) = f(a \cdot y_1)$ が成り立つが，$N$ が部分加群であったことにより $ay_1 \in N$ であり $ax_1 \in f(N)$．

**演習 2.8.3**　$f : \mathbb{Z}^{\oplus 2} \to \mathbb{Z}[i]\,;\ (a, b) \mapsto a + bi$ が全単射であり，和と整数倍を保つことを確かめればよいが，これは $\mathbb{Z}[i] \subset \mathbb{C}$ の演算の定め方からただちに従う．

**演習 2.8.4**　$A$-加群の準同型写像 $f : A^{\oplus r} \to M$ を $f(a_1, \ldots, a_r) = a_1 m_1 + \cdots + a_r m_r$ で定めると，$M = \langle m_1, \ldots, m_r \rangle$ であることから，$f$ は全射である．準同型定理より $M = \mathrm{Im}(f) \cong A^{\oplus r}/\mathrm{Ker}(f)$ が成り立つので，$M$ は $A^{\oplus r}$ の剰余加群として書ける．

**演習 2.8.5**　$m \in M$ がねじれ元ならば，任意の $r \in A$ に対して $rm \in M$ もねじれ元である．なぜなら，$m \in M$ がねじれ元であることより，0 でない $a \in A$ が存在して $am = 0$ であり，$a(rm) = r(am) = 0$ となるからである．さらに，$m_1, m_2 \in M$ がねじれ元とすると，ともに 0 でない $a_1, a_2 \in A$ が存在して $a_1 m_1 = 0, a_2 m_2 = 0$．このとき，$A$ は整域であるから，$a_1 a_2 = a_2 a_1 \neq 0$ であり，$a_1 a_2 (m_1 - m_2) = a_2(a_1 m_1) - a_1(a_2 m_2) = 0$ となるので，$m_1 - m_2$ はねじれ元である．

**演習 2.8.6**　写像 $f : A \to M\,;\ a \mapsto am$ は $A$-加群の準同型写像であり，その核が $\mathrm{Ann}(m)$．したがって，$\mathrm{Ann}(m)$ は $A$ のイデアルであり，準同型定理により，部分加群 $\mathrm{Im}(f) \subset M$ は $A/\mathrm{Ann}(m)$ と $A$-加群として同型である．

**演習 2.9.1**　(1) 写像 $N_1 \oplus N_2 \to M_1 \oplus M_2\,;\ (n_1, n_2) \mapsto (n_1, n_2)$ は単射な $A$-加群の準同型写像であり，その像は $N_1 \oplus N_2$ と同型である．(2) 準同型写像 $f : M_1 \oplus M_2 \to M_1/N_1 \oplus M_2/N_2\,;\ (m_1, m_2) \mapsto (m_1 + N_1,\ m_2 + N_2)$ を考えればこれは全射であり，$(m_1, m_2) \in \mathrm{Ker}(f)$ は $m_1 \in N_1$ かつ $m_2 \in N_2$，すなわち，$(m_1, m_2) \in N_1 \oplus N_2$ と同値であるから，準同型定理により $M_1 \oplus M_2 / N_1 \oplus N_2 \cong M_1/N_1 \oplus M_2/N_2$ が従う．

**演習 2.9.2**　有限アーベル群の構造定理（定理 2.9.13）によれば，有限アーベル群 $M$ は $M \cong \mathbb{Z}/(p_1^{r_1}) \oplus \cdots \oplus \mathbb{Z}/(p_\ell^{r_\ell})$（ただし $p_1, \ldots, p_\ell$ は素数）とただ一通りに書かれ，このとき $M$ の位数は $p_1^{r_1} \cdots p_\ell^{r_\ell}$ となる．いま，$M$ の位数が 60 であれば $60 = 2^2 \times 3 \times 5 = 2 \times 2 \times 3 \times 5$ であるので，$M$ は $\mathbb{Z}/(4) \oplus \mathbb{Z}/(3) \oplus \mathbb{Z}/(5)$, $\mathbb{Z}/(2) \oplus \mathbb{Z}/(2) \oplus \mathbb{Z}/(3) \oplus \mathbb{Z}/(5)$ のいずれかと同型に

なる．

**演習 2.9.3**　行列 $\begin{pmatrix} 2 & & & & \\ & 2 & & & \\ & & 3 & & \\ & & & 9 & \\ & & & & 5 \end{pmatrix}$ の単因子を例 2.9.3 にならって計算すればよい．一般に，$a, b \in \mathbb{Z}$ の最大公約数を $c$，最小公倍数を $d$ とすると $a = a'c$, $b = b'c$, $d = a'b'c$ と表され，さらに，$a', b'$ は互いに素であるから，$sa' + tb' = 1$ を満たす $s', t'$ が存在する．このとき，基本変形

$$\begin{pmatrix} a & 0 \\ 0 & b \end{pmatrix} \to \begin{pmatrix} a'c & sa'c \\ 0 & b'c \end{pmatrix} \to \begin{pmatrix} a'c & c \\ 0 & b'c \end{pmatrix} \to \begin{pmatrix} 0 & c \\ -a'b'c & b'c \end{pmatrix} \to \begin{pmatrix} c & 0 \\ b'c & a'b'c \end{pmatrix} \to \begin{pmatrix} c & 0 \\ 0 & d \end{pmatrix}$$

ができる．これを $2 \times 2$ 小行列に次々に適用することで

$$\begin{pmatrix} 2 & & 0 & & \\ & 2 & & & \\ 0 & & 3 & & \\ & & & 9 & \\ & & & & 5 \end{pmatrix} \longrightarrow \begin{pmatrix} 1 & & & & \\ & 2 & & 0 & \\ & & 6 & & \\ & 0 & & 9 & \\ & & & & 5 \end{pmatrix}$$

$$\longrightarrow \begin{pmatrix} 1 & & & & \\ & 1 & & & \\ & & 6 & & 0 \\ & & & 18 & \\ & & 0 & & 5 \end{pmatrix} \longrightarrow \begin{pmatrix} 1 & & & & \\ & 1 & & & \\ & & 1 & & \\ & & & 18 & 0 \\ & & & 0 & 30 \end{pmatrix} \longrightarrow \begin{pmatrix} 1 & & & & \\ & 1 & & & \\ & & 1 & & \\ & & & 6 & \\ & & & & 90 \end{pmatrix}$$

と変形されるから，単因子は $\{(1), (1), (1), (6), (90)\}$ となる．したがって $M \cong \mathbb{Z}/(6) \oplus \mathbb{Z}/(90)$.

**演習 2.9.4**　有限生成 $A$-加群 $M$ の単因子の一意性（定理 2.9.5）を論じる．$M$ は系 2.9.10 の形にただ一通りに表されることは用いてよい．$A^{\oplus s}$ の部分は関係ないので，$s = 0$ としてよい．中国剰余定理（命題 2.9.8）を用いれば，互いに素な素元のベキによる剰余は一つにまとめられる．そこで系 2.9.10 に現れる素元を $p_1, \dots, p_r$（ただし，いまはすべて互いに異なるとする）とし，現れる $p_i$ のベキを大きい順に $d'_{i1} \geq d'_{i2} \geq \cdots \geq d'_{im_i}$ とする．この列の長さ $m_i$ は $i$ ごとに異なるかもしれないが，適宜末尾に 0 を付け加えることで，最も長い列に合わせて，すべての列は長さが $m$ であるとしよう．この列の並び順を逆転させる $(d_{ij} = d'_{i,m-j+1})$．そうすると増大列 $d_{i1} \leq d_{i2} \leq \cdots \leq d_{im}$ が得られる．そこで，$e_j = p_1^{d_{1j}} p_2^{d_{2j}} \cdots p_r^{d_{rj}}$ とおくと，$(e_1) \supset (e_2) \supset \cdots \supset (e_m)$ が得られるが，中国剰余定理によって $M \cong A/(e_1) \oplus \cdots \oplus A/(e_m)$ がわかる．この $\{(e_1), \dots, (e_m)\}$ が定理 2.9.5 における単因子にほかならない．逆に，この形からスタートして各 $e_j$ の素元分解を考えれば，素元 $p_i$ についての指数の列 $d_{i1} \leq \cdots \leq d_{im}$ が復元されるから，単因子の一意性がわかる．

**演習 2.9.5**　$\mathbb{Z}[i]$ に対して $c + di$ を掛ける写像は，同一視 $\mathbb{Z}^{\oplus 2} \to \mathbb{Z}[i]$; $(a, b) \mapsto a + bi$ のもとで整数成分の行列 $\begin{pmatrix} c & -d \\ d & c \end{pmatrix}$ で表される．この単因子を $\{(e_1), (e_2)\}$ とすると，$\mathbb{Z}$-加群として

$\mathbb{Z}[i]/(c+di) \cong \mathbb{Z}^2/\operatorname{Im}\begin{pmatrix} c & -d \\ d & c \end{pmatrix} \cong \mathbb{Z}/(e_1)\oplus\mathbb{Z}/(e_2)$. ここで, $|e_1e_2| = \det\begin{pmatrix} c & -d \\ d & c \end{pmatrix} = c^2+d^2$ が成り立つから, $\mathbb{Z}[i]/(c+di)$ は位数 $c^2+d^2$ のアーベル群になる.

**演習 2.9.6** $u_i \in k[X]^{\oplus n}$ を, 第 $i$ 成分のみが 1 で残りは 0 であるような列ベクトルする. $M = k[X]^{\oplus n}/\operatorname{Im}(F)$ とおき, $u_i$ の像を $v_i$ とする. このとき, $Xv_i = Tv_i$ が成り立つので, この $M$ は $k[X]\times k^n \to k^n$; $(f(X), m) \mapsto f(T)m$ によって $k^n$ を $k[X]$-加群とみなしたもの (p. 110 参照) にほかならない. とくに $M$ は $k[X]$-加群としてはねじれ加群であり, $M \cong k[X]/(e_1)\oplus\cdots\oplus k[X]/(e_r)$. $k[X]/(e_i)$ の $k$-ベクトル空間としての次元は $\deg e_i$ となる. (2) $k[X]$ に成分をもつ行列 $(XI-T)$ の行列式が $T$ の固有多項式である. $(XI-T)$ は可逆な $k[X]$ 成分の行列による変換で $\begin{pmatrix} 1 & & & & & \\ & \ddots & & & & \\ & & 1 & & & \\ & & & e_1 & & \\ & & & & \ddots & \\ & & & & & e_r \end{pmatrix}$ とうつり合うが (定理 2.9.2), 行列式は不変であるから, 固有多項式は $e_1\cdots e_r$ と一致する. (3) $T$ の最小多項式とは, $T$ を代入して零行列になるような多項式のうち, 次数が最小のものである. これは加群 $M$ の言葉でいえば, $I = \{g(X)\in k[X] \mid \forall m\in M,\ g(X)m = 0\} = \bigcap_{m\in M}\operatorname{Ann}(m)$ (演習 2.8.6) で定まる $k[X]$ のイデアルの生成元である. しかし, $M = k[X]/(e_1)\oplus\cdots\oplus k[X]/(e_r)$ であり $(e_1)\supset\cdots\supset(e_r)$ であったから, $e_r$ が $T$ の最小多項式である.

さて, $e_r(X) = (X-\alpha_1)(X-\alpha_2)\cdots(X-\alpha_m)$ と 1 次式の積に分解され, $\alpha_1,\dots,\alpha_m$ はすべて異なるとしよう. このとき, $k[X]/(e_r)$ は中国剰余定理 (命題 2.9.8) により $\bigoplus_{i=1}^m k[X]/(X-\alpha_i)$ である. $e_i$ も $e_r$ を割り切るから, どの $i$ に対しても, $k[X]/(e_i)$ は $k[X]/(X-\alpha_i)$ の形の部分加群のいくつかの直和である. これらの部分空間には $X = T$ は $\alpha_i$ 倍で作用するから, $M = k^n$ は $T$ の固有ベクトルからなる基底 $v_1,\dots,v_n$ をもつ. $P = (v_1\,|\,v_2\,|\,\cdots\,|\,v_n)$ とすると, $P^{-1}TP$ は $k$ 成分の対角行列になる.

**演習 2.10.1** $M$ は有限生成だから, 全射な $A$-加群の準同型写像 $g: A^{\oplus n}\to M$ がある (演習 2.8.4). $N = \operatorname{Ker}(g)$ とすると, 準同型定理より $M\cong A^{\oplus n}/N$. さらに定理 2.10.4 によれば, 部分加群 $N\subset A^{\oplus n}$ も有限生成になるから, 全射準同型写像 $f': A^{\oplus m}\to N$ が存在する. 包含写像 $N\hookrightarrow A^{\oplus n}$ との合成を $f: A^{\oplus m}\to A^{\oplus n}$ とすると $N = \operatorname{Im}(f)$ だから, $M\cong A^{\oplus n}/\operatorname{Im}(f)$.

**演習 2.10.2** $I\subset\mathbb{C}[X,Y]$ を $f_1, f_2, \dots$ で生成されるイデアルとすると, ヒルベルトの基底定理 (系 2.10.7) により $\mathbb{C}[X,Y]$ はネーター環であるから, $I$ は有限生成になる. その生成元を $g_1,\dots,g_r$ とする. 任意の $i$ に対して $a_{i1},\dots,a_{ir}\in\mathbb{C}[X,Y]$ が存在して $f_i = a_{i1}g_1+\cdots+a_{ir}g_r$ と書けるから, $(a,b)\in\mathbb{C}^2$ に対して $g_1(a,b) = \cdots = g_r(a,b) = 0$ ならば $f_i(a,b) = 0$. 逆に $g_j$ は有限個の $f_i$ たちの $\mathbb{C}[X,Y]$-線形結合で書けるから, 任意の $i$ で $f_i(a,b) = 0$ ならば $g_1(a,b) = \cdots = g_r(a,b) = 0$ が成り立つ.

**演習 2.10.3** $J$ が $A$ のイデアルであることはただちに確かめられる. $X\in J$ であるが $A$ は $Y$ を含まないので, $XY\in J$ だが $XY\notin(X)$. これを繰り返して $XY^i\in J$ だが, $XY^i\notin$

$(X, XY, \ldots, XY^{i-1})$ でイデアルの無限増大列 $(X) \subsetneq (X, XY) \subsetneq \cdots \subsetneq (X, XY, \ldots, XY^i) \subsetneq \cdots \subset J$ ができるので，$J$ は有限生成ではない．

**演習 3.1.1**　$p$ を素数とする．二項係数 $\binom{p}{r} = \frac{p(p-1)\cdots(p-r+1)}{r(r-1)\cdots 2\cdot 1}$ は組合せ論的な解釈から正の整数になるが，$1 \leq r \leq p-1$ のとき，この右辺の分子は $p$ で割り切れる一方，分母に現れる自然数はどれも $p$ 未満だから $p$ で割り切れない．したがって，$1 \leq r \leq p-1$ に対する二項係数 $\binom{p}{r}$ は $p$ の倍数になる．標数 $p$ の体では $p$ 倍された元はすべて $0$ であるから，$(a+b)^p = a^p + \binom{p}{1}a^{p-1}b + \binom{p}{2}a^{p-2}b^2 + \cdots + \binom{p}{p-1}ab^{p-1} + b^p = a^p + b^p$ となる．

**演習 3.1.2**　$\alpha = 1+\sqrt{2}$ とすると $\alpha - 1 = \sqrt{2}$ より $(\alpha-1)^2 = 2$，すなわち $\alpha^2 - 2\alpha - 1 = 0$ が成り立つので，$f(X) = X^2 - 2X - 1 \in \mathbb{Q}[X]$ とすれば $f(\alpha) = 0$ である．$\alpha$ の最小多項式は，$\alpha$ を代入すると $0$ になるような最高次の係数が $1$ の $\mathbb{Q}[X]$ の元のうち，最も次数が小さいものであったが，$\alpha \notin \mathbb{Q}$ より，$\mathbb{Q}$ 係数のどんな $1$ 次式に $\alpha$ を代入しても $0$ になることはない．したがって，$\alpha$ の最小多項式の次数は $2$ 以上でなければならないから，$f(X)$ が $\alpha$ の最小多項式であることがわかった．

**演習 3.1.3**　(1) $f(X) = X^2 + 1$ が既約でないとすれば $X - c$ $(c = 0, 1, 2)$ で割り切れるはずだが，$f(0) = 1$, $f(1) = 2$, $f(2) = 2$ だから $f(X)$ は既約．(2) $[K : \mathbb{F}_3] = 2$ だから，$\mathbb{F}_3$-ベクトル空間として $K$ は $\mathbb{F}_3^2$ と同型．このベクトル空間は $9$ 個の要素をもつ．

**演習 3.1.4**　任意の $\gamma \in L$ は，$t_1, \ldots, t_s \in K$ を用いて $\gamma = \sum_{j=1}^{s} t_j \beta_j$ とただ一通りに表せる．一方，各 $j$ に対して $t_j \in K$ であるから，$u_{ij} \in k$ によって $t_j = \sum_{i=1}^{r} u_{ij}\alpha_i$ とただ一通りに表せる．よって，$\gamma = \sum_{i=1}^{r}\sum_{j=1}^{s} u_{ij}\alpha_i\beta_j$ なる唯一の表示がある．これは $\{\alpha_i\beta_j\}$ が $L$ の $k$-ベクトル空間としての基底であることを主張している．

**演習 3.1.5**　(1) $L \supset k$ が有限次拡大なら代数拡大であることは定理 3.1.7．$L = k(\alpha)$ が代数拡大なら $\alpha$ は $k$ 上代数的だから，命題 3.1.8 によって $L \supset k$ は有限次拡大．(2) は (1) と演習 3.1.4 を組み合わせればよい．(3) 任意の $\alpha \in K$ をとる．これは $L$ 上代数的な元であるから，$\alpha$ の $L$ 上の最小多項式を $f(X) = X^n + a_1X^{n-1} + \cdots + a_n \in L[X]$ とする．各 $a_i \in K$ は $k$ 上代数的であるから，$L' = k(a_1, \ldots, a_n)$ とおくと，(2) により $L'$ は $k$ の有限次拡大．$f(X) \in L'[X]$ であるから，$\alpha$ は $L'$ 上代数的元で，$L'(\alpha) \supset L'$ も有限次拡大．演習 3.1.4 より $L'(\alpha) \supset k$ は有限次拡大であるから，$\alpha \in L'(\alpha)$ は $k$ 上代数的である．$\alpha$ は任意であったので，$K$ は $k$ の代数拡大である．

**演習 3.1.6**　$k[X]$ 内に $2$ 次以上の既約多項式 $f(X)$ があれば，$k[X]/(f(X))$ は $k$ を真に含む代数拡大になるので，$k$ は代数的閉体ではない．逆に，$k[X]$ の既約多項式が $1$ 次式に限られれば，任意の多項式は $1$ 次式の積に分解するから，$k$ 上代数的な元 $\alpha$ の最小多項式は $1$ 次式であり，$\alpha \in k$ とならざるをえない．

**演習 3.1.7**　$L[X]$ のイデアル $I = \{h(x) \in L[X] \mid h(\alpha) = 0\}$ の最高次係数が $1$ の生成元が $\alpha$ の $L$ 上の最小多項式 $g(X)$ であった: $I = (g(X))$．$k$ 上の最小多項式 $f(X) \in k[X] \subset L[X]$ は $f(\alpha) = 0$ を満たすので $f(X) \in I$ であり，したがって $g(X)$ で割り切れる．

**演習 3.2.1**　$K = \mathbb{Q}[X]/(X^m - a)$ における $X$ の類を $\gamma$ とするとき，その $\mathbb{C}$ での行き先を決めれば，$\mathbb{Q}$ 上の埋め込み $K \to \mathbb{C}$ が決まる．その選び方は $\gamma \mapsto \zeta^r \sqrt[m]{a}$ $(m = 0, 1, \ldots, m-1)$ のちょうど $m$ 種類ある．

**演習 3.2.2** 方程式 $f(X)=X^p-a=0$ は $L$ 内で解をもつから，これを $\alpha\in L$ としよう．このとき，$\alpha^p=a$ であるから，演習 3.1.1 より $(X-\alpha)^p=X^p-\alpha^p=X^p-a=f(X)$ となる．つまり，$\alpha$ は（$L$ 内で）$f(X)=0$ の唯一の解である．よって単拡大 $K=k(\gamma)$ $(\gamma=X \bmod f(X))$ の $k$ 上の埋め込み $K\to L$ で可能な $\gamma$ のうつり先は $\alpha$ しかないので，埋め込みはただ一つである．

**演習 3.3.1** $f(X)=0$ が $(n+1)$ 個以上の互いに異なる根をもったとすると，$f(X)$ は $(n+1)$ 個以上の互いに素な 1 次式で割り切れることになり，次数が $(n+1)$ 以上になって矛盾.

**演習 3.3.2** $M\supset K$ を任意の体の拡大とし，これを固定する．また $g:M\to M$ を体の同型とする．もし $K$ が $k$ の正規拡大ならば $K$ は $k$ の有限次拡大で，$K$ は $L$ の有限次拡大にもなる．$g:M\to M$ が $L$-同型ならば $k$-同型でもあるので，$K\supset k$ が正規拡大より $g(K)=K$．よって $K\supset L$ も正規拡大．一方，$k=\mathbb{Q}$, $L=\mathbb{Q}(\sqrt{2})$, $K=\mathbb{Q}(\sqrt[4]{2})$ の場合，$L\supset k$, $K\supset L$ はともに 2 次の単拡大なので正規拡大であるが，$\sqrt[4]{2}$ の最小多項式 $X^4-2$ の根 $\pm i\sqrt[4]{2}$ を含まないので $K\supset k$ は正規拡大ではない.

**演習 3.3.3** $K$ が単拡大 $K=k(\alpha)$ の場合に帰着できる．この場合は，$KL$ は $L$ と $\alpha$ の両方を含む（$\Omega$ の中で）最小の体であるから，結局 $KL=L(\alpha)$ にほかならない．$\alpha$ の $L$ 上の最小多項式は $\alpha$ の $k$ 上の最小多項式を割り切るから（演習 3.1.7），拡大次数 $d=[KL:L]$ は $[K:k]$ の約数になる．とくに $[KL:L]\le n=[K:k]$ であり，$KL$ は $L$ 上 $1,\alpha,\dots,\alpha^{n-1}$ で生成される（$1,\alpha,\dots,\alpha^{d-1}$ は基底になる）.

**演習 3.4.1** 条件 (i)–(iii) を満たす $\frac{d}{dX}$ は $k$-線形性 (i) により $X^n$ の行き先を決めれば決まるが，(ii) より $\frac{d}{dX}(X^n)=\frac{d}{dX}(X)X^{n-1}+X\frac{d}{dX}(X^{n-1})=\frac{d}{dX}(X)X^{n-1}+X\left(\frac{d}{dX}(X)X^{n-2}+X\frac{d}{dX}(X^{n-2})\right)=\cdots=n\frac{d}{dX}(X)X^{n-1}$ となり，(iii) よりこれは $nX^{n-1}$ である．逆に，「通常の微分」が任意の体 $k$ 上で (i)–(iii) の性質を満たすことの確認は，単純な計算である.

**演習 3.4.2** $\frac{d}{dX}(X^n)=nX^{n-1}=0$ となるのは，$n$ が $p$ の倍数のときである．$f(X)$ が，$p$ の倍数でない $n$ について $aX^n$ $(a\in k,\ a\neq 0)$ の形の項を含めば，$f'(X)$ は $naX^{n-1}\neq 0$ の形の項を含み，$f'(X)\neq 0$．よって，$f'(X)=0$ となるのは，$f(X)$ が $X^p$ の多項式，つまり，別の多項式 $g(X)$ があって $f(X)=g(X^p)$ と書けるとき，またそのときに限る.

**演習 3.4.3** $K\supset k$ を分離拡大としよう．$L$ の元は $K$ の元だから $k$ 上分離的となり，$L\supset k$ も分離拡大．また，$K$ の元 $\alpha$ の $L$ 上の最小多項式 $f_L(X)$ は $\alpha$ の $k$ 上の最小多項式 $f(X)$ を割り切るが（演習 3.1.7），$\alpha$ が $k$ 上分離的なので $f(X)$ は重根をもたず，$f_L(X)$ も重根をもたないので $\alpha$ は $L$ 上分離的．よって $K\supset L$ も分離拡大になる．逆に $K\supset L$, $L\supset k$ が分離拡大であれば，$K$ を含む $k$ の正規拡大 $M$ に対して，演習 3.3.2 により $M\supset L$ も正規拡大になることに注意して定理 3.4.6, (3) を用いれば $\#(S_M(K/L))=[K:L]$, $\#(S_M(L/k))=[L:k]$．定理 3.4.6, (1) と演習 3.1.4 により $\#S_M(K/k)=\#(S_M(K/L))\cdot\#(S_M(L/k))=[K:L]\,[L:k]=[K:k]$ が得られるから，再び定理 3.4.6, (3) より $K\supset k$ も分離拡大であることが従う.

**演習 3.4.4** (1) は演習 3.4.3（あるいは演習 3.1.7）である．(2) ヒントにより，$K\supset k$ が単拡大 $K=k(\alpha)$ の場合を示せばよい．このときは $KL=L(\alpha)$ であり，$\alpha$ は $L$ 上分離的．したがって，より一般に体 $k$ に $k$ 上分離的な代数的元 $\alpha$ を付け加える単拡大が分離拡大であることをいえばよい．いま，$f(X)$ を $\alpha$ の最小多項式とし，その次数を $n=[k(\alpha):k]$，$L$ を $f(X)$ の分解体としよう．$\alpha$ が分離的ならば，$f(X)$ は $L$ の中で $n$ 個の相異なる根 $\alpha=\alpha_1,\ldots,\alpha_n$ をもつ．$\alpha\mapsto\alpha_j$ $(j=1,\ldots,n)$ なる対応によって $n$ 個の相異なる $k$ 上の埋め込み $k(\alpha)\to L$ が作れるから $\#(S_L(k(\alpha)/k))=n=[k(\alpha):k]$．よって，定理 3.4.6, (3) より $k(\alpha)$ は $k$ の分離拡大．

**演習 3.5.1**　$\alpha,\beta\in K^G$ ならば，任意の $g\in G$ に対して $g(\alpha)=\alpha, g(\beta)=\beta$ だから $g(\alpha-\beta)=\alpha-\beta$ となり，$\alpha-\beta\in K^G$．同様に $\alpha\beta\in K^G$ もわかる．また，$\alpha\neq 0$ ならば $1=g(1)=g(\alpha\alpha^{-1})=g(\alpha)g(\alpha^{-1})=\alpha g(\alpha^{-1})$ より $g(\alpha^{-1})=\alpha^{-1}$ となるから，$\alpha^{-1}\in K^G$．

**演習 3.6.1**　(1) 演習 3.1.3 の一般化であり，議論は同様．(2) $K\supset k$ を有限次拡大とすると $K$ も有限体だから，系 3.6.4 により $K^*$ は巡回群．そこでこの巡回群の生成元を $\alpha$ とすると，$K^*$ の任意の元は $\alpha^m$ の形に書かれるから，$K=k(\alpha)$ である．(3) $\mathbb{F}_p$-ベクトル空間が有限個の元からなるのは有限次元のときに限られるから，有限体 $k$ は素体 $\mathbb{F}_p$ 上の有限次拡大．拡大次数を $e$ とすると $\#(k)=p^e$ となる．(4) $q=p^e$ を $k$ の元の個数とする（$p$ は $k$ の標数）．巡回群 $k^*$ の位数は $q-1$ であるから，任意の $\alpha\in k^*$ は $\alpha^q=\alpha$ を満たす．よって $k$ の元はすべて $f(X)=X^q-X=0$ の根である．$f(X)$ は $k[X]$ 内で互いに素な 1 次式の積に分解するので，$k$ は $f(X)$ の分解体である．$f(X)$ は分離多項式であり，$k$ の任意の元がその根であることから $k\supset\mathbb{F}_p$ は分離拡大である．

**演習 3.6.2**　$(X-1)\Phi_p(X)=X^p-1$ に注意する．$X=T+1$ を代入して $T\Phi_p(T+1)=(T+1)^p-1=T^p+pT^{p-1}+\cdots+\frac{p(p-1)}{2}T^2+pT$，したがって，$\Phi_p(T+1)=T^{p-1}+pT^{p-2}+\cdots+\frac{p(p-1)}{2}T+p$ を得る．この右辺はアイゼンシュタインの既約性判定（演習 2.7.5）の条件を満たすから $\mathbb{Z}$ 上既約であり，ガウスの補題（補題 2.7.10）により $\mathbb{Q}$ 上既約である．変数変換 $X=T+1$ は既約性を保つので，$\Phi_p(X)$ が $\mathbb{Q}$ 上の既約多項式だとわかる．

**演習 A.2.1**　単項イデアル $A$ の元 $a$ であって，有限個の既約元の積として表せないものが生成する単項イデアル $(a)$ の集合 $\mathcal{J}$ を考える．もしこれが空集合でなければ，帰納的集合であることを示そう．全順序部分集合 $\mathcal{T}\subset\mathcal{J}$ に対しては $J=\bigcup_{(a)\in\mathcal{T}}(a)$ は $A$ のイデアルとなる．$A$ は PID だから $J=(b)$ と表せる．とくに $b\in J$ は，ある $(a)\in\mathcal{T}\subset\mathcal{J}$ が存在して $b\in(a)$ を意味するので，$c\in A$ が存在して $b=ca$ となるが，$a\in(a)\subset J=(b)$ より $c$ は単元でなければならない．したがって，このような $b$ もまた有限個の既約元の積として表せない．よって $(b)\in\mathcal{J}$ であり，これは $\mathcal{T}$ の上界であるから，$\mathcal{J}$ は帰納的集合となる．ツォルンの補題によって，$\mathcal{J}$ には極大元 $(a_0)$ が存在する．$a_0$ は有限個の既約元の積として表せないので，それ自身既約元ではないから，単元でない $a_1,a_2\in A$ によって $a_0=a_1b_1$ と分解される．このとき，$a_1,b_1$ のどちらか一方は有限個の既約元の積としては表せない．$a_1$ がそうであったとすると，$b_1$ が単元でないことから $(a_0)\subsetneq(a_1)\in\mathcal{J}$ となり $(a_0)$ が $\mathcal{J}$ の極大元であることに反する．したがって，$\mathcal{J}$ は空集合でなければならず，$A$ の任意の元は有限個の既約元の積として表せることが示された．

# 文献案内——あとがきにかえて

本書を執筆するにあたり，主に Artin [1]，Lang [2, 3]，森田 [4] を参考にした．最初の 2 冊は本書が狙いとする学部生向けの代数学の教科書であり，ともに読みやすい良書である．Artin [1] は初学者に寄り添って素朴な例や現象から掘り起こしていって，代数学という分野をブロック工作のように組み立ててみせる姿勢を貫いており，学部数学科における代数学の教育のあり方にも大きな示唆を与えていると思う．これらは本書よりも広い範囲の話題をカバーしているので，興味ある読者は参照するとよいだろう．Lang [3] は大学院生向けの教科書であり，よりテクニカルな話題までカバーしているが，900 ページを超える大著であり圧倒的重量感がある．森田 [4] は学部生向けの教科書とされているが，約 280 ページの分量の中に非常に多くの話題を要領よく解説しており，たとえば大学院に進学してからも重宝する一冊になるだろう．その反面，初学者が読みこなすのは必ずしも容易とはいえないようにも思う．

抽象代数学の教科書で扱われる題材は van der Waerden [5] で確立され，今日に至るまで大きな変化はなく，この点に関しては本書も例外ではない．この本には英訳，邦訳などがあり，読んでみると流石に「時代の違い」が身に沁みるわけであるが，それだけに興味深いともいえる．最初にあげた四つの教科書は，ブルバキ『数学原論』以降確立された現代的な記号法・論法によっており，命題・定理の証明はいずれも今日では標準的とみなされていることから，本書本文中でとくにどの本のどこを参考にしたかというようなことは記さなかった．

以下，本書で扱った題材の次に勉強するとよさそうな事柄について，参考文献をあげながら説明しよう．代数学全般に関しては雪江 [6] がある（第 1 巻と第 2 巻は 2023 年に第 2 版が出版された）．3 巻本で，内容も網羅的でありかなりの重量感があるが，最近の書物であることもあって記述・解説はやさしく親しみやすい．ただし，漠然と「代数学の勉強」といって大部で網羅的な書物を端から端まで読もうとすることは焦点を見失いやすい．本書を消化した後であれば，とくに興味ある部分を拾い上げて詳しく読むような付き合い方で難なく読みこなせるだろう．

群論に関しては，大雑把にいって有限群論と群の表現論が重要であるが，前者に関しては寺田 - 原田 [7] などがある．この本は，頂点作用素代数やモンスター群といった比較的最近の話題もカバーしている．群の表現論に関しては，リー群論・代数群論までカバーする書物として，大学院生向けではあるが Fulton–Harris [8] が非常に充実した良書である（丸善出版から邦訳もある）．

ガロワ理論に関しては，上記の森田 [4]，Lang [3]，雪江 [6] のいずれをとってもよい解説に出会えるが，藤崎 [9] も多くの話題をカバーし，記述が丁寧であるのであげておきたい．

環と加群の理論はそのまま可換代数学へと発展していく．学部生向けの可換代数学の教科書としては Reid [10] が読みやすい（岩波書店から邦訳もある）．より深い話題については松村 [11] が標準的教科書である．本書で扱った考え方が定着していれば，こちらも十分読みこなせるだろう．著者による近著永井 [12] は，本書より先に日の目を見たけれども，本来は本書の続編のような位置付けの書物であり，代数幾何学の観点から，可換代数学や表現論，不変式論，ホモロジー代数などの話題について解説している．興味ある読者には手にとっていただければ幸いである．

[1] Artin, M., *Algebra*, 2nd ed., Pearson Education, Inc., Boston, MA, 2011.
[2] Lang, S., *Undergraduate Algebra*, Third Edition, Springer, New York, 2005.
[3] Lang, S., *Algebra*, Revised Third Edition, GTM 211, Springer, New York, 2002.
[4] 森田康夫，代数概論，数学選書，vol. 9，裳華房，1987.
[5] van der Waerden, B. L., *Moderne Algebra I, II*, Die Grundlehren der mathematischen Wissenschaften, vol. 33–34, Berlin, New York: Springer-Verlag, 1930, 1931.
[6] 雪江明彦，代数学 1, 2, 3，日本評論社，2010，2011.
[7] 寺田至，原田耕一郎，群論，岩波書店，2006.
[8] Fulton, W., Harris, J., *Representation Theory: a first course*, GTM 129, Springer-Verlag, New York, 1991.
[9] 藤崎源二郎，体とガロア理論，岩波基礎数学選書，岩波書店，1991.
[10] Reid, M., *Undergraduate Commutative Algebra*, London Mathematical Society Student Texts **29**, Cambridge University Press, 1995.
[11] 松村英之，可換環論，共立出版，1980.
[12] 永井保成，代数幾何学入門：代数学の基礎を出発点として，森北出版，2021.

# 索　引

**た行**



**な行**



**は行**



**ま行**



**や行**



**ら行**

著者略歴
永井保成（ながい・やすなり）
2005 年東京大学大学院数理科学研究科博士課程修了．博士（数理科学）．日本学術振興会特別研究員，韓国高等科学院研究員，マインツ大学数学研究所研究員，東京大学大学院数理科学研究科特任助教を経て，2011 年早稲田大学理工学術院専任講師．その後，同准教授を経て，2017 年より同教授．現在に至る．
著書に『代数幾何学入門』（森北出版，2021）がある．

代数学入門
群・環・体の基礎とガロワ理論

2024 年 1 月 23 日　第 1 版第 1 刷発行
2024 年 10 月 18 日　第 1 版第 3 刷発行

著者　永井保成

編集担当　福島崇史（森北出版）
編集責任　上村紗帆（森北出版）
組版　ウルス
印刷　丸井工文社
製本　同

発行者　森北博巳
発行所　森北出版株式会社
〒102–0071　東京都千代田区富士見 1–4–11
03–3265–8342（営業・宣伝マネジメント部）
https://www.morikita.co.jp/


ISBN978–4–627–08341–7